Neue und alte Infektionskrankheiten

Markus Fischer (Hrsg.)

Neue und alte Infektionskrankheiten

 Springer Spektrum

Herausgeber
Markus Fischer
Hamburg, Deutschland

ISBN 978-3-658-04123-6   ISBN 978-3-658-04124-3 (eBook)
DOI 10.1007/978-3-658-04124-3

Die Deutsche Nationalbibliothek verzeichnet diese Publikation in der Deutschen Natio-
nalbibliografie; detaillierte bibliografische Daten sind im Internet über http://dnb.d-nb.de
abrufbar.

Springer Spektrum
© Springer Fachmedien Wiesbaden 2014

Springer Spektrum ist eine Marke von Springer DE.
Springer DE ist Teil der Fachverlagsgruppe Springer Science+Business Media.
www.springer-spektrum.de

Autorenverzeichnis

Prof. Dr. med. Dr. rer. nat. Adelbert Bacher, HAMBURG SCHOOL OF FOOD SCIENCE, Institut für Lebensmittelchemie, Universität Hamburg, Grindelallee 117, 20146 Hamburg, Germany

Prof. Dr. rer. nat. Dr. Sc. Christian Betzel, Abteilung für Biochemie und Molekularbiologie, Universität Hamburg, Martin-Luther-King Platz 6, 20146 Hamburg; Laboratorium für Strukturbiologie von Infektion und Entzündung, DESY, Notkestr. 85, 22607 Hamburg, Germany

Prof. Dr. rer. nat. Markus Fischer, HAMBURG SCHOOL OF FOOD SCIENCE, Institut für Lebensmittelchemie, Universität Hamburg, Grindelallee 117, 20146 Hamburg, Germany

Prof. Dr. rer. nat. Peter Heisig, Pharmazeutische Biologie und Mikrobiologie, Institut für Biochemie und Molekularbiologie, Universität Hamburg, Bundesstr. 46, 20146 Hamburg, Germany

Dr. rer. nat. Marla Hoffmann, Division of Animal and Food Microbiology, Office of Research, Center for Veterinary Medicine, U.S. Food and Drug Administration, Laurel, MD, USA

PD Dr. rer. nat. Thomas Meyer, Institut für Medizinische Mikrobiologie, Virologie und Hygiene, Universitätsklinikum Hamburg-Eppendorf (UKE), Martinistr. 52, 20246 Hamburg, Germany

PD Dr. rer. nat. Markus Perbandt, Institut für Biochemie und Molekularbiologie, Universität Hamburg, Martin-Luther-King Platz 6, 20146 Hamburg; Laboratorium für Strukturbiologie von Infektion und Entzündung, c/o DESY, Notkestr. 85, 22607 Hamburg, Germany

PD Dr. med. Holger Rohde, Institut für Medizinische Mikrobiologie, Virologie und Hygiene, Universitätsklinikum Hamburg-Eppendorf (UKE), Martinistr. 52, 20246 Hamburg, Germany

Prof. Dr. rer. nat. Sascha Rohn, HAMBURG SCHOOL OF FOOD SCIENCE, Institut für Lebensmittelchemie, Universität Hamburg, Grindelallee 117, 20146 Hamburg, Germany

Dr. rer. nat. Matthias Witschel, BASF SE, GVA/HC - B009, 67056 Ludwigshafen, Germany

Inhaltsverzeichnis

Proömium: Neue und alte Infektionskrankheiten

"Besser, wer fliehend entrann der Gefahr, als wen sie ereilet!" - Homer, Ilias.

„Wo aber Gefahr ist, wächst das Rettende auch." - Friedrich Hölderlin, Patmos.

Das Immunsystem entwickelt sich und ist in der Lage immer wieder auf neue Herausforderungen zu reagieren. Infektionskrankheiten werden verursacht durch eine Vielzahl unterschiedlicher Erreger, wie Bakterien, Pilze, Viren oder Protozoen. Inkubationszeiten können relativ kurz sein oder sich über einen Bereich von mehreren Monate bis Jahre erstrecken.

Das Buch versucht Antworten zu geben zu den folgenden Fragen:

▪ **Welche Infektionswege gibt es?** Infektionskrankheiten können übertragen werden von Mensch zu Mensch, von Tier zu Mensch oder über Lebensmittel. Lebensmittelinfektionen werden ausgelöst durch mikrobiell kontaminierte Lebensmittel oder kontaminiertes Wasser.

▪ **Können Infektionen vermieden werden?** Im Prinzip ja. Es können besondere Schutzmaßnahmen, wie Safer Sex, angepasste Verzehrsgewohnheiten, besondere hygienische Maßnahmen oder auch besondere technologische Verfahren bei der Herstellung von Lebensmitteln angewendet werden.

▪ **Wie gefährlich sind Infektionskrankheiten?** Weltweit stellen sie die häufigste Todesursache dar. Infektionskrankheiten wie AIDS und Tuberkulose (TB) sind weiter auf dem Vormarsch. HIV/Tuberkulose-Infektionen begünstigen sich gegenseitig - es wird weltweit von ca. 11 Millionen Erwachsenen ausgegangen, die mit beiden Krankheitserregern infiziert sind. Die Malaria tötet jedes Jahr ca. eine Millionen Menschen. Die Malaria wurde von der WHO ebenso wie HIV/AIDS und TB, als eine der größten Herausforderungen für das Gesundheitswesen bezeichnet.

▪ **Von was hängt Verlauf und Prognose einer Infektionskrankheit ab?** Sowohl Verlauf wie auch die weitere Prognose hängen von der Fähigkeit des Immunsystems ab, den Erreger zu eliminieren. Als unterstützende Maßnahmen können vorbeugende Impfungen oder Medikamente – Antiinfektiva - helfen. Antiinfektiva sind Arzneimittel zur Behandlung von Infektionskrankheiten. Darunter fallen Antibiotika - gegen Bakterien, Antiprotozoika - gegen Protozoen, Antimykotika - gegen Hefen, Pilze, Virostatika - gegen Viren und Antihelminthika - gegen Würmer.

▪ **Was sind Antibiotika?** Es können natürliche Stoffwechselprodukte von Pilzen und Bakterien eingesetzt werden, die andere Mikroorganismen schon in geringer Konzentration abtöten oder an ihrem Wachstum hindern und als Arzneistoffe/Arzneimittel zur Behandlung bakterieller Infektionskrankheiten. Im weiteren Sinne werden auch solche Substanzen mit antimikrobieller Wirkung als Antibiotika bezeichnet, die in der Natur nicht vorkommen, teilsynthetisch, vollsynthetisch oder gentechnisch gewonnen werden.

▪ **Welche grundsätzlichen Angriffsmöglichkeiten stehen zur Verfügung?** Eine Schädigung von Bakterien ist u.a. möglich, wenn eine Substanz in einen Stoffwechselprozess eingreift, der speziell in Bakterienzellen, nicht aber in menschlichen Zellen vorkommt. Die Angriffsmöglichkeiten antibakterieller Wirkstoffe sind in Abb. 5 in einer stark schematisch vereinfachten Bakterienzelle abgebildet.

▪ **Worin liegen die größten Herausforderungen?** In der Humanmedizin haben bakterielle Infektionskrankheiten seit dem Einsatz von Antibiotika viel von ihrem Schrecken verloren. Allerdings führt das zunehmende Auftreten von Resistenzen dazu, dass einige dieser Waffen bereits stumpf geworden sind. Während viele bakterielle Infektionen über Jahrzehnte gut therapierbar waren, verschlechtert sich die Situation fortlaufend durch Resistenzentwicklung. Aus diesem Grund sind - 80 Jahre nach Entdeckung des Penicillins - neue Forschungsansätze auf diesem Gebiet erforderlich, nachdem die medikamentöse Versorgung lange Zeit als sichergestellt galt.

▪ **Wie können Resistenzen entstehen?** Resistenzentwicklungen führen zu einer Abschwächung oder Neutralisierung der Wirkung von antibiotisch aktiven Substanzen. Die Entwicklung von Resistenzen kann als Anpassung an extreme Umweltbedingungen verstanden werden. Mikroorganismen besitzen eine sehr kurze Generationszeit, d.h. Anpassungen können so relativ schnell entstehen. Inaktivierende Proteine, z.b. β-Lactamasen, Veränderungen im Zielprotein - Mutationen im Zielgen, reduzierte Aufnahme - Veränderungen der Zellwand, erhöhte Ausscheidung - Efflux-Pumpen, Überproduktion des Zielproteins, alternative Stoffwechselwege, Erhöhung der Mutationsrate - Verminderte Fehlerkorrektur oder auch Ausbildung sog. Biofilme - Einbettung der Mikroorganismen in eine Schleim-Matrix sind mögliche Resistenzmechanismen.

Expertenwissen für die breite Öffentlichkeit: Dieses Buch ist hervorgegangen aus öffentlichen Vortragsreihen, die in den Jahren 2010 und 2012 an der Universität Hamburg im Rahmen der Food & Health Academy (FHA) der HAMBURG SCHOOL OF FOOD SCIENCE angeboten wurden. Die FHA wurde im Jahre 2010 als eine neue Schnittstelle etabliert, um den Dialog zwischen der Wissenschaft und der Öffentlichkeit in den Bereichen Lebensmittel, Ernährung und den daraus resultierenden Gesundheitsfragen zu fördern.

Dieses Buch über Infektionskrankheiten wendet sich in erster Linie an Studierende und Lehrende aus der Mikrobiologie und den verschiedenen Zweigen auf dem Gebiet der *Life Sciences*, die sich einen Überblick über einige wichtige Infektionskrankheiten, die Entwicklung von neuen Medikamenten, die Ausbildung von Resistenzen sowie Möglichkeiten der Vermeidung von Infektionen durch Lebensmittel informieren wollen. Darüber hinaus wird auch die breite interessierte Öffentlichkeit von diesem Buch profitieren, da die Inhalte von anerkannten Experten eingehend aufbereitet und verständlich präsentiert werden.

Prof. Dr. Markus Fischer
Hamburg, September 2013

1. Wege zu neuen Medikamenten gegen Infektionskrankheiten

Prof. Dr. Markus Fischer
Prof. Dr. Dr. Adelbert Bacher
HAMBURG SCHOOL OF FOOD SCIENCE, Institut für Lebensmittelchemie, Universität Hamburg

Zusammenfassung

Die menschliche Lebenserwartung hat sich innerhalb eines relativ kurzen Zeitraums von etwa 100 Jahren nahezu verdoppelt. Ein wesentlicher Faktor war die Verhütung und Behandlung von Infektionskrankheiten durch Impfungen und hochwirksame Medikamente (Antibiotika, Antimykotika, Viruzide). Durch den erfolgreichen Einsatz der Antiinfektiva werden jedoch resistente Erregerformen selektioniert. Deshalb können wir uns bei der Behandlung und Verhütung von Infektionskrankheiten nicht mit dem Erreichten zufrieden geben. Erforderlich wäre vielmehr die fortlaufende Entwicklung neuer Medikamente als Ersatz für Substanzen, die auf Grund der Erregerresistenz nicht mehr für den Einsatz geeignet sind.

Abstract

The human lifespan has been almost doubled over the last century. One of the reasons was the prevention and cure of infectious diseases by vaccination and therapy with highly efficient antibiotics. Unfortunately, the medical application of antibiotics is conducive to the selection of drug-resistant pathogens. Hence, the therapeutic agents need to be progressively replaced by novel drugs in order to cope with the problem of pathogen resistance.

Einleitung

Eine der größten, aber im öffentlichen Bewusstsein wenig verankerten Veränderungen im Lauf des letzten Jahrhunderts war die effektive Verdopplung der durchschnittlichen Lebenserwartung in industrialisierten Ländern (Europa, Nordamerika, Japan). Sie hat viele Ursachen, die hier nicht umfassend analysiert werden können. Aber einer der bedeutendsten Faktoren war eine dramatische Verschiebung im Spektrum der Todesursachen. Waren am Ende des 19. Jahrhunderts ein Drittel aller Todesfälle die direkte Folge von Infektionskrankheiten (an vorderster Front die Tuberkulose), so wird die Mortalitätsstatistik heute dominiert von Krebs und Herz-Kreislauferkrankungen (Tab. 1). Dies führt häufig zu der Fehleinschätzung, Krebs an sich sei eine Folge der veränderten Lebensbedingungen. In Wirklichkeit resultiert die Dominanz von Krebs und Herz-Kreislaufkrankheiten in der derzeitigen Mortalitätsstatistik daraus, dass es sich hier um typische Erkrankungen des höheren Lebensalters handelt, während Infektionskrankheiten „ohne Ansehen von Person und Alter" töten; mehr noch, Kinder sind geradezu die bevorzugten Opfer vieler Infektionskrankheiten wie zum Beispiel der Malaria (vgl. Kapitel 6). Wer jung stirbt, fällt aus als Kandidat für Erkrankungen des höheren Lebensalters.

- Tuberkulose
- Krebs
- Herz-Kreislauf-Erkrank.
- Malaria

Entwicklungen auf drei Gebieten waren die Ursache für die Verdrängung von Infektionen als führende Todesursachen:

1. Die dramatische Verbesserung der *Sicherheit von Nahrungsmitteln* unter Einschluss des Trinkwassers, die in Industrieländern allenfalls noch eine marginale Rolle in der Übertragung von Infektionserregern spielen.

2. Die etwa um 1900 begonnene *Entwicklung von Impfungen*, z. B. gegen Masern, Diphterie, Tetanus und Poliomyelitis, die im besten Fall einen langdauernden und fast vollständigen Schutz bieten.

3. Die Entdeckung bzw. *Erfindung von Wirkstoffen* zur Behandlung bereits eingetretener Infektionen.

Während allerdings in Industrieländern durch die Kombination von Verhütungsmaßnahmen (Lebensmittelsicherheit, Impfungen) und Therapiemaßnahmen ein drastischer Rückgang der Mortalität durch Infektionen zu verzeichnen war, trifft das für Drittweltländer längst nicht im gleichen Ausmaß zu; weltweit sind Infektionskrankheiten noch immer dominierende Todesursachen.

Können wir mit dem Erreichten zufrieden sein? Ja, es wurden sehr große Erfolge erzielt (auch wenn sie im öffentlichen Bewusstsein nicht sehr klar verankert sind).

Können wir uns damit zufrieden geben? Nein, denn ohne energische Weiterführung der Forschungs- und Entwicklungsaktivitäten würden wir bei der medikamentösen Bekämpfung von Infektionskrankheiten in relativ kurzer Zeit auf den Stand von 1900 zurückfallen. Dies beruht auf der Tatsache, dass alle in der Medizin eingesetzten Antiinfektiva einem fortlaufenden Verschleiß unterliegen, weil sie durch ihren Einsatz in die Populationsdynamik der Krankheitserreger eingreifen. Genauer gesagt, es wird durch den medizinischen Einsatz eines Wirkstoffs gegen den Zielorganismus (den Krankheits-Erreger) ein Selektionsdruck ausgeübt. Dadurch erhalten Erreger-Stämme, die gegen den Wirkstoff weniger empfindlich sind, einen Selektionsvorteil und können sich bevorzugt vermehren. Insofern ist der medizinische Einsatz von Antiinfektiva eine Abfolge von Evolutionsexperimenten von globalem Ausmaß und mit dramatischen Folgen.

Tabelle 1: Die zehn Haupttodesursachen in den USA Ende des 19. und des 20. Jahrhunderts.

Krankheit	1997	Krankheit	1900
Herzkrankheiten	31,4	Tuberkulose	11,3
Krebs	23,3	Pneumonie	10,2
Schlaganfall	6,9	Diarrhoe	8,1
Chron. Lungen-krankheiten	4,7	Herzkrank-heiten	8
Verletzungen	4,1	Lebererkran-kungen	5,2
Pneumonie / Influenza	3,7	Verletzungen	5,1
Diabetes	2,7	Schlaganfall	4,5
Suizid	1,3	Krebs	3,7
Chron. Nieren-erkrankungen	1,1	Bronchitis	2,6
Chron. Leber-erkrankungen	1,1	Diphtherie	2,3

• Resistenz-entwicklung
• Siehe auch Kapitel 9

In der Praxis bedeutet das, dass schon wenige Jahre nach dem medizinischen Ersteinsatz eines neuartigen Antiinfektivums regelmäßig resistente Erreger auftreten, die sich bei fortgesetztem Einsatz des Medikaments stetig weiter ausbreiten. Darüber hinaus können Erreger auch sukzessiv gegen immer neue Wirkstoffe resistent werden. Naturgemäß können Infektionen durch derartige, multiresistente Erreger nur noch mit größten Schwierigkeiten oder überhaupt nicht behandelt werden. Ein besonders markantes und bedrohliches Beispiel ist die Tuberkulose. In den am stärksten betroffenen Krisenregionen liegt der Anteil der Infektionen mit multi-resistenten Tuberkulose-Erregern derzeit im oberen einstelligen Prozentbereich mit rasch wachsender Tendenz. Ebenfalls krisenhaft ist die Entwicklung bei den Staphylokokken, die als Eitererreger u. a. eine permanente Gefahr für chirurgische Patienten darstellen [1]. Hier liegt der Anteil der multiresistenten Erreger, bei denen die Mehrzahl der typischen Medikamente nicht mehr wirkt, schon seit geraumer Zeit im zweistelligen Prozentbereich, mit weiter steigender Tendenz [2-5].

Eine Gruppe multi-resistenter Mikroorganismen, unter dem Begriff „super bugs" zusammengefasst, sind u.a. verantwortlich für zwei Drittel aller Krankenhausinfektionen (health care–associated infections (HAIs)). Zu dieser Gruppe gehören *Enterococcus faecium, Staphylococcus aureus, Klebsiella spp., Acinetobacter baumanni, Pseudomonas aeruginsa* und *Enterobacter* (auch als ESKAPE-Gruppe bezeichnet) [6, 7].

- „super bugs"
- ESCAPE

Der „Verschleiß" von Medikamenten ist eine Besonderheit der Infektionsbiologie. Im Gegensatz dazu ist Aspirin heute genauso wirksam wie am Tag seiner erstmaligen Anwendung vor mehr als hundert Jahren. Ebenso sind Medikamente etwa gegen Bluthochdruck, Diabetes oder maligne Tumoren heute genauso wirksam wie zum Zeitpunkt ihrer Einführung.

Was können wir tun?

Wenn wir dem fortschreitenden Zusammenbruch unserer medizinischen Möglichkeiten zur Behandlung von Infektionskrankheiten entgegenwirken wollen, gibt es dafür im Wesentlichen zwei Wege:

1. die *Entwicklung von Impfstoffen* gegen Erreger, gegen die derzeit keine oder keine ausreichend sicheren Impfstoffe existieren und

2. die *fortlaufende Entwicklung neuer Medikamente* als Ersatz für Medikamente, die durch fortschreitende Evolution der Erreger ihre Wirksamkeit Schritt für Schritt verlieren.

Um die möglichen Wege zu neuen Wirkstoffen gegen Viren, Bakterien, Pilze und Protozoen zu verstehen, beginnen wir am besten mit einem Rückblick auf die Geschichte der derzeit ver-

fügbaren Substanzen. Grundsätzlich gibt es zwei Wege zur Auf-
findung neuer Wirkstoffe: Die Suche im großen Arsenal der Naturstoffe, die von Pilzen, Bakterien, Pflanzen und Meeresorga-
nismen gebildet werden, und die Neusynthese im Labor und in
der Fabrik.

▪   **Naturstoffe zur Infektionsbehandlung**

| ▪ Malaria |
| Behandlung |
| ▪ Chinin |

Im Falle der Naturstoffe müssen wir weit zurückblicken. Die
Rinde des China-Baums (*Cinchona pubescens*) wurde von den
Quechua (auch Ketschua, in Ecuador Kichwa oder Quichua) bereits im prähistorischen Peru zur Behandlung fiebriger Erkrankungen eingesetzt. Seit 1631 ist ihre Anwendung in Italien zur
Behandlung der Malaria dokumentiert (die Malaria war damals
in Italien endemisch). Der Isolierung des Reinstoffs Chinin (Abb.
1) im frühen 19. Jahrhundert folgte die Produktion in großem
Maßstab. Chinin wurde zur Standardtherapie der Malaria, bis es
um die Mitte des 20. Jahrhunderts durch synthetische Wirkstoffe
verdrängt wurde. Inzwischen hat es wieder einen schmalen Indi-
kationsbereich für die Behandlung von Patienten mit multiresistenten Erregern [8, 9].

➤   *Tonic Water ist ein chininhaltiges Erfrischungsgetränk mit einem leicht
bitteren Geschmack. Früher gehörte Tonic Water (englisch tonic bedeutet „kräfti-
gend, stärkend", siehe auch Tonikum) zur Standardausrüstung vieler europäischer Kolonialarmeen. Der damals noch höhere Chiningehalt des Getränkes war
ein wirksamer Schutz gegen die Malaria. Um diese Wirkung zu erzielen, musste
das Tonic Water regelmäßig getrunken werden.*

| ▪ Fleming |
| ▪ Florey und |
| Chain |

Die große Zeit der Naturstoffe in der Infektionsbehandlung begann mit der Entdeckung, dass bestimmte Pilze Stoffe mit stark
antibakterieller Wirkung ausscheiden [10]. Erst um 1940 gelang
Florey und Chain die Isolierung des labilen Naturstoffs und die
Entwicklung praktikabler Herstellungsverfahren [11, 12].

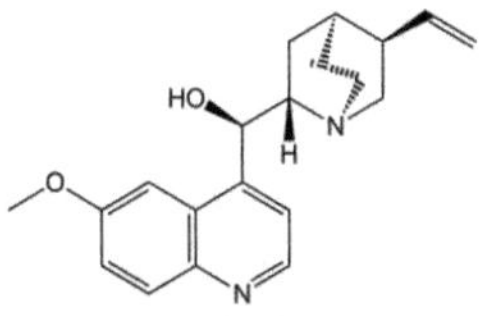

Chinin

Abb. 1. Chinin hemmt die Hämpolymerase, ein Enzym das die Erreger in der Lebensphase innerhalb der roten Blutkörperchen (Blutschizonten) benötigen. Die zu ihrer Vermehrung nötigen Aminosäuren beziehen die Plasmodien aus dem Abbau des roten Blutfarbstoffs Hämoglobin. Dabei aber entsteht ein für sie giftiges Abfallprodukt. Mit Hilfe der Hämpolymerase machen sie dieses unschädlich. Schalten die Wirkstoffe das Enzym aus, sterben die Erreger an dem giftigen Abfallprodukt.

Penicillin feierte in der Folge enorme Erfolge bei der Behandlung bakterieller Infektionen (Abb. 2). Allerdings musste man auch bald erfahren, dass viele Erreger zunehmend gegen Penicillin resistent wurden (Tab. 2).

- Penicillin-Resistenz

➢ *Sir Alexander Fleming (1881 - 1955) war ein schottischer Bakteriologe. Er erhielt 1945 zusammen mit Howard Walter Florey und Ernst Boris Chain, für die Entdeckung des Antibiotikums Penicillin den Nobelpreis für Physiologie oder Medizin.*

Tabelle 2. Infektionskrankheiten − Resistenzentwicklung am Beispiel Penicillin

Jahr	Meldungen
1941	Markteinführung
1944	Erste Berichte über Penicillin-resistente Bakterien
1946	Londoner Spital meldet, dass 14 % der Staphylokokken auf Penicillin nicht mehr reagieren
1949	Anstieg auf 49 %
1955	Schweizer Apothekenzeitung meldet, dass 75-80 % der Staphylokokken resistent sind
Heute	95 % multiresistenter *Staphylococcus aureus* (MRSA)

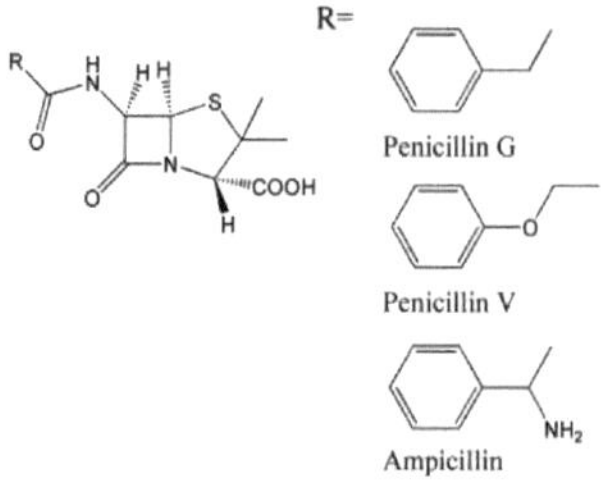

Penicillin G

Penicillin V

Ampicillin

Wissenswertes zu Penicillin:
1928: Entdeckung durch Zufall (verschimmelte Bakterien kultur)
1938: Chain und Florey finden, dass sich Penicillin auch *in vivo* als Antibiotikum eignet
1941: Behandlung des ersten Patienten
1945: Strukturbeweis durch D. Crawford-Hodgkin und R. B. Woodward
1945: Nobelpreis für Fleming, Chain und Florey
1957: Synthese durch J. C. Sheehan

Wirkung: Auf Gram⁺-, nicht auf Gram⁻ -Bakterien; Penicillin wirkt hemmend auf Zellwandbiosynthese

Abb. 2. Einige Antibiotika hemmen die Synthese der bakteriellen Zellwand und wirken dadurch für wachsende und sich vermehrende Keime bakterizid; menschliche Zellen besitzen keine Zellwand und werden von den Antibiotika nicht angegriffen. Zu dieser Gruppe gehören die ß-Lactam-Antibiotika, wie Penicilline und Cephalosporine und daneben die Peptidantibiotika Bacitracin und Vancomycin.

- Strepto-
  mycin
- Chloram-
  phenicol
- Tetracyclin
- Erythro-
  mycin
- Rifampicin
- Resistenz-
  entwicklung

Die Jahrzehnte nach 1940 waren die Glanzzeit der Antibiotika-Ära. Aus einer Vielzahl unterschiedlicher natürlicher Quellen wurden immer neue antibakterielle Wirkstoffe isoliert, und viele fanden Eingang in die Infektionstherapie, z. B. Streptomycin und eine Serie weiterer Glykosidantibiotika, Chloramphenicol, Tetracyclin und die Gruppe der makrocyclischen Antibiotika, zu denen u.a. das Erythromycin und das Rifampicin gehören (Abb. 4). Entsprechende Angriffsorte in der Bakterienzelle sind in Abb. 3 gezeigt.

Die Resistenzentwicklung führte dazu, dass Streptomycin heute kaum mehr angewendet wird. Rifampicin, derzeit einer der wichtigsten Wirkstoffe gegen Tuberulose, darf nur in Kombination mit anderen Wirkstoffen eingesetzt werden, um nach Möglichkeit die Resistenzentwicklung zu verzögern. Im Falle der Penicilline gelang es mehrfach, durch Auffinden neuer Varianten in der Natur und durch chemische Modifikation der Naturstoffe das durch Resistenzentwicklung verloren gegangene Terrain zumindest teilweise zurückzuerobern.

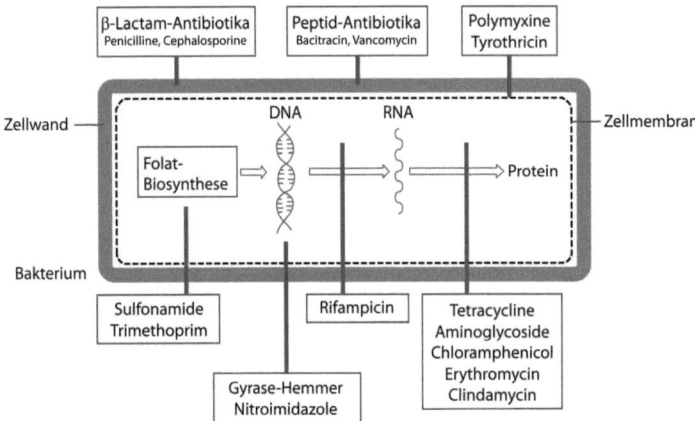

Abb. 3. Angriffsmöglichkeiten auf eine Bakterienzelle.

Die wichtigste Neueinführung der letzten Jahre im Antiinfectiva-Bereich ist das Artemisinin aus dem chinesischen Wermut zur Therapie der Malaria. Seine Entdeckung ging aus von der Verwendung des Wermuts im Rahmen der chinesischen Volksmedizin. Artemisinin und seine Derivate sind derzeit die wichtigste Waffe im Kampf gegen die Malaria [13]. Um die unausweichliche Resistenzentwicklung möglichst weit hinauszuschieben, soll es ausschließlich in Kombination mit anderen Antimalaria-Mitteln eingesetzt werden. Insgesamt hat aber die Neueinführung von Naturstoffen zur Behandlung von Infektionskrankheiten in den letzten drei Jahrzehnten stetig abgenommen.

- Chinesischer Wermut
- Artemisinin
- Malaria

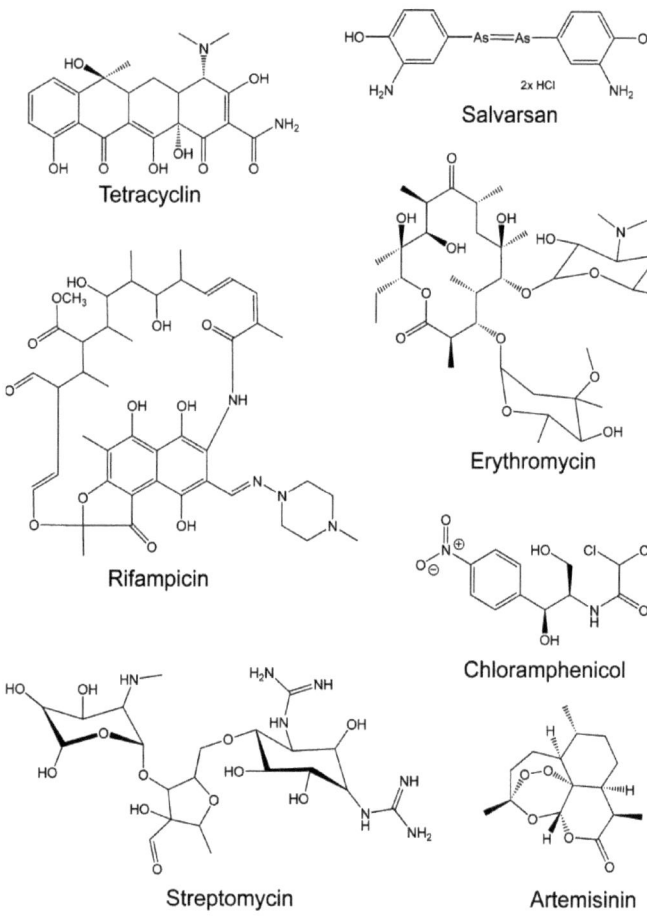

Abb. 4. Chemische Strukturen von Substanzen mit antibakterieller Wirkung.

- **Klassische synthetische Antiinfektiva**

Die Entwicklung synthetischer Antiinfektiva beginnt mit Paul Ehrlich, der außerdem auch Beiträge von größter Bedeutung zur Immunologie geleistet hat.

Abb. 5. Die 200-D-Mark-Banknote zeigte Paul Ehrlich. Bei der abgebildeten Substanz handelt es sich um Hexaphenylarsan, denn Ehrlich erhielt auch Verbindungen wie (AsAr)n (n = 5,6,7; Ar = Aryl, d.h. aromatische Seitengruppe) auf der Suche nach Wirkstoffen gegen die Syphilis und andere Infektionskrankheiten.

> *Paul Ehrlich (1854 - 1915) entwickelte als Erster eine medikamentöse Behandlung der Syphilis und begründete damit die Chemotherapie. 1908 erhielt er zusammen mit Ilja Metschnikow für seine Beiträge zur Immunologie den Nobelpreis für Physiologie oder Medizin. Die **Syphilis** wurde bis zum Anfang des 20. Jahrhunderts mit dem hochgiftigen Quecksilberverbindungen behandelt, mit dem man den Körper des Erkrankten großflächig bestrich, was gewöhnlich zu einem vollständigen Ausfall der Körperbehaarung sowie sämtlicher Zähne führte und den rapiden Verfall sämtlicher Körperfunktionen einleitete (Abb. 5).*

Im 19. Jahrhundert erlaubten die damals neuartigen, synthetischen Farbstoffe die selektive Anfärbung von Mikroorganismen in menschlichem und tierischem Gewebe und waren damit bedeutsame Werkzeuge für die Entdeckung einer Vielzahl pathogener Bakterien. Ehrlich versuchte dann, Farbstoffe nicht nur für den mikroskopischen Nachweis, sondern darüber hinaus für eine gezielte Schädigung der Erreger einzusetzen. Auf diesem Wege fand er das Salvarsan (Arsphenamin) für die Therapie der Syphilis

- Salvarsan
- Arsphen-amin
- Syphilis

(der Erreger der Syphilis ist das Bakterium *Treponema pallidum*) und damit das erste synthetische Antiinfektivum überhaupt (das toxische Salvarsan wurde nach 1940 bei der Therapie der Syphilis durch Penicillin abgelöst) [14].

- Prontosil
- Sulfamido-chrysoidin
- Azofarbstoff

In konsequenter Weiterverfolgung des Farbstoffkonzepts wurde um 1930 der Azofarbstoff Prontosil (Sulfamidochrysoidin) als erstes synthetisches Medikament mit Wirksamkeit gegen zahlreiche unterschiedliche pathogene Bakterien durch die Arbeitsgruppe von Gerhard Domagk eingeführt [15, 16].

> *Gerhard Johannes Paul Domagk entdeckte 1935 die antibakterielle Wirkung des Sulfonamid-Farbstoffs Prontosil. Für diese Entdeckung erhielt er 1939 den Nobelpreis für Medizin. Jedoch war es aufgrund einer Anordnung Hitlers „Reichsdeutschen" ab 1937 verboten, den Nobelpreis anzunehmen.*

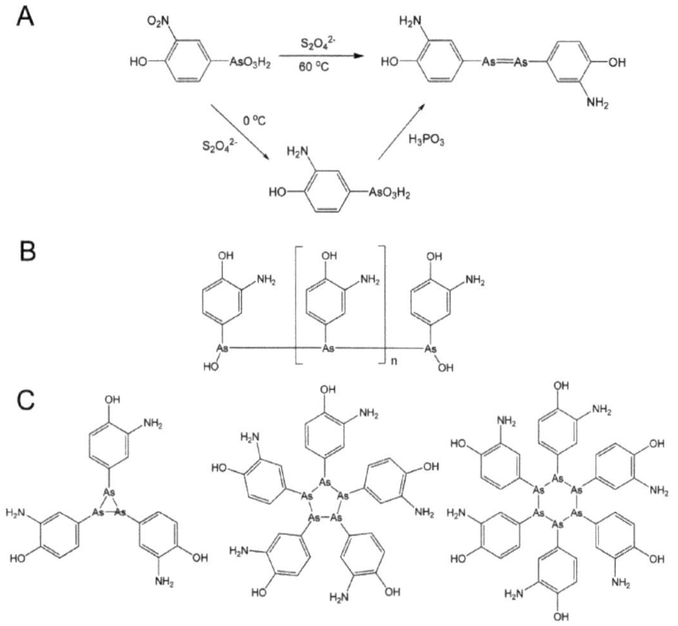

Abb. 6. Chemische Synthese von Salvarsan (A). Postulierte lineare (B) und zyklischen Polymerstrukturen (C). Modifiziert nach Axel Helmstädter, 100 Jahre Salvarsan Pharmazeutische Zeitung, 52/2010 [14].

In der Domagk-Gruppe wurden danach viele hundert strukturell ähnliche Verbindungen geprüft mit dem Ergebnis, dass die Farbigkeit für die therapeutische Anwendbarkeit belanglos war. Vielmehr war das wirksame Prinzip das Sulfanilamid-Motiv des Prontosils, und bald stand eine Vielzahl strukturell verschiedener Sulfonamide für die Therapie bakterieller Infektionen zur Verfügung (Abb. 7).

> ▪ Sulfanil-
>   amid-Motiv

Bis zum Siegeszug der Antibiotika aus dem Naturstoffbereich hatten die Sulfonamide eine beherrschende Stellung in der Therapie bakterieller Erkrankungen, aber auch bei Protozoen-Erkrankungen wie Toxoplasmose und Malaria, wo sie in gewissem Umfang bis heute verwendet werden, insbesondere im Fall von multiresistenten Malaria-Erregern.

> ▪ Toxo-
>   plasmose
> ▪ Malaria

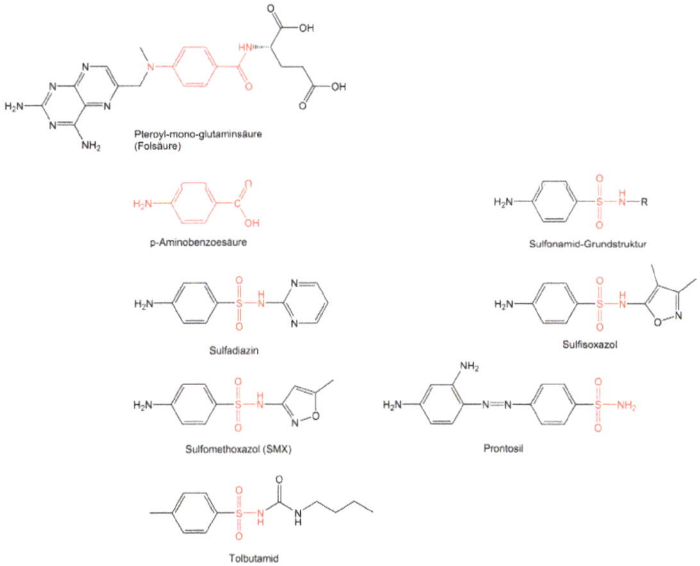

Abb. 7. Sulfonamid-Derivate. Dihydropteroatsynthase-Inhibitoren als Antibiotika. Tolbutamid hat keine antibakterielle Wirkung, es wird als ein Arzneistoff zur Behandlung von Typ-2-Diabetes, dem sogenannten Altersdiabetes eingesetzt.

• Antidia- betikum • Tolbutamid • Loranil® • Folsäure- Biosynthese

In der zweiten Hälfte des 20. Jahrhunderts wurde es durch Fortschritte in der Biochemie zunehmend möglich, die Wirkmechanismen der rein empirisch aufgefundenen Medikamente aufzuklären. Zum Beispiel beruht die Wirkung der Sulfonamide auf der Hemmung der Folsäure-Biosynthese (Abb. 8) [17].

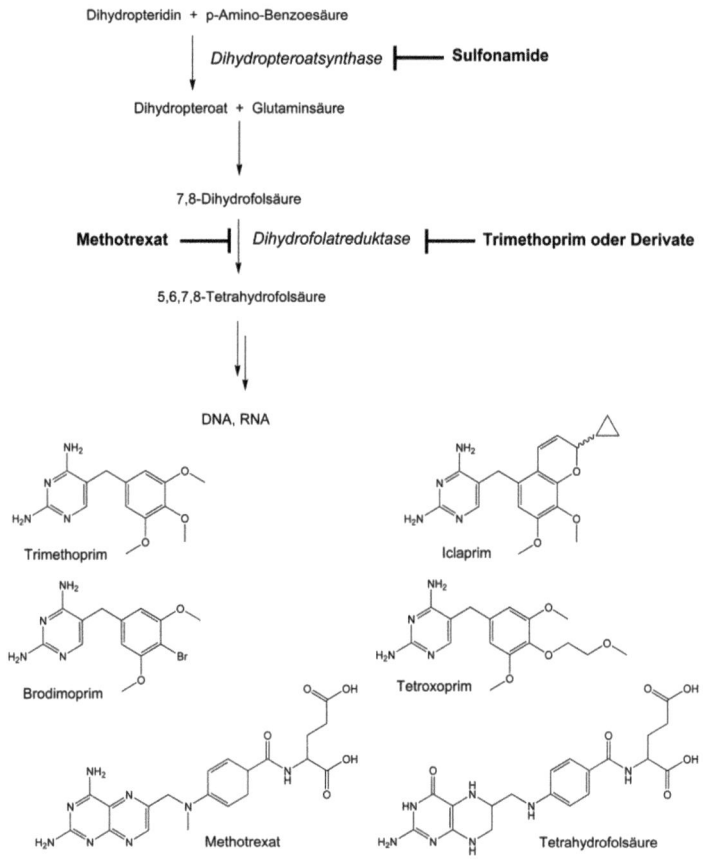

Abb. 8. *Oben*: Bakterieller Folsäurestoffwechsel und mögliche Inhibitionsstrategien. Auf die Sulfonamide wird in Abb. 7 eingegangen. *Unten*: Inhibitoren der bakteriellen Dihydrofolatreduktase (DHFR). Methotrexat inhibiert als Folsäure-Antagonist kompetitiv und reversibel die humane DHFR und ist somit kein Antibiotikum. Der Wirkstoff wird als Zytostatikum (Antimetabolit) in der Chemotherapie von Leukämie-Patienten eingesetzt.

Für Menschen und Tiere ist Folsäure ein Vitamin, das als Bestandteil pflanzlicher und tierischer Nahrungsmittel aufgenommen werden muss (die Verbindung gehört im Rahmen der menschlichen und tierischen Ernährung zur Gruppe der B-Vitamine). Viele pathogene Bakterien können das Vitamin zwar selbst produzieren, aber nicht aus der Umgebung aufnehmen; sie sind damit auf eine voll funktionsfähige Eigensynthese absolut angewiesen. Sulfonamide entfalten ihre Wirkung über die Hemmung eines Enzyms der Folsäurebiosynthese (Abb. 8), und die Aufklärung dieses Wirkungsmechanismus wurde überhaupt erst möglich, nachdem die Folsäure selbst in den 40er Jahren des letzten Jahrhunderts entdeckt worden war.

➤ *Nach der Entdeckung der **antibakteriellen Wirkung von Sulfonamiden** begann in vielen Pharma-Unternehmen eine intensive Suche nach neuen Substanzen mit verwandter Struktur. Eines dieser Medikamente, das Loranil® (1951), führte zu unerwünschen Nebenwirkungen, die sich u.a. mit akuten Unterzuckerungszuständen bemerkbar machten. Einige Jahre später wurde von den Firmen Boehringer Mannheim und Hoechst gemeinsam das orale Antidiabetikum Tolbutamid entwickelt. Tolbutamid besitzt keine antibakteriellen Wirkungen mehr. Später entstanden weitere Gruppen von Sulfonylharnstoffen (Glibenclamid) und andere orale Antidiabetika (Metformin, alpha-Glukosidasehemmer Acarbose).*

Heute haben wir relativ genaue Kenntnisse über den Wirkmechanismus der medizinisch eingesetzten antibakteriellen Wirkstoffe. Zum Beispiel hemmen die Verbindungen der Penicillin-Gruppe die Zellwandbiosynthese. Streptomycin hemmt die Biosynthese bakterieller Eiweißmoleküle. Rifampicin hemmt die DNA-abhängige RNA-Polymerase; dies führt letztlich wieder zu einer Hemmung der Eiweißsynthese (siehe Abb. 3). In allen genannten und vielen weiteren Fällen wurden aber die Wirkmechanismen erst lange nach der Entdeckung und Markteinführung der Wirkstoffe gefunden. Die Kenntnis dieser Reaktionsmechanismen war zwar die Voraussetzung für das Verständnis der bakteriellen Resistenz, für die Entwicklung und Markteinführung

▪ Strepto-
mycin
▪ Rifampicin

kamen sie jedoch regelmäßig zu spät und konnten dafür nicht nutzbar gemacht werden [18].

▪ **Wege zu neuartigen synthetischen Wirkstoffen**

▪ Genom-
sequenzie-
rung
▪ Röntgen-
struktur-
analyse

In den letzten Jahrzehnten sind die biochemischen und molekularbiologischen Kenntnisse über pathogene Viren, Bakterien, Pilze und Protozoen beinahe explosionsartig angewachsen. Das erste vollständige Genom eines Bakteriums (des humanpathogenen *Haemophilus influenzae*) wurde 1995 veröffentlicht [19]. Inzwischen verfügen wir über vollständige Genome für so gut wie alle humanpathogenen Mikroorganismen. Wir wissen, dass Viren nur über wenige (bis allenfalls 100) Gene verfügen und dass die Genome pathogener Bakterien ca. 600 bis 4000 Gene umfassen, während Genome von pathogenen Pilzen und Protozoen bis zu 6000 Gene umfassen. Um die von diesen Genen kodierten Eiweißstoffe zu untersuchen, sind wir nicht mehr auf die Arbeit mit den Pathogenen selbst angewiesen. Vielmehr können die Proteine für Untersuchungen verfügbar gemacht werden, indem sie ohne jedes Infektionsrisiko in harmlosen, rekombinanten Mikroorganismen hergestellt werden. Dadurch werden sie in beliebiger Menge und in sehr hoher Reinheit für die biochemische Bearbeitung verfügbar. Und die Zahl der Pathogen-Proteine, deren dreidimensionale Struktur bei atomarer oder nahezu atomarer Auflösung bestimmt wurde, wächst exponentiell. Dazu haben die enormen technischen Fortschritte der Röntgenstrukturanalyse entscheidend beigetragen (in günstig gelagerten Fällen dauert die Strukturbestimmung eines aus mehreren tausend Atomen bestehenden Pathogen-Proteins nur noch Minuten, im Gegensatz zu einem Zeitaufwand von Jahren wie er noch vor wenigen Jahrzehnten nötig war) [20].

▪ Enzyme als
Targets

Viele bakterielle Proteine wirken als Katalysatoren für die Umwandlung niedermolekularer Moleküle, den Aufbau von Makromolekülen oder die Energiegewinnung. Damit sie ihre Funktion ausüben können, müssen Katalysatoren und ihre Substrate wie Schloss und Schlüssel zueinander passen (Abb. 9). Wenn es gelingt, in das Pathogen eine Substanz einzuschleusen, die dem Schlüssel ähnelt und in das Schloss passt, aber genau dadurch die katalytische Funktion blockiert, dann haben wir einen Inhibitor, der im günstigen Fall die weitere Vermehrung und Ausbreitung des Pathogen verhindern kann; die körpereigene Abwehrfunktionen des Immunsystems haben dann günstige Voraussetzungen für die notwendigen Aufräumarbeiten, um das Pathogen vollständig zu eliminieren und die Folgen seiner Wirkung zu beseitigen.

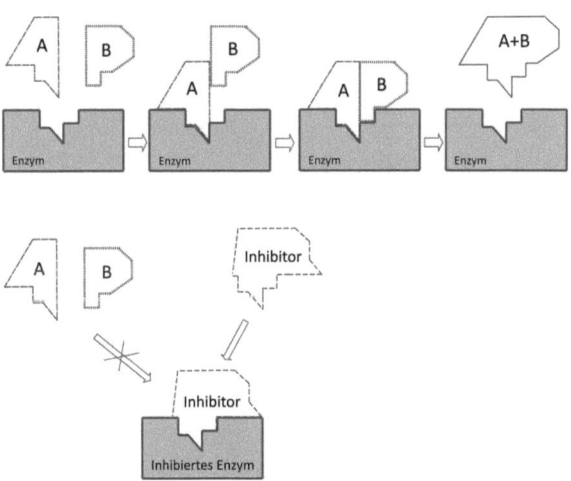

Abb. 9. Schlüssel-Schloss-Prinzip. *Oben*: Enzymkatalysierte Reaktion zwischen den beiden Substraten A und B. Im Laufe der Reaktion entsteht aus den beiden Substraten das Produkt A+B. *Unten*: Hemmung der enzymatischen Aktivität durch einen Inhibitor, der an das Enzym bindet und dadurch die Reaktion verhindert. Man unterscheidet hierbei zwischen einem kompetitiven (konkurriert mit den Substraten) und einem nicht-kompetitiven (Bindungsstelle liegt nicht im aktiven Zentrum) und einem unkompetitiven Hemmstoff, der im aktiven Zentrum bindet, aber nicht durch die Substrate verdrängt werden kann.

> ▪ Schlüssel-
> Schloss-
> Prinzip

Mit diesen weitreichenden und stetig weiter anwachsenden Kenntnissen müsste jetzt eigentlich ein goldenes Zeitalter angebrochen sein für die Entwicklung neuartiger Antiinfektiva unter Einsatz rationaler Methoden anstelle der empirischen Suchmethoden früherer Jahrzehnte. Abb. 10 zeigt den heute üblichen Weg bei der Entwicklung von Antiinfektiva.

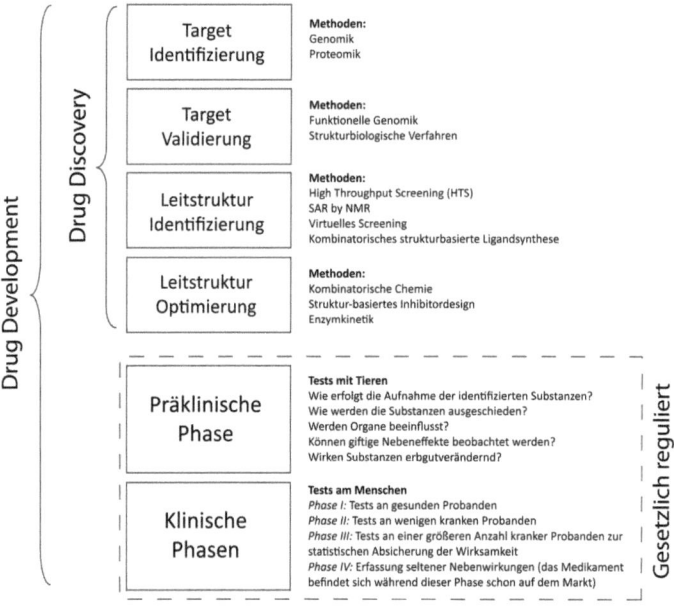

Abb. 10. Drug Discovery und Drug Development – Phasen der Medikamentenentwicklung. SAR, *structure activity relationship*.

Antiinfektivaentwicklung

Dabei könnte man so vorgehen, dass man aus der Gesamtheit der Genprodukte eines Pathogens zunächst aussichtsreiche Kandidaten auswählt, deren Funktionen für das Pathogen von vitaler Bedeutung sind. Nach einer möglichst detaillierten molekularen Charakterisierung eines ausgewählten Genprodukts würde man dann mit allen heute verfügbaren Methoden Hemmstoffe entwickeln. Dabei sollte die Kenntnis der Proteinstruktur optimale Voraussetzungen für die Synthese geeigneter Inhibitoren bieten. Auf diesem Wege gefundene Inhibitoren könnten dann sukzessiv im Versuch mit infizierten Tieren und schließlich

bei infizierten Patienten auf ihre Wirksamkeit und Verträglichkeit geprüft werden. Tatsächlich herrschte Ende des 20. Jahrhunderts großer Optimismus in Bezug auf die Zukunft der Infektionstherapie. Wir beginnen mit den guten Nachrichten und
berichten zunächst über die großen Erfolge, die in weniger als 3
Jahrzehnten bei der AIDS-Behandlung erreicht worden sind.

Das Krankheitsbild wurde 1981 erstmalig beschrieben. Innerhalb
weniger Jahre wurde das pathogene Agens HIV (*human immu-*
nodeficiency virus) isoliert (vgl. Kapitel 5). Es folgte in raschem

- 1981: HIV
- AIDS

Tempo die komplette Sequenzierung des Genoms und die Charakterisierung der Virus-kodierten Proteine [21]. Die Hauptarbeit
bei der Replikation des Virus leisten die befallenen menschlichen
Zellen, aber für einige Teilschritte der Replikation werden Virus-
kodierte Proteine benötigt. Die Übersetzung der genetischen
Information der Virus-Nukleinsäure in Protein durch den Pro-
teinsyntheseapparat der Wirtszelle werden zunächst lange Peptidketten gebildet, die an bestimmten Stellen gespalten werden
müssen, weil erst die Spaltstücke ihre Funktion im Rahmen der
Virusreplikation erfüllen können. Die Spaltung der primär gebildeten, langen Peptidketten an den richtigen Stellen bewirkt die
Virus-kodierte HIV-Protease. Die Herstellung der Protease in
rekombinanten Bakterien, gefolgt von der Aufklärung der 3-
dimensionalen Struktur (inzwischen sind über 650 HIV-Protease-
Strukturen in öffentlichen Datenbanken, meist im Komplex mit
Inhibitoren) machte es möglich, „falsche" Schlüssel für die HIV-
Protease zu entwickeln (Moleküle, die sich in die Substratbin-
dungsstelle des Enzyms einlagern können, aber nicht umgesetzt
werden und dadurch die Prozessierung des natürlichen Substrats
verhindern).

Innerhalb weniger Jahre waren die ersten gegen HIV-Protease
wirksamen Medikamente einsatzbereit, und im weiteren Verlauf

- HIV-
Protease

wurde eine Serie von ebenfalls sehr wertvollen Nachfolgepräpa-
raten entwickelt. Gleichzeitig mit der Entwicklung der Protease-
Inhibitoren wurden Medikamente gegen weitere HIV-Proteine

entwickelt, unter anderem gegen die reverse Transkriptase, die DNA-Kopien der viralen RNA anfertigt. Da HIV besonders schnell Resistenzen entwickelt, werden die Patienten von Anfang an mit Kombinationen mehrerer Medikamente behandelt. Trotz der enorm schnellen Fortschritte der Medikamentenentwicklung ist AIDS noch immer unheilbar. Bei adäquater Therapie kann jedoch nach einer HIV-Infektion der Krankheitsausbruch um viele Jahre hinausgeschoben werden, bei weitgehendem Wohlbefinden der Patienten.

Bei der HIV-Protease handelt es sich um ein C_2-symmetrisches Homodimer aus jeweils 99 Aminosäuren. Die Struktur wurde mittels Röntgenstrukturanalyse aufgeklärt [22]. Das Enzym gehört zur Gruppe der Aspartatproteasen, wobei von den beiden Ketten des Dimers jeweils ein katalytischer Aspartatrest für die Reaktion beigesteuert wird. Der katalytische Mechanismus der Reaktion ist ziemlich genau bekannt. Abb. 11 zeigt Entwicklungsstufen des Proteaseinhibitors Saquinavir [23, 24].

- **Screening und kombinatorische Chemie**

In den Jahren um die Jahrhundertwende herrschte ganz allgemein die Annahme, dass es möglich sein müsste, vergleichbare Durchbrüche wie bei AIDS auch für Erkrankungen zu erzielen, die durch Bakterien, Pilze und vor allem Protozoen ausgelöst werden. Es war dies die Zeit, als in schneller Folge die vollständigen Genome der meisten humanpathogenen Organismen publiziert wurden. Zeitgleich fand eine Hochblüte der „kombinatorischen Chemie" statt. Um diesen Begriff zu erklären, gehen wir am besten zurück zum obigen Abschnitt über Sulfonamide (siehe Abb. 7). Wie bereits gesagt wurden ab 1930 tausende Sulfanilsäure-Derivate synthetisiert und gegen Bakterien getestet, und aus diesem systematischen Vorgehen entstanden die verschiedenen Medikamente vom Sulfonamidtyp, die, wenn auch in geringerem Umfang als früher, bis heute mit Erfolg eingesetzt werden.

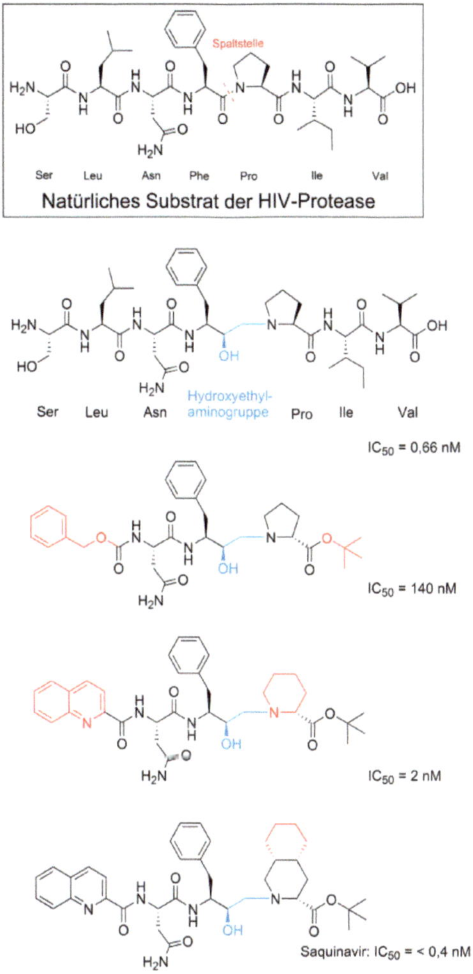

Natürliches Substrat der HIV-Protease

IC$_{50}$ = 0,66 nM

IC$_{50}$ = 140 nM

IC$_{50}$ = 2 nM

Saquinavir: IC$_{50}$ = < 0,4 nM

Abb. 11A. Entwicklungsstufen des Proteasehemmstoffes Saquinavir. Saquinavir wurde bei der Hoffmann-La Roche AG entwickelt und war 1995 der erste Protease-Inhibitor, der von der amerikanischen Food and Drug Administration (FDA) zugelassen wurde. Die Entwicklungsstufen verliefen wie folgt: 1. Einführung einer Hydroxyethylamino-Gruppe (-CHOH-CH$_2$-NH-), 2. Verkürzung der Struktur an beiden Enden, 3. Ersatz der Aminosäure Prolin (5-Ring) durch Homoprolin (6-Ring), Einführung eines größeren hydrophoben Chinolin-Restes und Austausch des Piperidinrings von Homoprolin gegen Decahydroisochinolin. Die Maßnahmen zusammengefasst ergaben verbesserte Selektivität-, Penetrations- und Verteilungseigenschaften des Hemmstoffes [25].

- Protease-
  hemmstoff
- Saquinavir

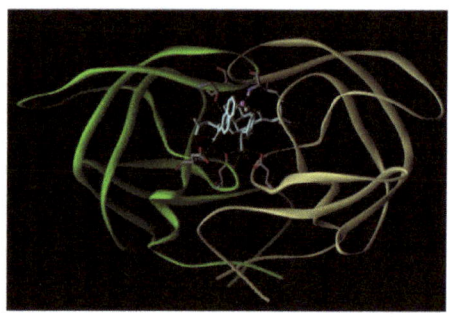

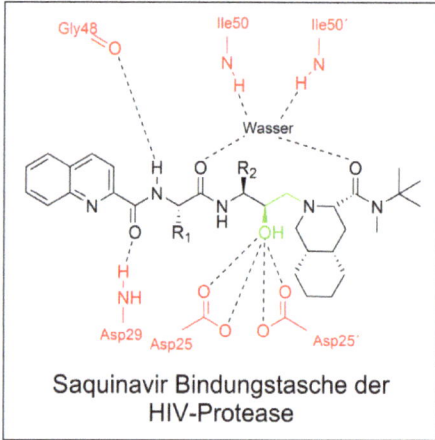

Saquinavir Bindungstasche der
HIV-Protease

Abb. 11B. Bindung des Proteasehemmstoffes Saquinavir im aktiven Zentrum der homodimeren HIV-Protease.

- Substanz-Bibliotheken
- High Throughput Screening (HTS)

Technische Entwicklungen in den 90er Jahren haben es möglich gemacht, repetitive Aufgaben bei der chemischen Synthese an Computer-gesteuerte Automaten zu übertragen. Dadurch kann man jetzt mit vergleichsweise moderatem Aufwand nicht nur tausende, sondern Millionen chemischer Verbindungen zu Testzwecken herstellen. Derartige „Substanz-Bibliotheken", bestehend aus hunderttausenden bis Millionen Verbindungen, können dann auf ihre Wirkung gegen lebende Mikroorganismen oder gegen isolierte Zielproteine aus Mikroorganismen getestet werden (Abb. 12).

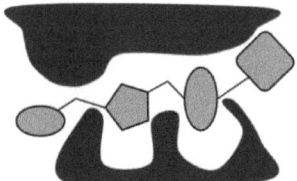

Abb. 12. Interaktion einer Substanz aus einer „Substanz-Bibliothek" mit dem Zielprotein. Eine Substanz mit deutlicher Hemmwirkung zeichnet sich durch eine ausgeprägte Interaktion mit dem Zielprotein aus. Passt die zunächst gefundene Substanz, wie im Schema angedeutet, nicht optimal in die Bindungstasche, so kann sie durch strukturelle Modifikation „optimiert" werden.

Auch bei der Austestung kann der Probendurchsatz mit den heute vorhandenen Automations- und EDV-Möglichkeiten so weit gesteigert werden (HTS, High Throughput Screening), dass Pathogen-Proteine im Zeitraum von Tagen bis Wochen gegen hunderttausende Verbindungen getestet worden werden können (Abb. 13). Die Suche nach der Nadel im Heuhaufen kann heute von einer Handvoll Wissenschaftler und Techniker erreicht werden, sie hätte früher ganze Heere von Mitarbeitern verlangt und hätte selbst dann noch immer viele Jahre gedauert [26-28].

Durch das beschriebene „library-screening" erhält man Inhibitor-Kandidaten, deren Wechselwirkung mit dem Zielprotein mit Hilfe der Kristallographie bei atomarer Auflösung analysiert werden kann.

- Library-screening

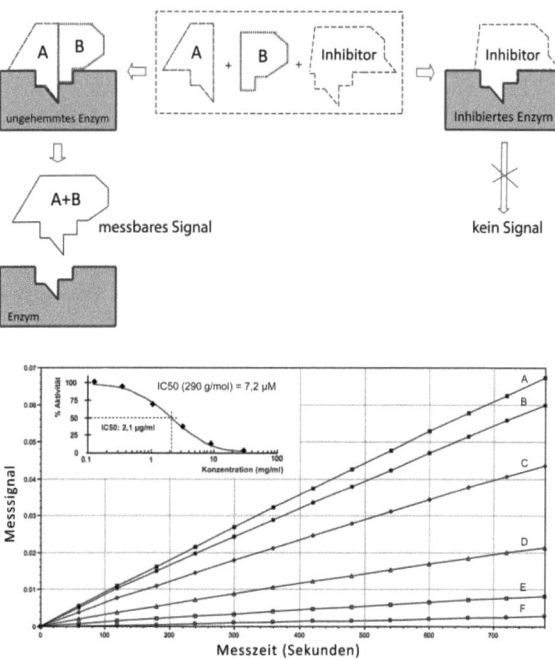

Abb. 13. Hochdurchsatzmessungen (HTS, High Throughput Screening) von Enzymaktivitäten. Die natürliche Reaktion (A + B) konkurriert mit möglichen Hemmstoffen aus der Substanzbibliothek. Bei effizienter Bindung eines Inhibitors wird die enzymatische Reaktion gehemmt, d.h. es kann kein Signal gemessen werden. Typischerweise werden Tests bei unterschiedlichen Konzentrationen (A-F, Bild unten) durchgeführt, so dass eine konzentrationsabhängige Inhibition als Ergebnis erhalten wird. Ausgedrückt wird dieses Verhalten in sog. IC_{50}-Werten, d.h. in Inhibitor-Konzentrationen, die für eine 50 prozentige Hemmung des Enzyms notwendig sind (unten). Je kleiner dieser Wert, umso potenter ist der jeweilige Hemmstoff.

Auf der Grundlage dieser Informationen kann man dann den Inhibitor durch aufeinanderfolgende Zyklen von Derivatsynthese und biochemischer/strukturbiologischer Charakterisierung immer besser an das bakterielle Protein anpassen. Damit lässt sich in günstigen Fällen eine Wirkungssteigerung um mehrere Größenordnungen erreichen.

Als Alternative zum „library screen" mit realen chemischen Verbindungen kann man auch „virtual screening" betreiben [29-31].
Dabei handelt es sich um Computerverfahren, bei denen die
räumliche Korrespondenz zwischen niedermolekularen Verbindungen und den Bindungstaschen der Pathogen-Proteine rein
rechnerisch analysiert wird. Auch dieses Verfahren kann soweit
automatisiert werden, dass Millionen Ligandstrukturen verarbei-
tet werden können. Anschließend kann man die ausgewählten
Verbindungen einkaufen, falls eine kommerzielle Quelle gefunden werden kann, oder sie werden im Labor synthetisiert und
dann real gegen das Zielprotein getestet. Im Positiv-Fall kann
sich dann auch hier ein Zyklus aus wiederholter bioche-
misch/strukturbiologischer Analyse und Derivatsynthese an-
schließen.

> • Virtual screening

Im Bereich der Infektionsforschung fällt dabei besonders ins
Auge, dass die universelle Begeisterung für „target-oriented
screening" (mit Testverfahren auf der Basis rekombinanter Pathogen-Proteine) abgenommen hat. Stattdessen verzeichnet
man eine Rückkehr zur klassischen Vorgehensweise aus der
ersten Hälfte des 20. Jahrhunderts, bei der Naturstoffe oder
Syntheseprodukte direkt gegen lebende Mikroorganismen getestet werden, wobei allerdings wiederum umfassender Gebrauch
gemacht wird von den Computer-basierten Automaten-
Methoden, die oben skizziert wurden. Die Testung direkt am
lebenden Organismus vermeidet das Problem, dass ein Inhibitor
hervorragende Hemm-Eigenschaften am isolierten Pathogen-
Protein haben kann, aber später beim lebenden Organismus
versagt, zum Beispiel weil er gar nicht in die Erreger-Zellen aufgenommen wird. Was bei diesem Vorgehen verloren geht, ist die
Möglichkeit, eine aufgefundene Leitverbindung schnell weiter zu
verbessern auf dem Weg über die Röntgenstrukturanalyse von
Target-Inhibitor-Komplexen und die sukzessive Strukturoptimie-
rung durch Derivat-Synthese - das molekulare Target ist ja nicht
bekannt, wenn die Substanz durch einen Screen mit dem leben-

> • target-oriented screening

den Organismus gefunden wurde. Vordergründig sieht es aus, als würde die Uhr zurückgedreht bis in die Zeit der Sulfonamid-Entwicklung in den 30er Jahren des 20. Jahrhunderts. Ganz so schlimm ist es aber nicht. Vielmehr können die neuen Methoden aus den letzten Jahrzehnten auch dazu benutzt werden, viel schneller als früher für eine aufgefundene Leitverbindung retrograd das molekulare Target zu identifizieren. Dies soll im Folgenden an der Entwicklung eines neuen Tuberkulose-Medikaments illustriert werden.

> - Testung direkt am lebenden Organismus
> - *Mycobacterium smegmatis*
> - *Mycobacterium tuberculosis*
> - Surrogat-Organismus

Zum Screening einer Substanzbank wurde *Mycobacterium smegmatis* benutzt. Im Vergleich mit dem Tuberkulose-Erreger, *Mycobacterium tuberculosis*, ist der Surrogat-Organismus nur schwach humanpathogen; außerdem wächst er schneller als *M. tuberculosis*, und das ist für die Testmethode ein großer Vorteil. Um das molekulare Target der gefundenen Leitverbindung zu ermitteln, wurden im Labor resistente Mutanten selektioniert. Die kompletten Genome von 4 Resistenzmutanten wurden vollständig sequenziert (auf Grund bahnbrechender Neuentwicklungen bei den DNA-Sequenziermethoden ist das inzwischen schnell und mit geringen Kosten möglich) [32, 33].

> - ATP-Synthetase

Die Resistenzmutationen kartierten in das Gen für die Membran-ständige ATP-Synthetase des Bakteriums, ein Protein, das auf keiner Kandidatenliste für die Antibiotika-Entwicklung gestanden hatte. Damit war der Weg frei für die systematische Optimierung der Leitverbindung über die Struktur-basierte Synthese von Derivaten. Das Ergebnis war die Verbindung TMC207 (= R207910), die sich zurzeit in der klinischen Prüfung befindet; die vorläufigen Ergebnisse sind vielversprechend (Abb. 14) [34-37].

Abb. 14. Anwendung von TMC207 bei Patienten mit MDR-Tuberkulose. Erste klinische Phase-II-Studien bestätigten die hohen Erwartungen hinsichtlich Wirksamkeit. Das Patientenkollektiv erhielt jeweils zur Hälfte entweder Placebo oder TMC-207. Die Wirkung von TMC-207 trat sehr rasch ein und bereits nach acht Wochen hatte TMC-207 den Anteil der Patienten mit einer Konversion in der Sputumkultur (von Tb-positiv auf Tb-negativ) von 9 Prozent (im Placebo-Arm) auf 48 Prozent gesteigert.

- TMC207 (= R207910)

Alternativ zu einem Hochdurchsatz-Screening, wird auch die sog. „Fragment basierte Leitstruktur-Entwicklung (Fragment-Based Lead Discovery) durchgeführt [38-40]. Hierzu ist eine deutlich geringere Anzahl chemischer Verbindungen notwendig. Verglichen mit traditionellen Screening-Verfahren werden hierbei Moleküle mit kleineren Massen eingesetzt. Daraus ergeben sich zunächst schwächere Interaktionen mit dem Zielmolekül. Da bei diesem Verfahren die 3-dimensionale Struktur des Zielproteins bekannt sein muss, können die Wechselwirkungen dieser relativ kleinen Liganden mit dem Protein besser interpretiert werden, d.h. sie zeigen ein mehr oder weniger hohe „ligand efficiency". Die entsprechenden bindenden kleinen Strukturen können dann auf unterschiedliche Weise optimiert werden, wie in Abb. 15 gezeigt ist.

- fragment-based lead discovery
- ligand efficiency

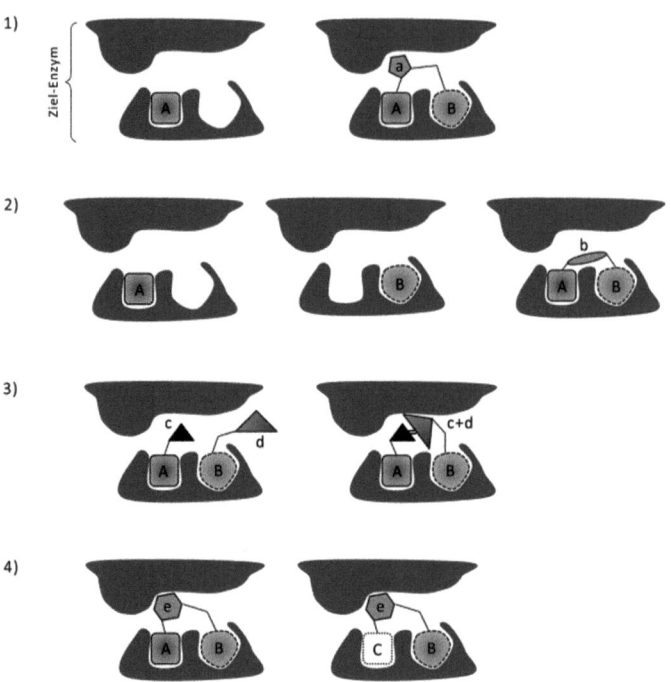

- Fragment evolution
- Fragment linking
- Fragment self-assembly
- Lead progression *via* fragment optimization

Abb. 15. Fragment-basierte Entwicklung von Inhibitorstrukturen stellt ein weiteres Screening-Verfahren dar. 1) *Fragment evolution*. Fragment A bindet an eine bestimmte Stelle im Protein. Diese Fragment wird durch die Struktur a weiterentwickelt und bildet dabei einen guten Kontakt mit der oberen Proteinoberfläche aus. In einer weiteren Entwicklungsstufe „wächst" Fragment a weiter und bildet eine optimale Verbindung mit Fragment B aus, welches sich in einer zweiten Bindungstasche befindet. 2) *Fragment linking*. Fragment A bindet an eine bestimmte Stelle im Protein. Fragment B bindet an eine andere Stelle im Protein. Beide Fragmente werden über das verbindende Molekül b verbunden. 3) *Fragment self-assembly*. Fragmente A und B binden gleichzeitig in zwei benachbarte Bindungstaschen im Zielprotein. Beide Fragmente verfügen über die reaktiven Gruppen c und d. Nach Ausrichtung der beiden Fragmente in den beiden Bindungstaschen wird eine Reaktion wahrscheinlich. 4) *Lead progression via fragment optimization*. Als Ausgangsverbindung liegt beispielsweise eine Leitstruktur wie unter 1) erhalten vor. Fragment A wird in einem weiterführenden Schritt zu Fragment C optimiert. Das Ziel ist eine verbesserte Wechselwirkung mit dem Zielprotein.

Erwartung, Neuzulassungen und Kosten

Die Zeit um die Jahrhundertwende war gekennzeichnet durch die euphorische Erwartung, dass die neuen Techniken (Genomsequenzierung, Strukturbiologie, „high throughput screening" (HTS), kombinatorische Chemie) in relativ kurzer Zeit die Behandlung zahlreicher Krankheitsbilder und insbesondere Massenerkrankungen wie z.b. Tuberkulose, Malaria, Herzinfarkt und Krebs revolutionieren würden. Ein Jahrzehnt später ist erhebliche Ernüchterung zu verzeichnen, ausgelöst durch die Tatsache dass die erwarteten Medikamente noch nicht auf dem Markt und auch nicht in Markt-nahen Entwicklungsstadien sind. Die Infektionskrankheiten stellen hier keine Ausnahme dar [41]. Die Markteinführung neuer Antiinfektiva ist bereits seit mehreren Jahrzehnten rückläufig, und bei den ohnehin nicht zahlreichen Neuzulassungen handelt es sich häufig nur um Modifikationen bereits länger bekannter Stoffklassen. Ein Grund hierfür ist auch in den explodierenden Kosten (~$ 1.000 Millionen pro zugelassener Wirkstoff) zu sehen (Abb. 16).

Es gibt momentan insgesamt ca. 8.000 Antibiotika, wobei lediglich 100 in der tatsächlichen medizinischen Anwendung zu finden sind [42]. Antibiotika erwirtschaften Investitionen langsamer, als andere Medikamente, da sie nur für Kurzzeittherapien eingesetzt werden. Sie heilen die Infektion und werden daher für nicht mehr als 2 Wochen eingenommen – sie sind sozusagen Opfer ihres eigenen Erfolges. Die Behandlung von chronischen Krankheiten ist aus wirtschaftlicher Sicht ergiebiger, da es sich hierbei um keine kurativen Therapien handelt, sondern lediglich Symptome unterdrückt werden und das möglicherweise ein Leben lang. Antiinfektiva sollten nicht sofort für alle Infektionskrankheiten eingesetzt werden (siehe Resistenzproblematik). Ihre Wirksamkeit steht in unmittelbarem Zusammenhang mit der Häufigkeit der Einnahme und die ist nicht günstig für den Umsatz.

> ■ Malaria
> ■ Artemisinin

Eine positive Ausnahme bildet die bereits besprochene Einführung des Artemisinin zur Therapie der Malaria; selbst dieser wichtige Schritt muss vor dem Hintergrund gesehen werden, dass bis zur Verfügbarkeit einer Malaria-Impfung eigentlich alle 5 Jahre eine neue Stoffklasse erforderlich wäre, um die Erkrankung weltweit zurückzudrängen oder um zumindest ihre drohende, weitere Ausbreitung zu verhindern.

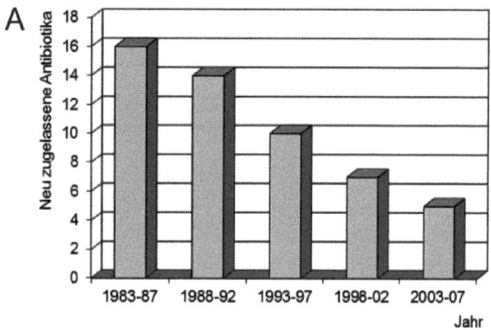

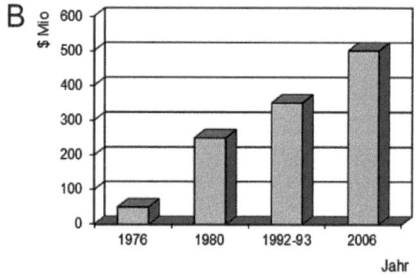

Abb. 16. A, Zulassung neuer antibakterialer Wirkstoffe durch die amerikanische Gesundheitsbehörde. B, Antibiotika-Entwicklung: Kosten für Forschung/ Entwicklung & Markteinführung. Explodierende Kosten (ca. 400–800 USD Millionen pro zugelassener Wirkstoff). Es gibt momentan insgesamt ca. 8.000 Antibiotika, etwa 100 finden medizinische Anwendung.

Literatur

1. Arias, C.A. and B.E. Murray, Antibiotic-resistant bugs in the 21st century--a clinical super-challenge. N Engl J Med, 2009. 360(5): p. 439-43.

2. Woodford, N. and D.W. Wareham, Tackling antibiotic resistance: a dose of common antisense? J Antimicrob Chemother, 2009. 63(2): p. 225-9.

3. Walsh, C. and G. Wright, Introduction: antibiotic resistance. Chem Rev, 2005. 105(2): p. 391-4.

4. Neu, H.C., The crisis in antibiotic resistance. Science, 1992. 257(5073): p. 1064-73.

5. Neu, H.C., et al., Antibiotic resistance. Epidemiology and therapeutics. Diagn Microbiol Infect Dis, 1992. 15(2 Suppl): p. 53S-60S.

6. Boucher, H.W., et al., Bad bugs, no drugs: no ESKAPE! An update from the Infectious Diseases Society of America. Clin Infect Dis, 2009. 48(1): p. 1-12.

7. Pendleton, J.N., S.P. Gorman, and B.F. Gilmore, Clinical relevance of the ESKAPE pathogens. Expert Rev Anti Infect Ther, 2013. 11(3): p. 297-308.

8. Schlitzer, M., Malaria: Lebensrettende Prophylaxe und Therapie. Pharmazeutische Zeitung, 2010(12).

9. Hobhouse, H., Sechs Pflanzen verändern die Welt. Chinarinde, Zuckerrohr, Tee, Baumwolle, Kartoffel, Kokastrauch. 2001: Klett-Cotta.

10. Fleming, A., On the antibacterial action of cultures of a penicillium, with special reference to their use in the isolation of B. influenzæ. Br J Exp Pathol, 1929. 10(3): p. 226–36.

11. Abraham, E.P., et al., Further observations on penicillin. 1941. Eur J Clin Pharmacol, 1992. 42(1): p. 3-9.

12. Chain, E., et al., Penicillin as a chemotherapeutic agent. 1940. Clin Orthop Relat Res, 1993(295): p. 3-7.

13. Douglas, N.M., et al., Artemisinin combination therapy for vivax malaria. Lancet Infect Dis, 2010. 10(6): p. 405-16.

14. Helmstädter, A., 100 Jahre Salvarsan: Chemisch auf Erreger zielen Pharmazeutische Zeitung, 2010. 52.

15. Domagk, G.J.P., Beitrag zur Chemotherapie der bakteriellen Infektionen. Deutsch. Med. Wochenschrift, 1935. 61: p. 250-253.

16. Grundmann, E., Gerhard Domagk. Ein Pathologe besiegt die bakteriellen Infektionskrankheiten. Der Pathologe, 2001. 22.

17. Fischer, M., B. Thöny, and S. Leimkühler, The Biosynthesis of Folate and Pterins and Their Enzymology. Comprehensive Natural Products II: Chemistry and Biology ed. L.M.a.H.-W.B. Liu. Vol. 7. 2010, Oxford: Elsevier.

18. Reynolds, C.H., B.A. Tounge, and S.D. Bembenek, Ligand binding efficiency: trends, physical basis, and implications. J Med Chem, 2008. 51(8): p. 2432-8.

19. Fleischmann, R.D., et al., Whole-genome random sequencing and assembly of *Haemophilus influenzae* Rd. Science, 1995. 269(5223): p. 496-512.

20. Blundell, T.L., H. Jhoti, and C. Abell, High-throughput crystallography for lead discovery in drug design. Nat Rev Drug Discov, 2002. 1(1): p. 45-54.

21. Engelman, A. and P. Cherepanov, The structural biology of HIV-1: mechanistic and therapeutic insights. Nat Rev Microbiol, 2012. 10(4): p. 279-90.

22. Jaskolski, M., et al., Structure at 2.5-A resolution of chemically synthesized human immunodeficiency virus type 1 protease complexed with a hydroxyethylene-based inhibitor. Biochemistry, 1991. 30(6): p. 1600-9.

23. Seelmeier, S., et al., Human immunodeficiency virus has an aspartic-type protease that can be inhibited by pepstatin A. Proc Natl Acad Sci U S A, 1988. 85(18): p. 6612-6.

24. Kohl, N.E., et al., Active human immunodeficiency virus protease is required for viral infectivity. Proc Natl Acad Sci U S A, 1988. 85(13): p. 4686-90.

25. Tie, Y., et al., Atomic resolution crystal structures of HIV-1 protease and mutants V82A and I84V with saquinavir. Proteins, 2007. 67(1): p. 232-42.

26. Houston, J.G., The impact of automation on high-throughput screening. Methods Find Exp Clin Pharmacol, 1997. 19 Suppl A: p. 43-5.

27. Macarron, R., et al., Impact of high-throughput screening in biomedical research. Nat Rev Drug Discov, 2011. 10(3): p. 188-95.

28. Snowden, M. and D.V. Green, The impact of diversity-based, high-throughput screening on drug discovery: "chance favours the prepared mind". Curr Opin Drug Discov Devel, 2008. 11(4): p. 553-8.

29. McInnes, C., Virtual screening strategies in drug discovery. Curr Opin Chem Biol, 2007. 11(5): p. 494-502.

30. Rester, U., From virtuality to reality - Virtual screening in lead discovery and lead optimization: a medicinal chemistry perspective. Curr Opin Drug Discov Devel, 2008. 11(4): p. 559-68.

31. Rollinger, J.M., H. Stuppner, and T. Langer, Virtual screening for the discovery of bioactive natural products. Prog Drug Res, 2008. 65: p. 211, 213-49.

32. Metzker, M.L., Sequencing in real time. Nat Biotechnol, 2009. 27(2): p. 150-1.

33. Metzker, M.L., Sequencing technologies - the next generation. Nat Rev Genet, 2010. 11(1): p. 31-46.

34. Diacon, A.H., et al., The diarylquinoline TMC207 for multidrug-resistant tuberculosis. N Engl J Med, 2009. 360(23): p. 2397-405.

35. Haagsma, A.C., et al., Selectivity of TMC207 towards mycobacterial ATP synthase compared with that towards the eukaryotic homologue. Antimicrob Agents Chemother, 2009. 53(3): p. 1290-2.

36. Matteelli, A., et al., TMC207: the first compound of a new class of potent anti-tuberculosis drugs. Future Microbiol, 2010. 5(6): p. 849-58.

37. Shang, S., et al., Activities of TMC207, rifampin, and pyrazinamide against Mycobacterium tuberculosis infection in guinea pigs. Antimicrob Agents Chemother, 2011. 55(1): p. 124-31.

38. Baker, M., Fragment-based lead discovery grows up. Nat Rev Drug Discov, 2013. 12(1): p. 5-7.

39. Erlanson, D.A., Introduction to fragment-based drug discovery. Top Curr Chem, 2012. 317: p. 1-32.

40. Rees, D.C., et al., Fragment-based lead discovery. Nat Rev Drug Discov, 2004. 3(8): p. 660-72.

41. Clarke, T., Drug companies snub antibiotics as pipeline threatens to run dry. Nature, 2003. 425(6955): p. 225.

42. Madigan, M.T., J.M. Matinko, and J. Parker, Brock Miikrobiologie. Vol. 1. Auflage. 2001, Heidelberg, Berlin: Spektrum Akademischer Verlag.

2. Der norddeutsche Ausbruch mit Shiga-Toxin-produzierenden *E. coli* O104:H4 aus klinisch-mikrobiologischer Sicht

PD Dr. Holger Rohde

Institut für Medizinische Mikrobiologie, Virologie und Hygiene, Universitätsklinikum Hamburg-Eppendorf (UKE)

Zusammenfassung

Enteritis-verursachende *Escherichia coli* stellen ein lange bekanntes klinisches Problem dar. Hierzu zählen auch die sogenannten enterohämorrhagischen *E. coli* (EHEC). Diese Erreger verursachen nicht nur blutige Durchfälle, sondern können auch durch die Bildung eines spezifischen Toxins, des Shigatoxins, ein lebensbedrohliches hämolytisch-urämisches Syndrom (HUS) auslösen. Jährlich werden in Deutschland etwa 1000 EHEC-assoziierte Krankheitsfälle gemeldet. Typischerweise treten die Infektionen bei Kindern in Form kleinerer Ausbrüche auf. Diese Tatsache ist darauf zurückzuführen, dass die Übertragung des Erregers über Nahrungsmittel erfolgt. Hierbei spielt insbesondere der Serotyp O157:H7 eine Rolle.

Zwischen Mai und Juli 2011 ereignete sich in Norddeutschland ein EHEC-Ausbruch bisher nicht bekannten Ausmaßes. Dieser Ausbruch war durch mehrere ungewöhnliche epidemiologische Merkmale charakterisiert: vornehmlich waren ältere Personen weiblichen Geschlechts betroffen, bei denen es in fast einem Fünftel der Fälle zu einem HUS kam. Verursacht wurde der Ausbruch durch einen ungewöhnlichen *E. coli* Stamm mit dem Serotyp O104:H4. Durch den Einsatz moderner Methoden der DNA-Sequenzierung gelang es, innerhalb von wenigen Tagen das Genom dieses Stammes zu sequenzieren und zu analysieren.

Hierbei zeigte sich, dass der ursächliche Stamm verwandtschaftlich eigentlich nicht klassischen EHEC-Stämmen zugeordnet werden kann sondern vielmehr große Ähnlichkeit zu sogenannten enteroaggregativen *E. coli* (EAEC) aufweist. Im Unterschied zu klassischen EAEC besitzt der Ausbruchsstamm jedoch Gene, die ihn zur Produktion des Shigatoxins befähigen. Diese ungewöhnliche Kombination von genetischen Merkmalen könnte auch für die auffällige klinische Präsentation der betroffenen Patienten verantwortlich sein. Als Ursprung der Infektionen konnte durch detaillierte epidemiologische Untersuchungen der Verzehr von rohen Sprossen eines einzigen Produzenten nachgewiesen werden.

➢ *Die Geschehnisse des Sommers 2011 machen auf dramatische Weise die Vulnerabilität auch oder gerade einer modernen Gesellschaft gegenüber bakteriellen Krankheitserregern deutlich. Durch die Kombination und den eng vernetzten interdisziplinären Einsatz fortschrittlicher Maximalmedizin, mikrobiologischer Analytik und zielgerichteter epidemiologischer Aufarbeitung war es möglich, die großen Patientenzahlen adäquat zu betreuen und die Ursache des Ausbruchs rasch zu klären. Der Erhalt und weitere Ausbau der hierzu notwendigen Infrastruktur ist wesentlich, um auch zukünftige Ausbrüche mit möglicherweise bislang nicht bekannten Krankheitserregern beherrschen zu können.*

Abstract

Escherichia coli is a common organism colonizing the human gut without causing disease. However, certain strains equipped with dedicated virulence factors can cause enteric infections ranging from mild diarrhoea to life threatening extraintestinal manifestations. Especially enterohemorrhagic *E. coli* (EHEC) are known for their potential to cause hemorrhagic diarrhoea and a syndrome termed haemolytic uremic syndrome (HUS), the latter resulting from production of specific toxin (shigatoxin, Stx). Typically, EHEC strains belong to serotype O157:H7 and cause food-borne outbreaks in children and young adults. Over the past years stable numbers of roughly 1000 patients have been observed in Germany.

Between May and July 2011 a large outbreak of infections related to a Stx-producing *E. coli* occurred in the northern parts in
Germany, affecting more than 4500 persons. The outbreak was
characterized by several unique epidemiological and clinical
features: predominantly, females with an average age of 40
were affected, and HUS associated with significant neurological
sequels occurred in 18 %. The outbreak was caused by an unusual *E. coli* belonging to serotype O104:H4. High throughput next
generation sequencing technologies demonstrated that this
strain was only distantly related to common EHEC strains but
showed a high degree of similarity to so called enteroaggregative *E. coli* (EAEC). In comparison to typical EAEC, however, the
strain carried phage-encoded *stx* genes allowing for the production of shigatoxin. This unusual combination of virulence genes
in the outbreak *E. coli* strain could represent a genetic basis for
the observed unusual clinical manifestation. Since early evidence
suggested raw vegetables as a potential source of the infections,
measures to cut novel infections especially included avoidance
of raw salad, cucumbers, and tomatoes. Later, by in depth epidemiological studies, contaminated sprouts from a single dis-
tributor were identified as the source of the infections.

➢ *The german outbreak that was related to an unusual shigatoxin-producing*
E. coli strain, ranging under the largest EHEC outbreaks ever observed, highlights
the enduring vulnerability of modern societies by bacterial pathogens. By combi-
nation of advanced patient treatment approaches, sophisticated micobiological
analytics and targeted epidemiological surveys, appropriate patient care was
feasible and the source of the infection was identified. Maintenance and even
further development of existing infrastructures are keys for future abilities to
detect outbreaks related to novel or unusual bacterial pathogens and to initiate
appropriate measures to interfere with their spread.

Einleitung

- Bakterielle Durchfallerkrankungen
- *Salmonella enterica*
- *Campylobacter jejuni*
- *Yersinia enterocolitica*
- *Yersinia pseudotuberculosis*

Bakterielle Durchfallerkrankungen spielen weiterhin eine große Rolle als signifikante Ursache für Morbidität und Mortalität in den entwickelten Industrieländern, vor allem aber auch in der dritten Welt. In Deutschland können als typische Pathogene insbesondere *Salmonella enterica* und *Campylobacter jejuni* isoliert werden [1]. Diese Erreger verursachen etwa 80 % aller bakteriellen Durchfallerkrankungen. Infektionen durch *Shigella sp.* und *Yersinia enterocolitica* oder *Yersinia pseudotuberculosis* sind selten und haben ihre wesentliche Bedeutung in den differentialdiagnostischen Überlegungen bei importierten Durchfallerkrankungen nach Reiserückkehr. Neben den genannten Erregern besitzt die heterogene Gruppe der Enteritis-verursachenden *E. coli* klinische Relevanz [2].

E. coli sind typische kommensale Bakterien, die sich in großer Menge im Darm des Menschen nachweisen lassen. Die Anwesenheit dieser Spezies ist nicht nur von keiner krankhaften Bedeutung, sondern besitzt vielmehr große Relevanz für die natürliche Darmfunktion. Diese faszinierende Symbiose des Menschen mit *E. coli* kann als Ausdruck hochspezifischer Adaptationsvorgänge betrachtet werden, die bei Weitem noch nicht in allen Einzelheiten verstanden ist. Neben diesen apathogenen beziehungsweise fakultativ pathogenen *E. coli* Stämmen gibt es jedoch eine wachsende Zahl von spezifischen Stämmen, die als Erreger von Durchfallerkrankungen eine signifikante Rolle spielen können [3].

Von besonderer Bedeutung ist, dass sich diese als enteritische *E. coli* bezeichneten Stämme durch ihre genetische Ausstattung von den kommensalen *E. coli*-Stämmen unterscheiden [2]. Viele dieser genetischen Determinanten sind hierbei auf beweglichen genetischen Elementen wie zum Beispiel Bakteriophagen oder Plasmiden lokalisiert, wodurch diese Teile des Genoms zwischen unterschiedlichen Stämmen ausgetauscht werden können. Der hieraus resultierende ständige Austausch größerer Mengen genetischen Materials lässt gleichsam fortwährend *E. coli* Stämme mit neuartigen Kombinationen von Genen mit krankmachender Bedeutung entstehen. In Abhängigkeit vom gesamtgenetischen Kontext, vor allem der Präsenz von Determinanten, die eine effiziente Besiedlung des menschlichen Gastrointestinaltrakts ermöglichen, können daher als Resultat des durch diesen horizontalen Gentransfer im Fluss befindlichen *E. coli* Genoms neuartige Stämme mit humanpathogenem Potential entstehen [4,5].

Die unterschiedlichen krankmachenden Determinanten wie zum Beispiel Adhärenzfaktoren oder Toxine haben im Rahmen einer gastrointestinalen *E. coli* Infektion charakteristische klinische Symptome zur Folge. Anhand dieser ist eine orientierende Kategorisierung der enteritischen *E. coli* möglich und lässt Rückschlüsse auf die genetische Ausstattung eines krankheitsverursachenden Stamms zu [2].

> - Adhärenz-
>   faktoren
> - Toxine

Enteritis-verursachende *E. coli*

Orientierend können die Enteritis-verursachenden *E. coli* in sechs sogenannte Pathotypen eingeteilt werden: enteropathogene *E. coli* (EPEC), enterotoxische *E. coli* (ETEC), enterohämmorrhagische *E. coli* (EHEC), enteroaggregative *E. coli* (EAEC), diffus adhärierende *E. coli* DAEC) und enteroinvasive *E. coli* (EIEC). Als typisches Motiv in der Pathogenese aller Pathotypen findet sich eine stabile Bindung des Erregers an das Darmepithel, die durch die Expression spezifischer Rezeptoren ermöglicht wird. Ein zweites, jedoch nicht bei allen Pathotypen nachweisbares Motiv ist die Produktion von Toxinen, die über verschieden Mechanismen zur spezifischen Symptomatik des jeweiligen Erregers beitragen [3].

> - EPEC
> - ETEC
> - EHEC
> - EAEC
> - DAEC
> - EIEC

▪ Enteropathogene *E. coli* (EPEC)

> ▪ Intimin
> ▪ kodiertes Adhäsin
> ▪ Säuglingsdiarrhoe in Afrika

Die EPEC zeichnen sich insbesondere durch ihre Fähigkeit zur hochaffinen Bindung an menschliche Darmzellen aus. Hierbei nutzt der Erreger den EPEC adherence factor EAF, einen bundle forming pilus, um mit Glykanstrukturen auf der Wirtszelle zu interagieren und an diese zu binden [6, 7]. Der enge und stabile Kontakt wird durch ein auf einem beweglichen genetischen Element, dem locus of enterocyte effacement (LEE), kodiertes Adhäsin, das Intimin, erreicht [8]. Durch die Intimin-vermittelte Bindung an das Darmepithel rufen EPEC eine charakteristische morphologische Veränderung der Wirtszelle hervor, die als attaching and effacing (A/E) Läsion bezeichnet wird [3]. EPEC spielen vor allem als Verursacher von Säuglingsdiarrhoe in Afrika eine herausragende Rolle [2].

▪ Enterotoxische *E. coli* (ETEC)

> ▪ Hitzelabile und hitzestabile Toxine

Im Gegensatz zu EPEC sind ETEC in der Lage, nach der durch spezifische Kolonisationsfaktoren (die colonization factors; CF) realisierten Bindung an Darmepithelzellen den menschlichen Wirt durch die Produktion von Toxinen zu schädigen. Bei diesen Toxinen handelt es sich um das hitzelabile und das hitzestabile Toxin (LT beziehungsweise ST). LT, das nach der Bindung der Erreger an das Darmepithel produziert wird, weist strukturelle und funktionelle Ähnlichkeit zum Cholera-Toxin von *Vibrio cholerae* auf [9]. LT wie auch ST führen zur Entstehung starker wässriger Durchfälle. ETEC sind wesentliche Ursache für Durchfallerkrankungen in Ländern mit niedrigem sozio-ökonomischen Niveau und daraus resultierenden mangelhaften hygienischen Standards. Die meisten bakteriellen Durchfallerkrankungen bei Reisenden („Montezumas Rache") werden durch ETEC verursacht.

- **Enteroinvasive *E. coli* (EIEC)**

EIEC sind nah verwandt mit dem Erreger der bakteriellen Ruhr, *Shigella dysenteriae*. Diese verwandtschaftliche Nähe bezieht sich nicht nur auf das im Wesentlichen unveränderliche core-Genom, sondern vor allem auf den identischen Pathomechanismus. Tatsächlich bestehen berechtigte Zweifel, ob die Unterscheidung von EIEC und *Shigella dysenteriae* phylogenetisch und pathogenetisch überhaupt sinnvoll ist [3]. EIEC verursachen als wesentliches Leitsymptom blutige Diarrhoen. Neben dieser besonders eindrucksvollen klinischen Symptomatik unterscheiden sich EIEC von den übrigen *E. coli* Pathovaren vor allem auch durch ihre Fähigkeit, nach Bindung an und Aufnahme in die Wirtszellen intrazellulär zu persistieren. Hierzu verfügen EIEC über spezialisierte Systeme, die überwiegend auf einem 220 kb großen Plasmid kodiert werden und neben der Zellinvasion auch das interzelluläre Überleben sicherstellen und mit apopotischen Prozessen der Wirtszelle interferieren.

• *Shigella dysenteriae*
• Bakterielle Ruhr

- **Enteroaggregative *E. coli* (EAEC)**

EAEC stellen eine Gruppe von *E. coli* dar, die zunehmend als Verursacher von persistierenden, zum Teil blutigen Durchfällen bei Kindern und Erwachsenen sowohl in den Entwicklungsländern als auch in der westlichen Welt beobachtet werden [3]. Wesentliches Kennzeichen der EAEC ist ihre Fähigkeit, Darmepithelzellen in Form mehrlagiger, zum Teil geordneter Konsortien zu besiedeln. Dieser auch als stacked brick bezeichnete, formal jedoch als bakterieller Biofilm zu betrachtende Wachstumsmodus wird durch die Synthese von den so genannten aggregating adherence Fimbrien (AAF) vermittelt [3]. Bislang konnten vier Varianten dieser Fimbrien (AAF/I, AAF/II, AAF/III und Hda) identifiziert werden, welche alle auf übertragbaren Plasmiden kodiert werden. Neben den autoaggregativen Eigenschaften besitzen die AAFs Fibronectin-bindende Aktivität und könnten

• Bakterieller Biofilm
• Besiedlung der intestinalen Mukosa

daher auch an der Besiedlung der intestinalen Mukosa beteiligt sein. Generell führt die AAF-vermittelte EAEC-Adhärenz, unter anderem durch Fibronektin-bindende Eigenschaften der Fimbrien, zu einer Il-8 vermittelten inflammatorischen Reaktion des Epithels, durch welche die stark entzündliche Veränderung, die bei Erkrankten im Dickdarm gefunden werden kann, erklärt wird. Diese wird zudem auf die Produktion der serine protease autotransporters (SPATE) Pic, Pet und SepA sowie durch das im Gen astA-kodierten Toxins EAST hervorgerufen [3].

▪ Enterohämorrhagische *E. coli* (EHEC)

- Shigella-Toxin (Stx)
- Hämolytisch-urämisches Syndrom (HUS)

Seit Anfang 1980 ist der Zusammenhang zwischen einer gastrointestinalen Infektion mit einem spezifischen *E. coli* Pathotyp und dem Auftreten eines durch Hämolyse, Nierenfunktionsstörungen und Thrombozytopenie gekennzeichneten Syndroms (dem hämolytisch-urämischen Syndroms; HUS) bekannt [10]. Der spezifische *E. coli* Pathotyp war durch eine bis dahin wenig beobachtete Oberflächenantigenstruktur, die als Serotyp O157:H7 charakterisiert wurde, gekennzeichnet. Zudem konnte für diesen Pathotyp die Synthese eine cytotoxischen Toxins nachgewiesen werden, welches enge Verwandtschaft zu einem aus Shigellen bekannten Toxin aufweist und daher als Shigella-Toxin (Stx) bezeichnet wird [10, 11].

- Übertragung durch Salat, Gurken, Spinat, Sprossen
- Kontamination von Schlachtgut

Schon frühzeitig wurde erkannt, dass Infektionen mit diesen als enterohämorrhagisch bezeichneten *E. coli* in Form von Ausbrüchen oder kleineren Infektionsclustern auftreten [10]. Heute weiß man, dass diese Tatsache auf den Übertragungsweg des Erregers zurückgeführt werden kann. Da EHEC asymptomatisch den Darm von Wiederkäuern, vor allem Rindern, besiedeln, können große Erregermengen mit dem Kot dieser Tiere in die Umwelt gelangen [12]. Wird dieser zur Düngung von Pflanzen verwendet, so ist eine Übertragung auf den Menschen möglich. Gemüsesorten, die ohne vorheriges Kochen verzehrt werden (also zum Beispiel

Salat, Gurken, Spinat, Sprossen) sind daher als typische Transportvehikel des Erregers beschrieben. Da EHEC eine extrem niedrige Infektionsdosis aufweisen (< 100 Zellen), ist aber auch durch Eintrag von EHEC in die Wasserversorgung eine Ausbreitung möglich. Selbst Mensch – zu – Mensch Übertragungen sind beschrieben und nicht ungewöhnlich [10]. Daneben kann es zu einer Kontamination des Schlachtguts kommen, so dass auch ungegartes Fleisch als Infektionsquelle in Frage kommt. Auffällig ist, dass die Mehrzahl der Infektionen im Kindesalter beobachtet wird, während Infektion beim Erwachsenen seltener beobachtet werden.

Infektionen durch EHEC können im Wesentlichen dem Serotyp O157:H7 zugeordnet werden. Es ist jedoch gut bekannt, dass auch andere Serotypen Ursache einer Infektion und des HUS sein können. Weltweit konnten bislang über 100 Serotypen mit der Entstehung dieses Krankheitsbildes in Verbindung gebracht werden [10]. In Deutschland sind dies vor allem die Serotypen O26, O145 und O111. Gemeinsam sind diese Serotypen etwa für 95 % aller Infektionen verantwortlich. Hierbei werden in Deutschland stabil etwa 1000 Infektionen durch EHEC pro Jahr beobachtet [13].

> - Serotyp O157:H7
> - Serotypen O26, O145 und O111

Die Pathogenese des durch EHEC hervorgerufenen Krankheitsbildes wird durch zwei wesentliche Ereignisse bestimmt. Zum einen ist der Erreger in der Lage, an das Darmepithel des Wirtes zu binden. Hierbei spielt das auch bei EPEC nachweisbare Intimin eine entscheidende Rolle [2,3]. Daneben ist für die Entstehung des Krankheitsbildes HUS die Produktion des bereits oben erwähnten Shigatoxins Stx entscheidend. Stx ist ein Holotoxin, welches aus einer A-Untereinheit und fünf identischen B-Untereinheiten aufgebaut ist [14]. Über die B-Untereinheiten bindet Stx an mindestens einen zellulären Rezeptor. Besonders bedeutsam ist hierbei der Globotriaosylceramid (Gb3) Rezeptor, welcher präferentiell auf den Endothelzellen in den Nierenkapillaren exprimiert wird. Nach der Bindung wird das Toxin aufgenommen und

> - Globotriaosylceramid (Gb3) Rezeptor
> - Nierenfunktionsstörung

schädigt, nach einem komplexen retrograden Transport innerhalb der Zelle, vornehmlich die Proteinbiosynthese der Wirtszelle [15]. Durch den hieraus resultierenden Zellschaden kommt es
zum Zelluntergang. Möglicherweise ist hierdurch die konsekutive
Thrombosierung der Nieren-Kapillaren und damit einhergehend
die schwere Nierenfunktionsstörung zu erklären (eine exzellente
Übersicht zu diesem Thema findet sich bei [10]).

Genetisch lassen sich mindestens zwei unterschiedliche Stx Typen 1 und 2 unterscheiden [14]. Diese weisen offensichtlich auch
funktionelle Unterschiede auf: EHEC-Infektion ohne HUS werden
in der Mehrzahl durch Stx1-produzierenden EHEC Stämme hervorgerufen, während EHEC-Infektionen mit HUS in über 60 %
durch Stx2-produzierenden Stämmen hervorgerufen werden [14].
stx 1 und 2 werden auf einem lysogenen Bakteriophagen kodiert, der in das bakterielle Chromosom integriert vorliegt. Hier
stehen sie unter der Expressionskontrolle von Transkriptionsfak-
toren, die insbesondere dann aktiviert werden, wenn es zur
Induktion der Phagenreplikation kommt [16]. Da dies auch bei der
Exposition des bakteriellen Wirtes gegenüber Antibiotika der Fall
ist, erklärt die Annahme, dass durch die Gabe von Antibiotika die
Expression des Stx verstärkt und damit der klinische Verlauf
einer EHEC Infektion verschlimmert werden kann [17, 18]. Die Behandlung einer EHEC Infektion und des HUS beschränkt sich aus
diesem Grund im Wesentlichen auf eine symptomatische Therapie und verzichtet auf die Gabe von antimikrobiellen Substanzen
[10].

• Der norddeutsche Ausbruch mit Shigatoxin-produzierenden *E. coli* des Serotyps O104:H4

Zwischen Mai und Juli 2011 kam es Deutschland, mit Schwerpunkt in den nördlichen Bundesländern, zu einem großen Ausbruch mit Infektionen durch einen Stx-produzierenden *E. coli* Stamm [19]. Insgesamt waren 4842 Personen betroffen, bei 852 Personen (18 %) kam es zu einem HUS, 50 Personen verstarben [20]. Schnell wurden im Verlaufe des Ausbruchs erhebliche epidemiologische Unterschiede im Vergleich zu den sporadischen EHEC Infektionen deutlich. Besonderes Kennzeichen war zum einen, dass von den Erkrankungen im Wesentlichen Erwachsene betroffen waren (Medianes Alter: 43 Jahre). Zudem überwog der Anteil der Frauen sowohl bei den Gastroenteritis-Fällen (58 %) als auch bei den HUS-Fällen (68 %) [21]. Die mittlere Inkubationszeit betrug 8 Tage und war damit länger als bei den sonstigen EHEC-Infektionen (3 – 5 Tage). Der Anteil der Patienten, bei welchem sich ein HUS entwickelte, war mit 18 % ungewöhnlich groß [20].

> • Alter
> • Geschlecht
> • Inkubationszeit

Dieses ungewöhnliche epidemiologische Profil spiegelte sich auch in den Erkenntnissen aus der frühen und noch oberflächlichen mikrobiologischen Analyse des Ausbruchsstamms wider. Dieser wies ein ungewöhnliches biochemisches Profil auf, welches ihn vor allem von *E. coli* O157:H7 unterschied. Zudem fand sich ein ungewöhnliches Oberflächenantigenprofil, O104:H4 sowie die Expression einer *Extended Spektrum* β-Laktamase (ESBL) vom Typ CTX-M15. Durch eine erste orientierende molekulargenetische Analyse des Genoms und hieraus abgeleitete vorläufige phylogenetische Einordnung wurde klar, dass es sich bei dem norddeutschen Ausbruchsstamm nicht um einen klassischen EHEC Stamm handelte. Durch multi-locus sequence typing fand sich vielmehr Evidenz, dass der Stamm verwandtschaftliche Nähe zu einem 2001 zum einzigen Mal nachgewiesenen *E. coli* Stamm aufwies, der bei einem Kind zu einer Gastroenteritis mit HUS geführt hatte [22,23]. Interessanter Weise konnte zudem zwar

> • Extended Spektrum β Laktamase (ESBL)
> • vgl. Kap. 9

mittels PCR das stx Gen identifiziert werden, anders als bei den klassischen EHEC Stämmen konnte jedoch das für das Intimin-kodierende Gen eae nicht nachgewiesen werden [22, 24].

- 3th Genera-tion Sequenzier-technologie
- Rohe Sequenzier-daten in uneditierter Form publi-zieren

Eine wesentliche Limitierung der in der frühen Phase des Aus-bruchs durchgeführten genetischen Charakterisierungen blieb jedoch, dass letztlich methodeninhärent keine belastbaren Hy-pothesen zur Frage der genetischen Determinanten für das beo-bachtete ungewöhnliche klinische Krankheitsbild abgeleitet werden konnten. Es war klar, dass hierfür nur ein breiterer gene-tischer Ansatz, der auch die Identifikation unbekannter geneti-scher Variablen ermöglichte, in Frage kam. Dieses Ziel konnte schließlich durch die vollständige Sequenzanalyse des Genoms des Ausbruchsstamms erreicht werden. Die Tatsache, dass es schon früh im Verlauf des Ausbruchs gelang, dieses Ziel zu errei-chen, ist für sich betrachtet bemerkenswert, insbesondere wenn man sich vor Augen führt, dass das Genom unabhängig und parallel an verschiedenen Orten weltweit analysiert wurde [25, 27]. Diese bedeutende Leistung war nur durch den Einsatz modernst-er Sequenziertechnologie möglich. Hierdurch wird die enorme Leistungsfähigkeit dieser Technologien, insbesondere der so genannten Drittgenerationssequenziertechnologie, augenschein-lich. Ein zusätzlicher Aspekt, der die Genomsequenzierung und Analyse des Ausbruchsstamms einzigartig macht, ist die Tatsa-che, dass erstmals in der Geschichte die Roh-Daten der Sequen-zierung in uneditierter Form online der weltweiten Forscherge-meinschaft zugänglich gemacht wurden [25]. Hierdurch konnte es möglich gemacht werden, dass die großen Datenmengen durch den Zusammenschluss eines internationalen Forscherteams mit extremer Geschwindigkeit analysiert werden konnten. Bereits innerhalb weniger Stunden nach Freigabe der Daten gelang es, durch Abgleich der Sequenz des Ausbruchsstamms mit Daten-banken festzustellen, dass der Erreger in der Tat nicht mit den klassischen EHEC Stämmen verwandt ist, sondern vielmehr eine große verwandtschaftliche Nähe zu einem ebenfalls dem Serotyp O104:H4 zugehörigen *E. coli* Stamm 55989 besitzt [25-27].

Der Stamm 55989 war erstmals im Rahmen einer chronischen Durchfallerkrankung bei einem HIV-infizierten Afrikaner nachgewiesen worden [28]. Aufgrund seiner genetischen Ausstattung und seinem Phänotyp kann dieser Stamm dem EAEC-Pathotyp zugeordnet werden. Er weist aber im Gegensatz zum norddeutschen Ausbruchsstamm kein stx Gen auf, ist also nicht in der Lage, eine Stx-vermitteltes HUS auszulösen [25-27, 29]. Somit war eine wesentliche Erkenntnis der genomischen Analyse, dass sich der norddeutsche Ausbruchsstamm durch eine ungewöhnliche Kombination von Virulenzfaktoren auszeichnet. Diese umfassen Determinanten, die den Stamm als EAEC kennzeichnen, insbesondere die aggregating adherence Fimbrien, darüber hinaus aber auch Teil des genetischen EHEC Profils (Phagen-kodiertes stx). Zudem konnten im Vergleich zu dem angenommenen Vorläufer des Ausbruchsstamms HUSECO41 weitere Unterschiede festgestellt werden. Unter anderem fand sich bei dem Ausbruchsstamm eine seltene Variante des AAF (aggA), ein zusätzliches SPATE (sepA), ein Telluritresistenzgencluster (terD), zwei Eisenaufnahmesysteme (irp2, fyuA) sowie die ESBL CTX-M15, welche auf einem Plasmid kodiert vorliegt [22, 27].

> - *E. coli* Stamm 55989

> - HUSECO41
> - Variante des AAF (aggA)
> - SPATE (sepA)
> - Telluritresistenz-Gencluster (terD)
> - Eisenaufnahme-systeme (irp2, fyuA) ESBL CTX-M15 plasmid-kodiert

Die Frage, ob diese besondere genetische Ausstattung tatsächlich für die beobachtete klinische Manifestation mit dem Auftreten gehäufter schwerer Verläufe sowie dem HUS verantwortlich ist, kann nicht abschließend beantwortet werden. Sicher ist, dass *E. coli* des EAEC Pathotyps auch früher schon als Auslöser eines Stx-vermittelten HUS beschrieben worden sind [30-32]. Unter diesen finden sich sogar EAEC des Serotyps O104:H4 [33, 34-37]. Dies könnte durchaus zur Spekulation Anlass geben, dass für das besondere epidemiologische Profil und die auffällige klinische Manifestation nicht oder nur in untergeordnetem Maße Determinanten des Erregers, sondern vielmehr die Konstellation des Eintrags des Erregers in die Nahrungskette verantwortlich ist.

Allerdings ist auch deutlich hervorzuheben, dass sich basierend auf den Ergebnissen der genomischen Sequenzierung der aktuelle Ausbruchsstamm signifikant von dem genetisch engsten Vorläuferisolat des Serotyps O104:H4 unterscheidet [22, 25, 27]. Eine abschließende Bewertung, ob diese Unterschiede tatsächlich auch pathogenetische Relevanz besitzen, ist nun durch weitergehende Analysen des Stamms, zum Beispiel durch Untersuchung der Pathogenität spezifischer Mutanten in geeigneten Modellen zur EHEC Pathogenese, zu untersuchen.

Eine der zentralen Fragen in der akuten Phase des Ausbruchsgeschehens war, aus welcher Quelle die Infektionen gespeist wurden. Schon frühzeitig konnte durch Befragung Erkrankter der Verzehr rohen Gemüses als Risikofaktor beschrieben werden [21]. Unklar war jedoch, um welche Art von Gemüse es sich exakt handelt. Diese Unklarheit machte es in der frühen Phase des Ausbruchs unmöglich, konkret einzelne Nahrungsmittel als potentielle Quelle zu benennen.

- RKI
- BfR
- Case-control Studien
- Erregerausbreitung
- Rückverfolgungsuntersuchungen
- Sprossensamen

Um diese exakt zu lokalisieren und hierdurch geeignete Maßnahmen zu Eindämmung der Erregerausbreitung zu ergreifen, wurde durch Institutionen des Bundes (Robert Koch-Institut, Bundesinstitut für Risikobewertung) verschiedene epidemiologische Untersuchungen angestoßen. Im Rahmen dieser Untersuchungen gelang es, durch Case – control Studien den Verzehr von Sprossen als signifikant mit dem Auftreten einer EHEC-Infektion in Verbindung zu bringen [20, 38]. Durch Rückverfolgungsuntersuchungen konnte gezeigt werden, dass ein einzelner Sprossenproduzent für die Verbreitung kontaminierter Sprossen verantwortlich zu machen war [38]. Nicht zweifelsfrei geklärt ist, über welchen Weg der Shigatoxin-produzierende Stamm in die Produktionskette des Betriebes gelangt ist. Interessanterweise kam es zeitgleich zu den norddeutschen Ereignissen in Frankreich zu einem kleineren Cluster von Infektionen durch einen weitestgehend identischen O104:H4 E. coli [38]. Auch hier ließen sich die Infektionen auf den Verzehr von Sprossen zurückführen, die aus der gleichen Charge von Samen gezogen worden waren, die auch im deutschen Betrieb Verwendung gefunden hatten. Hieraus kann die Schlussfolgerung gezogen werden, dass möglicherweise der Import einer mit *E. coli* O104:H4 kontaminierten Charge von Sprossensamen die Ursache für den Eintrag des Erregers in die Lebensmittelproduktion darstellt [38]. Diese Vermutung kann jedoch nicht mit endgültiger Sicherheit belegt werden.

Fazit

Bakterielle Infektionen des Gastrointestinaltrakts gelten in der Regel als weitgehend harmlos. Infektionen durch EHEC, die einen potentiell komplizierten klinischen Verlauf nehmen können, liegen in Deutschland seit langem auf einem stabilen Niveau bei etwa 1000 Infektionen / Jahr. Der Ausbruch mit Shigatoxin-produzierenden *E. coli* im Frühsommer 2011 hat auf eindrucksvolle Weise deutlich gemacht, dass sich unter bestimmten Umständen diese konstante epidemiologische Situation schlagartig und in dramatischer Weise ändern kann: der norddeutsche EHEC Ausbruch ist nicht nur in Deutschland sondern auch weltweit einer der größten jemals beobachteten Ausbrüche mit diesem Erreger. Bezogen auf die Zahl der HUS Fälle ist es sogar der größte jemals beobachtete Ausbruch.

Der Charakterisierung der biologischen Eigenschaften des kausalen *E. coli* Stamms kommt eine entscheidende Bedeutung für unser pathogenetisches Verständnis der spezifischen Epidemiologie und des außergewöhnlichen klinischen Krankheitsbildes zu. Die durch den Einsatz modernster Sequenziertechnologie erreichte rasche Analyse des Erregergenoms ist hierbei als ein bedeutender Durchbruch zu betrachteten. In der akuten Phase des Ausbruchs war es möglich, hierdurch maßgeschneiderte diagnostische Tests zu entwickeln. Sicher ist jedoch die Analyse der Erregerbiologie mit der Entschlüsselung des Erbguts nicht abgeschlossen. Vielmehr ist dieser Erfolg nur der erste Schritt auf dem Weg zu einem tieferen Verständnis des Ausbruchs-stamms *E. coli* O104:H4 im Speziellen, und darüber hinaus der Biologie von Enteritis-verursachenden *E. coli* im Allgemeinen.

Generell heben die Geschehnisse im Sommer 2011 die Bedeu-tung einer kontinuierlichen Überwachung von Nahrungsmitteln hervor. Es ist offensichtlich, dass nur durch fortlaufende Nah-rungsmittelkontrollen, ein leistungsfähiges Meldewesen und modernste diagnostische Verfahren zukünftig Ausbruchsgesche-hen dieser Größenordnung, auch wenn sie durch bislang unbe-kannte Erreger hervorgerufen werden, verhindert oder frühzeitig erkannt und bekämpft werden können.

Literatur

1. Jansen A.; Stark K.; Kunkel J., et al. Aetiology of community-acquired, acute gastroenteritis in hospitalised adults: a prospective cohort study. BMC Infect Dis 2008; 8:143.:143.

2. Kaper J. B.; Nataro J. P.; Mobley H. L. Pathogenic *Escherichia coli*. Nat Rev Microbiol 2004; 2(2):123-40.

3. Croxen M. A.; Finlay B. B. Molecular mechanisms of Escherichia coli pathogenicity. Nat Rev Microbiol 2010; 8(1):26-38.

4. Rasko D. A.; Rosovitz M. J.; Myers G. S., et al. The pangenome structure of *Escherichia coli*: comparative genomic analysis of E. coli commensal and pathogenic isolates. J Bacteriol 2008; 190(20):6881-93.

5. Touchon M.; Hoede C.; Tenaillon O., et al. Organised genome dynamics in the *Escherichia coli* species results in highly diverse adaptive paths. PLoS Genet 2009; 5(1):e1000344.

6. Saldana Z.; Erdem A. L.; Schuller S., et al. The *Escherichia coli* common pilus and the bundle-forming pilus act in concert during the formation of localized adherence by enteropathogenic E. coli. J Bacteriol 2009; 191(11):3451-61.

7. Hyland R. M.; Sun J.; Griener T. P., et al. The bundlin pilin protein of enteropathogenic *Escherichia coli* is an N-acetyllactosamine-specific lectin. Cell Microbiol 2008; 10(1):177-87.

8. Schmidt M. A. LEEways: tales of EPEC, ATEC and EHEC. Cell Microbiol 2010; 12(11):1544-52.

9.   Turner S. M.; Scott-Tucker A.; Cooper L. M.; Henderson I. R.
      Weapons of mass destruction: virulence factors of the global killer
      enterotoxigenic *Escherichia coli*. FEMS Microbiol Lett 2006;
      263(1):10-20.

10.   Tarr P. I.; Gordon C. A.; Chandler W. L. Shiga-toxin-producing
      Escherichia coli and haemolytic uraemic syndrome. Lancet 2005;
      365(9464):1073-86.

11.   Karch H.; Tarr P. I.; Bielaszewska M. Enterohaemorrhagic
      Escherichia coli in human medicine. Int J Med Microbiol 2005;
      295(6-7):405-18.

12.   Pennington   H.   *Escherichia   coli*   O157.   Lancet   2010;
      376(9750):1428-35.

13.   Bielaszewska M.; Kock R.; Friedrich A. W., et al. Shiga toxin-
      mediated hemolytic uremic syndrome: time to change the
      diagnostic paradigm? PLoS One 2007; 2(10):e1024.

14.   Karch H.; Friedrich A. W.; Gerber A.; Zimmerhackl L. B.; Schmidt
      M. A.; Bielaszewska M. New aspects in the pathogenesis of
      enteropathic hemolytic uremic syndrome. Semin Thromb Hemost
      2006; 32(2):105-12.

15.   Johannes L.; Römer W. Shiga toxins-from cell biology to
      biomedical applications. Nat Rev Microbiol 2010; 8(2):105-16.

16.   Herold S.; Karch H.; Schmidt H. Shiga toxin-encoding
      bacteriophages-genomes in motion. Int J Med Microbiol 2004,
      294(2-3):115-21.

17.   Safdar N.; Said A.; Gangnon R. E.; Maki D. G. Risk of hemolytic
      uremic syndrome after antibiotic treatment of *Escherichia coli*
      O157:H7 enteritis: a meta-analysis. JAMA 2002; 288(8):996-1001.

18.   Wong C. S.; Jelacic S.; Habeeb R. L.; Watkins S. L.; Tarr P. I. The risk
      of the hemolytic-uremic syndrome after antibiotic treatment of
      Escherichia coli O157:H7 infections. N Engl J Med 2000;
      342(26):1930-6.

19.   Frank C.; Faber M. S.; Askar M., et al. Large and ongoing outbreak
      of haemolytic uraemic syndrome, Germany, May 2011. Euro
      Surveill 2011; 16(21):19878.

20.   Frank C.; Werber D.; Cramer J. P., et al. Epidemic profile of Shiga-
      toxin-producing *Escherichia coli* O104:H4 outbreak in Germany. N
      Engl J Med 2011; 365(19):1771-80.

21. Askar M.; Faber M. S.; Frank C., et al. Update on the ongoing outbreak of haemolytic uraemic syndrome due to Shiga toxin-producing *Escherichia coli* (STEC) serotype O104, Germany, May 2011. Euro Surveill 2011; 16(22):19883.

22. Bielaszewska M.; Mellmann A.; Zhang W., et al. Characterisation of the *Escherichia coli* strain associated with an outbreak of haemolytic uraemic syndrome in Germany, 2011: a microbiological study. Lancet Infect Dis 2011; 11(9):671-6.

23. Mellmann A.; Lu S.; Karch H., et al. Recycling of Shiga toxin 2 genes in sorbitol-fermenting enterohemorrhagic *Escherichia coli* O157:NM. Appl Environ Microbiol 2008; 74(1):67-72.

24. Scheutz F.; Nielsen E. M.; Frimodt-Moller J., et al. Characteristics of the enteroaggregative Shiga toxin/verotoxin-producing *Escherichia coli* O104:H4 strain causing the outbreak of haemolytic uraemic syndrome in Germany, May to June 2011. Euro Surveill 2011; 16(24):19889.

25. Rohde H.; Qin J.; Cui Y., et al. Open-source genomic analysis of Shiga-toxin-producing *E. coli* O104:H4. N Engl J Med 2011; 365(8):718-24.

26. Rasko D. A.; Webster D. R.; Sahl J. W., et al. Origins of the *E. coli* strain causing an outbreak of hemolytic-uremic syndrome in Germany. N Engl J Med 2011; 365(8):709-17.

27. Mellmann A.; Harmsen D.; Cummings C. A., et al. Prospective genomic characterization of the German enterohemorrhagic *Escherichia coli* O104:H4 outbreak by rapid next generation sequencing technology. PLoS One 2011; 6(7):e22751.

28. Mossoro C.; Glaziou P.; Yassibanda S., et al. Chronic diarrhea, hemorrhagic colitis, and hemolytic-uremic syndrome associated with HEp-2 adherent *Escherichia coli* in adults infected with human immunodeficiency virus in Bangui, Central African Republic. J Clin Microbiol 2002; 40(8):3086-8.

29. Brzuszkiewicz E.; Thurmer A.; Schuldes J., et al. Genome sequence analyses of two isolates from the recent *Escherichia coli* outbreak in Germany reveal the emergence of a new pathotype: Entero-Aggregative-Haemorrhagic *Escherichia coli* (EAHEC). Arch Microbiol 2011; 193(12):883-91.

30. Iyoda S.; Tamura K.; Itoh K., et al. Inducible stx2 phages are lysogenized in the enteroaggregative and other phenotypic

Escherichia coli O86:HNM isolated from patients. FEMS Microbiol Lett 2000; 191(1):7-10.

31. Morabito S.; Karch H.; Mariani-Kurkdjian P., et al. Enteroaggregative, Shiga toxin-producing *Escherichia coli* O111:H2 associated with an outbreak of hemolytic-uremic syndrome. J Clin Microbiol 1998; 36(3):840-2.

32. Newton H. J.; Sloan J.; Bulach D. M., et al. Shiga toxin-producing *Escherichia coli* strains negative for locus of enterocyte effacement. Emerg Infect Dis 2009; 15(3):372-80.

33. Misselwitz J.; Karch H.; Bielazewska M., et al. Cluster of hemolytic-uremic syndrome caused by Shiga toxin-producing *Escherichia coli* O26:H11. Pediatr Infect Dis J 2003; 22(4):349-54.

34. Sonntag A. K.; Prager R.; Bielaszewska M., et al. Phenotypic and genotypic analyses of enterohemorrhagic *Escherichia coli* O145 strains from patients in Germany. J Clin Microbiol 2004; 42(3):954-62.

35. Werber D.; Fruth A.; Liesegang A., et al. A multistate outbreak of Shiga toxin-producing *Escherichia coli* O26:H11 infections in Germany, detected by molecular subtyping surveillance. J Infect Dis 2002; 186(3):419-22.

36. Mellmann A.; Bielaszewska M.; Kock R., et al. Analysis of collection of hemolytic uremic syndrome-associated enterohemorrhagic *Escherichia coli*. Emerg Infect Dis 2008; 14(8):1287-90.

37. Bae W. K.; Lee Y. K.; Cho M. S., et al. A case of hemolytic uremic syndrome caused by *Escherichia coli* O104:H4. Yonsei Med J 2006; 47(3):437-9.

38. Buchholz U.; Bernard H.; Werber D., et al. German outbreak of *Escherichia coli* O104:H4 associated with sprouts. N Engl J Med 2011; 365(19):1763-70.

3. Salmonellen im Vormarsch

Dr. Maria Hoffmann

Division of Animal and Food Microbiology, Office of Research, Center for Veterinary Medicine, U.S. Food and Drug Administration, Laurel, MD, USA

Zusammenfassung

Seit dem 18. Jahrhundert werden Salmonellen mit Ausbrüchen von Diarrhoe in Zusammenhang gebracht und gehören heute weltweit zu den häufigsten und weit verbreitetsten lebensmittelbedingten Infektionen. Immer wieder wird von Salmonellen-Epidemien in Kliniken oder von mit Salmonellen kontaminierten Nahrungsmitteln in Supermärkten berichtet. In den letzten Jahren konnten 90% der lebensmittelbedingten Infektionen auf Salmonellen zurückgeführt werden. Dies lässt sich auch durch die hohe Anpassungsfähigkeit der Salmonellen an ihren jeweiligen aktuellen Lebensraum sowie durch ihre hohe Vermehrungsrate erklären. Die Kosten für Salmonellenerkrankungen werden in Deutschland auf eine Milliarde Euro jährlich geschätzt, in den Vereinigten Staaten von Amerika (USA) und in der Europäischen Union (EU) liegt die Schätzung bei jeweils drei Mrd. US-Dollar bzw. drei Mrd. Euro jährlich.

Auch wenn die Zahl von salmonellenbedingten Lebensmittelerkrankungen seit Jahren kontinuierlich zurückgeht (Anfang der neunziger Jahre wurden noch über 180.000 Fälle in Deutschland gemeldet, während 2009 nur noch 31.395 Infektionen gemeldet wurden), zählen die Salmonellose neben Infektionen mit *Campylobacter* zu den häufigsten durch Lebensmittel übertragenen Erkrankungen. Stark gefährdete Risikogruppen sind Säuglinge und Kleinkinder, ältere Menschen und immungeschwächte, besonders an AIDS (Aquired Immune Deficiency Syndrome) erkrankte Personen. Erst kürzlich, im Sommer 2012, wurde in mehreren Mitgliedsstaaten (Belgien, Österreich, Deutschland Polen, der Tschechischen Republik und Ungarn) der EU ein Ausbruch mit 164 bestätigten und 254 wahrscheinlichen Fällen gemeldet. Man geht davon aus, dass dieser Ausbruch durch Putenfleisch, das mit *Salmonella enterica* serovar Stanley kontaminiert war, ausgelöst wurde.

Seit Anfang der neunziger Jahre wurden Antibiotika resistente und multiresistente Salmonellen nachgewiesen. Gerade letztere stellen ein enormes Gesundheitsproblem dar, da dadurch eine erfolgreiche Therapie von bakteriellen Infektionskrankheiten erschwert bis unmöglich gemacht wird.

Abstract

Salmonella is recognized as one of the most common bacterial agents of foodborne illnesses worldwide and has been long associated with gastroenteritis and enteric fever disease. Although in Europe the infection rate of foodborne disease caused by *Salmonella* has decreased in recent years, from a reported 180.000 in Germany in the 1990s to 33.395 in 2009, it is still responsible for 90% of food-associated infections, ranking it with *Campylobacter* as one of the most important bacterial foodborne pathogens in the world. For instance, just recently, the European Centers for Disease Control and Prevention (ECDC) investigated a multistate (Austria, Germany, Poland, Czech Republic, Hungry, Belgium) outbreak of antibiotic-resistant *Salmonella enterica* serovar Stanley infections with 164 confirmed and 254 more likely cases. Collaborative investigative efforts by different federal public health and regulatory agencies implicated ground turkey as the likely source of this outbreak.

Oftentimes people, especially newborns, infants, the elderly, and immunocompromised individuals, particularly those with AIDS (Aquired Immune Deficiency Syndrome), get ill after consuming contaminated foods in public courts or improperly prepared, contaminated groceries, travelling to developing countries or exposure at hospital settings. As such, this has become a major public health concern having the potential to produce high economic loss. Presently, the economic burden of *Salmonella* infections in Germany, alone, has been estimated to be one million Euros, annually, while the total cost in the United States and in the European Union associated with *Salmonella* infections is estimated to be three billion dollars (USD) and three billion Euros, respectively, per year.

Since the early nineties, the emergence of *Salmonella* that are resistant to antibiotics has occurred, including those demonstrating a multi-drug resistant phenotype unsusceptible to many or most of currently available antibiotic therapies. These strains significantly further the public health risk of *Salmonella* as patient treatment will no longer be successful, with the disease process often culminating in death within just a few weeks. Presently, the accumulation of MDR traits has made it not uncommon to isolate *Salmonella* strains resistant to more than eight antimicrobials. As might be expected, this observation and the fact that there is a strong potential for these bacteria to continue to expand their resistance profiles makes *Salmonella* an extremely important overall health concern. More importantly, without intervention, larger, more severe outbreaks producing even greater health and economic impacts than previously attained can be expected. In this chapter, we describe in more detail the Genus *Salmonella* and their risk to public health.

Einleitung

- mehr als 250 Infektionen über Lebensmittel sind bekannt

Es sind mehr als 250 verschiedene Lebensmittelerkrankungen bekannt, wobei die meisten durch Pilze, Parasiten (z.b. Protozen oder Helminthen), Viren (z.b. Noroviren, Rotaviren oder Hepatitis A-Virus) und Bakterien (z.b. *Campylobacter, Salmonella enterica*, oder *Escherichia coli* O157:H7) oder über deren Toxine (z.b. *Staphylococcus aureus, Clostridium botulinum* oder *Bacillus cereus*) hervorgerufen werden [1]. Lebensmittel-Infektionen, die durch Bakterien ausgelöst werden, sind ein wachsendes internationales Gesundheitsproblem mit erheblichen sozioökonomischen Auswirkungen. Die Kontamination von Nahrungsmitteln kann überall auftreten, beginnend in der landwirtschaftlichen Produktion durch Verunreinigungen des Wassers, der Böden oder der Düngemittel, bis hin zum Verarbeitungsprozess des Lebensmittels. Darüber hinaus haben auch die Tierhaltung und der Schlachtungsprozess Einfluss auf den Grad einer Kontamination. Selbst bei der Zubereitung der Speisen zu Hause kann bei unzureichender Hygiene eine sekundäre Kontamination auftreten [2].

- Salmonellen zählen zu den häufigsten lebensmittelassoziierten Durchfallerregern

2010 wurden Salmonellen, gefolgt von Noroviren und *Campylobacter*, als die am häufigsten auftretenden bakteriellen lebensmittelassoziierten Durchfallerreger in Deutschland an das Bundes Institut für Risikobewertung (BfR) gemeldet [3]. Dies gilt auch für die USA und Europa. Neben der Bakteriengattung *Campylobacter* gehört die Gattung *Salmonella* in ganz Europa zu den häufigsten registrierten Krankheitserregern [4-6] (Abb. 1, Abb. 2, vgl. auch Kap. 10).

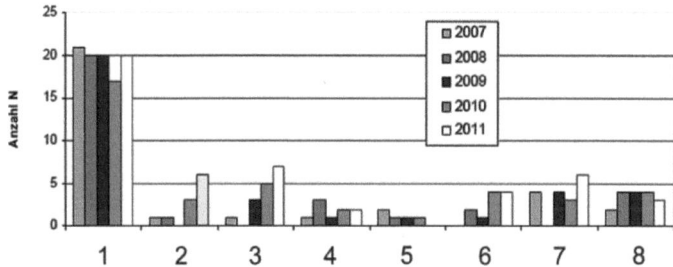

Abb. 1: Anzahlen der gemeldeten lebensmittelbedingten Ausbrüche mit hoher Evidenz pro Erreger in den Jahren 2007 bis 2011. 1, *Salmonella* ssp., 2, *Campylobacter* spp., 3, Norovirus, 4, *Clostridium perfringens*, 5, *Clostridium botulinum* Toxin, 6, Histamin, 7, *Bacillus cereus*, 8, andere. (nach BfR: An Krankheitsausbrüchen beteiligte Lebensmittel in Deutschland im Jahr 2011, Stellungnahme Nr. 035/2012 des BfR vom 19. September 2012,)

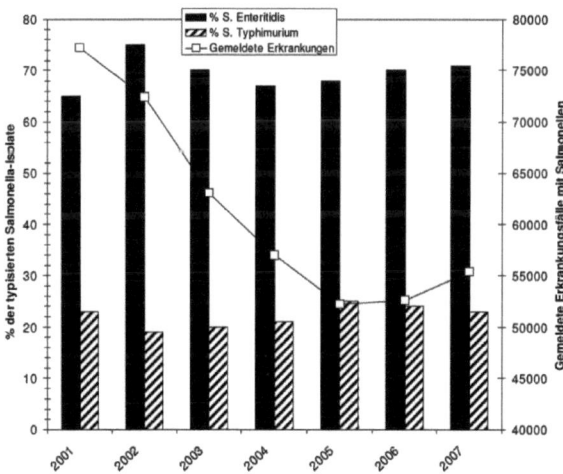

Abb. 2: Die Entwicklung der Salmonellosen beim Menschen 2001–2007 (nach RKI, 2008: nach IfSG und BfR, Erreger von Zoonosen in Deutschland im Jahr 2007).

■ **Die Gattung *Salmonella***

▪ *Enterobac-*
teriaceae
▪ D.E. Salmon
▪ Theobald
Smith

Die Bakterienart *Salmonella* gehört zur Familie der *Enterobacte-riaceae* und wurde nach dem amerikanischen Tierarzt D.E. Salmon benannt; die Enteritis-Salmonellen wurden von seinem Kollegen Theobald Smith entdeckt. Es handelt sich hierbei um Gram-negative, Oxidase-negative, fakultativ anaerobe, obligat bewegliche, Stäbchenbakterien. Der Durchmesser von *Salmonella* beträgt durchschnittlich 0,7 bis 0,6 µm. Die stäbchenförmigen Bakterien sind ca. 2 bis 3 µm lang. Die meisten *Salmonella* Bakterien sind peritrisch begeißelt, wodurch sie beweglich sind; sie können auch Fimbrien besitzen, welche eine Anheftung an die Darmwand des Wirtes ermöglichen. Salmonellen vermehren sich zwischen 5 °C und 47 °C bei einem Temperaturoptimum von 35 °C bis 37 °C. Sie tolerieren einen pH-Wert von 4,00 bis 9,0. Das pH-Optimum befindet sich zwischen 6,5 und 7,5. Salmonellen gleichen sich extremen Umweltbedingungen an und sie sind natürliche Bewohner von Menschen und kalt- und warmblütigen Tieren (Säugetiere, Reptilien, Vögel und Insekten) [2, 7].

▪ *Salmonella*
bongori
▪ *Salmonella*
enterica

Die Gattung *Salmonella* wird in zwei Spezies unterteilt: *Salmonella bongori* und *Salmonella enterica*, wobei beide Spezies mit Lebensmitteln in Verbindung gebracht wurden. *Salmonella enterica* kann biochemisch in sechs Subspezies unterteilt werden [8].

▪ O-Antigene
▪ H-Antigene
▪ Vi-Antigene
▪ White-
Kauffmann-
Le Minor-
Schema

Die Subspezies werden über Antigeneigenschaften der O-Antigene (Bestandteil der Lipopolysaccharide der Zellwand), der H-Antigene (Proteinbausteine der Geißeln / Flagellen) und der Vi-Antigene (Kapselpolysaccharid) anhand der Serotypisierung des White-Kauffmann-Le Minor-Schemas von 1934 in mittlerweile mehr als 2.579 verschiedene Serovare differenziert. Dabei gehören mehr als 1.500 Serovare zu der *S. enterica* subsp. *Enterica*, welche zu 99% für Darmerkrankungen beim Menschen verantwortlich sind. Die anderen fünf Subspezies sowie *Salmonella bongori* sind klinisch eher irrelevant, da sie nur sporadisch von Patienten, die an einer Salmonellose erkrankt sind, isoliert wurden. *Salmonella enterica* Subspezies IV und VI sowie *Salmonella bongori* kolonisieren vor allem den Darmtrakt von Kaltblütern wie Reptilien und Schildkröten [9].

Tabelle 1: Taxonomie der Gattung *Salmonella*

Spezies	Subspezies	
Salmonella enterica	Subspezies I	*Salmonella enterica* spp. enterica
	Subspezies II	*Salmonella enterica* spp. salamae
	Subspezies IIIa	*Salmonella enterica* spp. arizonae
	Subspezies IIIb	*Salmonella enterica* spp. diarizonae
	Subspezies IV	*Salmonella enterica* spp. houtenae
	Subspezies VI	*Salmonella enterica* spp. indica
Salmonella bongori		

- **Salmonellen als Krankheitserreger**

Salmonellen werden als Zoonoseerreger bezeichnet, da sie sowohl vom Tier auf den Menschen als auch umgekehrt übertragbar sind. Salmonellosen müssen nach dem Infektionsschutzgesetz in Deutschland gemeldet werden. Die pathogene Subspezies *Salmonella enterica* spp. *enterica* konnte in den letzten Jahren hinsichtlich infektiologischer und pathogenetischer Unterschiede in enteritische- und typhöse Salmonellen eingeteilt werden [10, 11].

> - Salmonellen werden als Zoonose-erreger bezeichnet

• Typhöse Salmonellen

• *Salmonella* serovar Typhi • *Salmonella* serovar Paratyphi A, B und C

Zu den typhösen Salmonellen gehören *Salmonella* serovar Typhi und *Salmonella* serovar Paratyphi A, B und C, die eine Allgemeininfektionen mit Darmbeteiligung - als Typhus oder Paratyphus bezeichnet - verursachen. Die Erkrankung wird über das Blut verbreitet und kann von Mensch zu Mensch übertragen werden. Typhöse Salmonellen sind invasiv und heften sich mit Hilfe von Fimbrien nach der Magen-Darm-Passage an Dünndarm-Epithelzellen insbesondere die Enterocyten oder M-Zellen an. Somit erreichen sie die *Lamina propria*, wo sie die Zellen des mononukleär-phagozytären System (MPS) befallen. Ein Teil der Bakterien gelangt über die Lymphbahnen in den Blutkreislauf, sodass sie nach eine bis drei Wochen zu septikaemischen Infektionen mit Organschäden an Darm, Herz, Gehirn, Leber, Niere und Galle führen können. Erkrankte Menschen erleiden ansteigend hohes Fieber und Bewusstseinstrübung, wobei das Fieber bis zu 14 Tage andauern kann. Gleichzeitig ist die Milz angeschwollen und die Patienten zeigen ein leukopenisches Blutbild [2, 12].

• Typhus • Paratyphus • European Centre for Disease Prevention and Control (ECDC)

In Industrieländern spielen Typhus und Paratyphus nur eine untergeordnete Rolle und treten überwiegend bei Menschen nach Reisen in Entwicklungsländer auf. Nach dem Kontroll-Bericht der *European Centre for Disease Prevention and Control* (ECDC) wurden 2009 in Europa 1.349 Fälle von Typhus und Paratyphus gemeldet, wobei 80% davon aus Südasien eingeführt wurden. Paratyphus A war dabei das häufigste Serovar. In Deutschland wurden 2009, 141 und 2008, 179 Typhus-Infektionen gemeldet. Von den Paratyphuserregern ist nur *Salmonella* serovar Paratyphi B in Deutschland epidemisch [4]. In der Regel erfolgt eine Infektion über Lebensmittel oder Trinkwasser, die mit typhösen Salmonellen fäkal kontaminiert sind. Daneben können sich Menschen auch über Tiere anstecken, wie etwa in Spanien, wo im Jahr 2010/2011 mehrere Personen an Paratypus B Infektionen erkrankten. Bei diesen Fällen wurden Schildkröten als Infektionsherd diagnostiziert [13]. Die Infektionsdosis ist bei *Salmonella* serovar Typhi und *Salmonella* serovar Paratyphi geringer als bei nichttyphoidalen Salmonellen, dadurch kann eine Infektion auch über kontaminiertes Trinkwasser erfolgen. Vor allem bei resistenzgeschwächten Menschen reicht schon eine geringe Keimzahl aus, um an einer Infektion zu erkranken. Aufgrund der schlechten hygienischen Verhältnisse sind typhoidale Salmonellen in Entwicklungsländern von maßgeblicher Bedeutung und werden vor allem über das Trinkwasser verbreitet. Nach der WHO erkranken jährlich 16 bis 33 Millionen Menschen an typhösen Salmonellen-Infektionen, dabei endet bei ungefähr 210.000 bis 600.000 die Erkrankung letal.

• **Enteritische Salmonellen**

Nichttyphoidale Salmonellen verursachen Gastroenteritiden, die auch als Salmonella-Enteritis oder Salmonellose bezeichnet werden. Die von den enteritischen Salmonellen ausgelösten Entzündungen im Magen-Darm-Trakt sind die häufigste erfasste Ursache von Durchfallerkrankungen beim Menschen. Die wohl bedeutendsten Serovare sind *S. enterica* serovar Enteritidis und *S. enterica* serovar Typhimurium. Über 500 Serovare sind humanpathogen, wobei 20 bis 30 verschiedene Serovare dominieren. Die WHO führte von 1990 bis 1995 eine globale Studie in 191 Mitgliedstaaten durch und stellte fest, dass 10 Serovare für 93 % der Lokalinfektionen des Darms (Enteritis) verantwortlich waren [14].

> • Nicht-
> typhoidale
> Salmonellen

Tabelle 2: Am häufigsten gemeldete *Salmonella* Serovare in der EU.

Serotyp	Jahr 2008	Jahr 2009
Enteritidis	70936	53951
Typhimurium	27170	23990
Infantis	1378	1632
Virchow	935	788
Newport	838	774
Derby	662	675
Hadar	545	513
Stanley	619	473
Kentucky	518	469
Saintpaul	444	456

Länder: Österreich, Belgien, Zypern, Tschechische Republik, Dänemark, Estland, Finnland, Frankreich, Deutschland, Griechenland, Ungarn, Island, Irland, Italien, Lettland, Litauen, Luxemburg, Malta, Niederlande, Norwegen, Polen, Portugal, Rumänien, Slowenien, Schweden, Spanien und Großbritannien.

- Infektion erfolgt normalerweise oral durch Lebensmittel

Eine Infektion erfolgt normalerweise oral durch Nahrungsmittel, seltener auch über das Trinkwasser. Die enteritischen Salmonellen gelangen mit Hilfe von virulenten Genen, die sich häufig entweder auf Plasmiden oder Pathogenitätsinseln befinden, über den Dünndarm in die *Lamina propria*, wo sie zu einer Störung des Elektrolyt- und Flüssigkeitstransportes führen. Sie erzeugen bei einer Infektionsdosis von 10^4-10^6 akute Magen-Darm-Entzündungen mit plötzlich einsetzendem Durchfall, Kopf- und Bauchschmerzen, Unwohlsein, Erbrechen und leichtem Fieber. Im Gegensatz zu Typhus und Paratyphus führen enteritische Salmonellen zu keinen Dauerausscheidungen beim Menschen und gewöhnlich bleibt die Infektion auf den Intestinaltrakt begrenzt. Die Beschwerden setzen gewöhnlich nach einer Inkubationszeit von 6-72 Stunden ein, sind üblicherweise selbstheilend und werden lediglich mit viel Flüssigkeitsaufnahme behandelt.

Die Erkrankung ist im Durchschnitt bei Erwachsenen nach 4 Wochen, bei Kleinkindern nach 7 Wochen, überstanden. Vorrangig erkranken Säuglinge, Kleinkinder, alte Menschen und Menschen mit geschwächtem Immunsystem (HIV-Patienten erkranken beispielsweise 20 Mal häufiger). Häufig werden bei Patienten aus diesen Gruppen Komplikationen beobachtet. Es können etwa schwere Bakteriämien bis hin zur Sepsis und langanhaltende Gelenksentzündungen entstehen. Sollte es zu einer extraintestinalen Manifestation kommen, ist eine sofortige antibiotische Therapie notwendig. Die Erkrankung kann in seltenen Fällen sogar tödlich verlaufen [2, 15]. Im Jahr 2008 sind in Deutschland 33 Menschen an Salmonellose verstorben. Es ist jedoch von einer höheren Dunkelziffer auszugehen, da gemeldete Fälle nicht bis zum Ende der Erkrankung nachverfolgt werden [11].

Die Zahl der Erkrankungen steigt in den Sommermonaten aufgrund der höheren Temperaturen stark an und betrifft dabei vor allem Menschen unter 10 oder über 60 Jahren. Jährlich erkranken 93,8 Million Menschen an von nichttyphoidalen *Salmonella* ausgelöster akuter Gastroenteritis weltweit, wobei 155.000 Menschen an der Salmonellen-Infektion sterben [16, 17]. Die meisten Lebensmittel mit einem hohen Eiweiß- oder Wasseranteil wie zum Beispiel Eier, Rohmilch sowie Fleisch (insbesondere Geflügelsorten) zählen zu den bevorzugten Infektionsquellen. Aber auch Gewürze, Tee, Muscheln, Fisch, Obst, Gemüse und sogar Schokolade können mit Salmonellen kontaminiert sein. Auch primär nicht mit Salmonellen kontaktierte Lebensmittel können durch Kreuzkontamination über Menschen oder andere Lebensmittel ein Risiko darstellen. Die meisten Erkrankungen erfolgen durch unzureichend erhitzte Eier oder Lebensmittel, die Rohei enthalten, wie Kuchenteig, Cremes, Mayonnaise oder Speiseeis. Die Ausbreitung wird begünstigt durch Massentierhaltung, Gemeinschaftsverpflegung (etwa in Krankenhäusern, Kantinen, Restaurants etc.), große Produktionschargen der Lebensmittelindustrie und Fehler bei der Weiterverarbeitung im Haus-

- 155.000 Todesfälle/a
- Kreuzkontamination über Menschen oder andere Lebensmittel

halt. Die meisten Infektionen sind auf unzureichende Kühlung oder mangelhafte Erhitzung zurückzuführen. Salmonellen werden sicher abgetötet, wenn Speisen mindestens 10 min bei über 70°C erhitzt werden. Zur Vorbeugung von Salmonellosen sind Hygienevorschriften bei der Lebensmittelzubereitung, Nahrungsmittelverteilung, aber auch bei der Wasserversorgung und Abwasserbeseitigung unbedingt einzuhalten [2, 11].

Tabelle 3: Gemeldete lebensmittelbedingte Salmonellose-Ausbrüche aus dem Jahr 2011 nach Salmonella-Serovaren

Salmonella Serovare	Anzahl Ausbrüche	Anteil in Prozent[1)
S. enteritidis	19	55,8
S. typhimurium	9	26,4
S. newport	2	5,8
S. infantis	1	2,9
Unbekannt/keine Angaben	3	8,8
Gesamt	34	100

[1) Prozentzahlen mit rundungsbedingten Abweichungen (nach BfR An Krankheitsausbrüchen beteiligte Lebensmittel in Deutschland im Jahr 2011, Stellungnahme Nr. 035/2012 des BfR vom 19. September 2012)

▪ **Krankheitsausbrüche durch Salmonellen**

▪ größter Ausbruch 1985 in den USA durch Milch

Die ersten großen epidemiologischen Ausbrüche von Salmonellen-bedingter Diarrhoe wurden Mitte des letzten Jahrhunderts diagnostiziert. Einer der bisher größten Krankheitsausbrüche ereignete sich 1985 in den USA: Durch pasteurisierte Milch, die mit *Salmonella* serovar Typhimurium kontaminiert war, erkrankten 16.284 Menschen, 7 Erkrankte starben [2]. Auch heute noch erkranken jährlich in den USA durchschnittlich eine Million Menschen an Salmonellen mit 378 Todesfällen [5]. Auch in Europa, einschließlich Deutschland, zählen die enteritischen Salmonellosen zu den häufigsten Durchfallerregern, wobei vor allem Kinder unter 4 Jahren betroffen sind. Einer der bedeutendsten Ausbrüche in Deutschland geschah 1993, als aufgrund von kontaminierten Paprikachips aus Südamerika über 1000 Menschen erkrankten [18].

Der Kontroll-Bericht der ECDC (European Centre for Disease Prevention and Control) meldete für 2009, dass in Europa 109.844 Personen an enteritischen Salmonellen erkrankten, mit einem klaren Erkrankungsgipfel im Sommer. Von 100.000 Personen erkrankten 112.4 Kleinkinder zwischen 0 und 4 Jahren an Salmoneller Enteritis. Allerdings soll die Dunkelziffer der Erkrankungen mindestens 5 Mal höher liegen, da nicht jede Salmonellose erfasst wird. Nicht jede Gastroenteritis wird ärztlich behandelt, zudem lässt bei weitem nicht jeder Arzt eine Stuhlprobe auf Bakterien untersuchen.

- European Centre for Disease Prevention and Control (ECDC)

Im Kontrollbericht von 2009 der EFSA und ECDC ist desweiteren aufgeführt, dass 1.454 Ausbrüche gemeldet wurden, wovon 324 Ausbrüche mit 4.500 Erkrankungen bestätigt werden konnten. Die meisten Fälle kamen aus der Tschechischen Republik, der Slowakei, Litauen und Ungarn [4].

Tabelle 4: Beispiele von Krankheitsausbrüchen weltweit

Land	Jahr	Lebens-mittel	Serovar	Betroffene
Norwegen	1987	Schokolade	Typhimurium	361
Japan	1988	Eier	Salmonella spp.	10.476
Frankreich	1993	Mayonnaise	Enteritidis	751
Australien	1999	Orangensaft	Typhimurium	427
Großbritannien	2004	Salat	Newport	>350
Kanada	2005	Rinderbraten	Salmonella spp.	155
Großbritannien	2006	Schokolade	Montevideo	>46
USA	2010	Pfeffer	Montevideo	272
Deutschland	2011	Mungobohnen-sprossen	Newport	106

- 2007: 55.400 Sal-monellen-Infektionen in BRD ge-meldet
- 2009: 31.395 Fälle

Ein kontinuierlicher Rückgang an Salmonelleninfektionen, besonders für *Salmonella* serovar Enteritidis, ist in den letzten Jahren aufgrund verbesserter Hygienevorschriften und Sanitäranlagen in vielen europäischen Ländern und auch in Deutschland dokumentiert worden. In Deutschland wurden 2007 55.400 Salmonellen-Infektionen gemeldet. Diese Zahl sank auf 31.395 Fälle 2009. Der Rückgang an Salmonellose ist auch eine Folge von weniger Salmonellen bei Konsumeiern und Legehennen. Ein Grund dafür ist die Hühner-Salmonellen-Verordnung, die vorschreibt, dass alle Legehennen gegen Salmonellen geimpft werden müssen. Trotzdem ist Salmonellose immer noch die weit verbreitetste Durchfallerregerkrankheit und als Ursache der bakteriellen Enteritis für Deutschland von größter Bedeutung [4, 11].

■   **Antibiotika-Resistenzentwicklung**

Patienten, die an Typhus und Paratyphus erkranken, müssen medikamentös mit Antibiotika behandelt werden. Normalerweise werden Chloramphenicol oder Fluorchinolon-Antibiotika wie Ciprofloxacin oder Ceftriaxon verabreicht (weitere Informationen zu Resistenzentwicklung vgl. Kap. 9). Während bei Typhus und Paratyphus in jedem Fall eine Antibiotikatherapie notwendig ist, wird auch bei nichttyphoidalen Salmonellosen, wenn die Krankheitsform im Sinne eines *systemic inflammatory response syndrome* (SIRS) beziehungsweise einer Sepsis ausartet, eine antimikrobielle Therapie vorgenommen [2, 12].

> ■ Antibiotika-
> therapie bei
> Typhus und
> Paratyphus
> ■ systemic
> inflamma-
> tory
> response
> syndrome
> (SIRS)

In den letzten Jahren konnte weltweit eine Zunahme von resistenten *Salmonella enterica* spp. *Enterica*-Stämmen über ein kontinuierliches nationales und internationales Monitoring festgestellt werden. Der globale Anstieg von Antibiotika-resistenten Salmonellen-Stämmen, die aus Patienten und Tieren, vor allem das Vorkommen von antibiotika-resistenten Stämmen bei Nutztieren, die als Lebensmittel weiterverarbeitet werden, ist besorgniserregend. Vor allem beunruhigend ist dabei, dass Salmonellen Resistenzen gegen die Antibiotika entwickelt werden, die für die medikamentöse Behandlung normalerweise eingesetzt werden, wodurch therapeutische Maßnahmen beeinträchtigt werden und die Betroffenen somit im Extremfall nicht mehr therapierbar sind.

Eine Studie aus Spanien beschreibt, dass in den letzten Jahren die Resistenz in Salmonellen gegen Ampicillin, Tetracyclin, Chloramphenicol, und Nalidixinsäure von 8% auf 44%, von 1% auf 42%, von 1,7% auf 26% und von 0,1% auf 11% entsprechend anstieg [19]. Vor allem das Auftreten von *Salmonella* serovar Typhimurium DT104 Ende der 1980er Jahre sorgte für Beunruhigung, da dieser Stamm eine breite Antibiotika-Mehrfachresistenz (resistent gegen Ampicillin, Chloramphenicol, Streptomycin, Sulfonamid und Tetracyclin) aufweist und sich global ausbreitete, vermutlich durch den Handel von Nutztieren, die mit dem Stamm kontaminiert waren.

• Mehrfach-resistenz-Stämme

Es werden auch *Salmonella* Stämme isoliert, die resistent gegen Gentamicin, Trimethoprim, und Fluorchinolon-Antibiotika sind. Vor allem Resistenzen gegen Chloramphenicol und Fluorchinolon-Antibiotika, die in der Humanmedizin am häufigsten verwendeten Medikamente gegen Salmonellen-Infektionen, stellen ein großes gesundheitliches Problem dar [20]. Es wird versucht, neue Antibiotika zu entwickeln, um die zurzeit genutzten Antibiotika zu ersetzen, da diese ihre Wirkung in der Humanmedizin, aufgrund des Aufkommens von Antibiotika-Mehrfachresistenz-Stämmen, verlieren. Eine dänische Studie beschreibt, dass die Todesrate bei Patienten, die wegen Antibiotika-Mehrfachresistenz-Stämmen erkranken, in den darauffolgenden 2 Jahren doppelt so hoch ist wie bei der durchschnittlichen Bevölkerung [21].

Auch in Deutschland stellt das kontinuierlich wachsende Auftreten von resistenten Salmonellen-Isolaten ein erhebliches Problem dar. Es wird geschätzt, dass jährlich in Deutschland ca. 250 durch Salmonellen bedingte Lebensmittelinfektionen auftreten, bei denen eine notwendige antibiotische Therapie nicht mehr möglich ist. Die Resistenzentwicklung bei Mikroorganismen und deren Verbreitung wird vom Antibiotika-Resistenz-Surveillance (ARS) auf nationaler Ebene durchgeführt. Im Bericht von 2009 wurde mitgeteilt, dass von 3.200 *Salmonella*-Isolaten 42,7% eine Resistenz gegen mindestens eine Wirkstoffklasse aufwies; 34,8% zeigten eine Resistenz gegen mehrere Wirkstoffklassen. Bei *Salmonella*-Isolaten aus Lebensmitteln wurde am häufigsten eine Resistenz gegen Ampicillin, Sulfamethoxazol, Tetrazyklin, Streptomycin, Nalidixinsäure und Ciprofloxacin ermittelt. Beunruhigend sind die Daten von *Salmonella* serovar Typhimurium, das neben *Salmonella* serovar Enteritidis am häufigsten mit Lebensmittel-Infektionen in Zusammenhang gebracht wird und bei dem gehäuft Mehrfachresistenzen festgestellt wurden. Zum

Beispiel lag bei *Salmonella*-Isolaten aus Lebensmitteln zu 49,0% eine Mehrfachresistenz vor. Dieser Anteil ist seit 2003, als es nur 29,4% waren, folglich massiv angestiegen [21, 22]. Um die Evolution von mehrfachresistenten *Salmonella* Stämmen besser zu verstehen, sind die „mobilen Elemente", die die Resistenzgene aufweisen, genauer zu untersuchen. Wissenschaftler hoffen, dass mit Hilfe neuer Technologien wie „Next Generation Sequencing" neue Erkenntnisse in diesem Bereich gewonnen werden.

Literatur

1.   Center for Disease Control and Prevention: Foodborne Illness, Foodborne Disease. http://www.cdc.gov/foddsafety/facts.html; 2012.

2.   Montville T.J., Matthews K. R. , Kniel K. E. (eds.): Food Microbiology An Introduction. : Washington DC, USA: ASM Press.; 2012.

3.   Bundesinstitut für Risikobewertung: An Krankheitsausbruechen beteiligte Lebensmittel in Deutschland im Jahr 2010. Stellungnahme Nr 041/2011 des BfR vom 26 September 2011 2011.

4.   European Centre for Disease Control and Preventionand European Food Safety Authority: The European Union Summary Report on Trends and Sources of Zoonoses, Zoonotic Agents and Food-borne Outbreaks in 2009. EFSA Journal 2011, 9(3):2090. [378pp.] doi:10.2903/j.efsa.2011.2090. (www.efsa.europe.eu/efsajournal)

5.   Scallan E., Hoekstra R. M., Angulo F. J., Tauxe R. V., Widdowson M. A., Roy S. L., Jones J. L., Griffin P. M.: Foodborne illness acquired in the United States--major pathogens. Emerg Infect Dis 2011, 17(1):7-15.

6.   DeWaal C. S., Robert N., Witmer J., Tian X. A.: A Comparison of the Burden of Foodborne and Waterborne Diseases in Three World Regions, 2008. Food Protection trends 2010, 30(8):483-490.

7.   Le Minor L.: Genus III. Salmonella. In Bergey's Manual of Systematic Bacteriology. Baltimore, MD: Eds. Williams and Wilkins; 1984.

8. Tindall B. J., Grimont P. A., Garrity G. M., Euzeby J. P.: Nomenclature and taxonomy of the genus Salmonella. Int J Syst Evol Microbiol 2005, 55(Pt 1):521-524.

9. Center for Disease Control and Prevention: National Enteric Disease Surveillance: Salmonella Surveillance Overview. Atlanta, Georgia: US Department of Health and Human Services. 2012.

10. Bundesinstitut für Risikobewertung: Bedeutung der Salmonellen als Krankheitserreger. http://www.bfr.bund.de/de/bedeutung_ der_salmonellen_als _krankheitserreger-537.html; 2012.

11. Robert Koch Institut: Ratgeber für Ärzte. Salmonellose (Salmonellen-Gastroenteriti). http://www.rki.de/DE/Content/Infekt/EpidBull/Merkblaetter/Rat geber_Salmonellose.html; 2011.

12. Helms M., Vastrup P., Gerner-Smidt P., Molbak K.: Excess mortality associated with antimicrobial drug-resistant *Salmonella typhimurium*. Emerg Infect Dis 2002, 8(5):490-495.

13. Hernández E. , Rodriguez J.L. , Herrera-León S. , García I., de Castro V. , Muniozguren N. : *Salmonella paratyphi* b var java infections associated with exposure to turtles in bizkaia, spain, september 2010 to october 2011. Euro Surveill 2012, 17(25):Available online: http://www.eurosurveillance.org/View Article.aspx? ArticleId=20201.

14. Herikstad H., Motarjemi Y., Tauxe R. V.: Salmonella surveillance: a global survey of public health serotyping. Epidemiol Infect 2002, 129(1):1-8.

15. Ohl M. E., Miller S. I.: Salmonella: a model for bacterial pathogenesis. Annual review of medicine 2001, 52:259-274.

16. Cernela N., Nuesch-Inderbinen M., Hachler H., Stephan R.: Antimicrobial resistance patterns and genotypes of *Salmonella enterica* serovar Hadar strains associated with human infections in Switzerland, 2005-2010. Epidemiol Infect 2013:1-6.

17. Majowicz S. E., Musto J., Scallan E., Angulo F. J., Kirk M., O'Brien S. J., Jones T. F., Fazil A., Hoekstra R. M.: The global burden of nontyphoidal Salmonella gastroenteritis. Clin Infect Dis 2010, 50(6):882-889.

18. Lehmacher A., Bockemuhl J., Aleksic S.: Nationwide outbreak of human salmonellosis in Germany due to contaminated paprika

and paprika-powdered potato chips. Epidemiol Infect 1995, 115(3):501-511.

19. Prats G., Mirelis B., Llovet T., Munoz C., Miro E., Navarro F.: Antibiotic resistance trends in enteropathogenic bacteria isolated in 1985-1987 and 1995-1998 in Barcelona. Antimicrob Agents Chemother 2000, 44(5):1140-1145.

20. McGowan J. E., Jr.: Economic impact of antimicrobial resistance. Emerg Infect Dis 2001, 7(2):286-292.

21. Bundesinstitut für Risikobewertung: Deutsche Antibiotika-Resistenzsituation in der Lebensmittelkette-DARLink 2009, Berlin, Deutschland: Bundesinstitut für Risikobewertung Presse-stelle 2012.

22. Varma J. K., Greene K. D., Ovitt J., Barrett T. J., Medalla F., Angulo F. J.: Hospitalization and antimicrobial resistance in Salmonella outbreaks, 1984-2002. Emerg Infect Dis 2005, 11(6):943-946.

4. Freund und Feind: Hautbakterien als Erreger von Krankenhausinfektionen

PD Dr. Holger Rohde

Institut für Medizinische Mikrobiologie, Virologie und Hygiene, Universitätsklinikum Hamburg-Eppendorf (UKE)

Zusammenfassung

Der Einsatz implantierbarer Fremdmaterialien ist heute integraler Bestandteil der modernen Medizin. Diese Fremdmaterialien werden genutzt, um temporär oder längerfristig Organfunktionen zu unterstützen oder sogar, wie zum Beispiel beim Einsatz künstlicher Gelenke, vollständig zu ersetzen. Die Implantation von Fremdmaterialien stellt ein signifikantes Risiko für die Entwicklung einer Infektion dar: alleine in Deutschland werden jährlich bis zu 100.000 Fälle einer Infektion nach Fremdmaterialanwendung beobachtet. Bei diesen so genannten Fremdmaterial-assoziierten Infektionen lässt sich in der überwiegenden Zahl von Fällen *Staphylococcus epidermidis* nachweisen. Dieser Erreger wird der Gruppe der Koagulase-negativen Staphylokokken zugerechnet und kann regulär auf der Haut praktischer aller Menschen gefunden werden ohne hierbei eine pathogene Bedeutung zu haben. Demnach ist *S. epidermidis* im Kontext Implantatassoziierter Infektionen als ein klassischer opportunistischer Erreger zu bezeichnen. Sein selektives pathogenes Potential resultiert aus der Fähigkeit, die Oberfläche von künstlichen Materialien in Form fest haftender, mehrschichtiger Bakterienaggregate zu besiedeln. Diese Eigenschaft, die auch als Biofilmbildung bezeichnet wird, hat schwerwiegende Konsequenzen, denn sie schützt den Erreger vor dem Immunsystem des Menschen und macht ihn unempfindlich gegen Antibiotika. In der Folge imponieren *S. epidermidis* Infektionen als chronische, schwer behandelbare Erkrankungen, die in der Regel nur durch die Entfernung des Fremdmaterials geheilt werden können. Die Erforschung der genauen molekularen Zusammenhänge, die zur *S. epidermidis* Biofilmbildung führen, hat gezeigt, dass dieser Prozess von vielen unterschiedlichen Determinanten abhängt. Besonders bedeutsam sind bakterielle Oberflächenstrukturen wie Polysaccharide und Proteine, die die Wechselwirkung von *S. epidermidis* mit der Implantatoberfläche ermöglichen und durch die Ausbildung einer extrazellulären Matrix den Biofilm stabilisieren. Die differenzierten molekularen Erkenntnisse zur Entstehung von *S. epidermidis* Biofilmen haben bereits jetzt zur Formulierung und konkreten Untersuchung neuer Präventivmaßnahmen zur Vermeidung und therapeutischen Interventionen zur Behandlung implantatassoziierter Infektionen geführt. Die weitere Erforschung der molekularen Pathogenese von *S. epidermidis* Biofilminfektionen kann somit zukünftig zur Entwicklung neuartiger Behandlungsmethoden führen.

Abstract

Infections associated with indwelling medical devices are a major problem in modern medicine, affecting millions of patients worldwide each year. Coagulase-negative Staphylococci, especially *Staphylococcus epidermidis*, are the most characteristic causative organisms isolated in the context of device-related infections. The tight pathogenetic association between foreign-body implantation and staphylococcal infection is related to their capability to establish multilayered, highly structured biofilms on artificial surfaces. The ever-increasing spread of highly resistant Staphylococci as well as the inherent resistance of biofilm-organized bacteria against antibiotics and effector mechanisms of the host immune system regularly results in failure of conventional therapeutic protocols. In order to identify novel, innovative targets for improved diagnostic, therapeutic and prophylactic approaches the elucidation of the molecular pathogenesis of staphylococcal foreign-body related infections has gained superior interest over the last two decades. This review summarizes the current knowledge of staphylococcal biofilm infections and emphasizes the implications of the progress made for clinical management.

Einleitung

Der modernen Hochleistungsmedizin ist es heute möglich, auch schwerste Erkrankungen zu behandeln und hierdurch Leben zu retten. Neben revolutionären Entwicklungen in der Diagnostik und Pharmakotherapie ist dieser faszinierende Fortschritt auch Folge der Möglichkeit, Organfunktionen durch den Einsatz implantierbarer Fremdmaterialien temporär oder sogar langfristig zu ersetzen. Beispiele für solche Maßnahmen ist die Verwendung intravenöser Zugänge zur sicheren Applikation von Medikamenten, künstlicher Gelenke und Herzklappen, Liquorableitungen, künstlicher Augenlinsen oder Brustimplantate. Ohne Zweifel hat sich die Verwendung von Implantaten als Erfolgsgeschichte erwiesen. Allerdings wird der Patient bei jeder Implantation eines Fremdmaterials verschiedenen Risiken ausgesetzt. Von herausragender Bedeutung ist hierbei die Gefahr einer Infektion [1]. Solche Fremdmaterialassoziierten Infektionen treten glücklicherweise nur bei einem kleinen Teil der mit Implantaten versorgten Patienten auf. So liegen die Infektionsraten bei den gebräuchlichsten Implantaten zwischen 1 und 5 % (Tab. 1). Aufgrund der enormen absoluten Zahl von Implantat-Anwendungen ist die Zahl der betroffenen Patienten jedoch hoch: alleine in Deutschland wird mit etwa 100.000 Infektionen jährlich gerechnet (Tab. 1) [2]. Durch den weiter zunehmenden Einsatz, vor allem von Prothesen zum Gelenk- und Herzklappenersatz, ist mit einem weiteren Anstieg der Fallzahlen zu rechnen [3].

> - Intravenöse Zugänge
> - Liquorableitungen
> - Künstl. Augenlinsen
> - Künstl. Herzklappen
> - Brustimplantate
> - Fremdmaterialassoziierte Infektionen

Tabelle 1: Übersicht über die wichtigsten Implantate, Infektionsraten und Zahl der jährlichen Infektionen in Deutschland (modifiziert nach [2]).

Fremdkörper	Anwendungen/ Jahr	Infektionsrate	Infektionen/ Jahr
Zentrale Venenkatheter	~ 1.750.000	1- 5 %	17.000- 87.000
Hüftprothesen	≥200.000	≤ 2 %	~4.000
Knieprothesen	60.000	≤ 1 - 6 %	≤ 600- 3.600
Herzklappen	18.000	0,8 - 5,7 %	150- 1.000
Schrittmacher	70.000	≤ 1 - 3 %	700- 2.100
künstliche Linsen	~ 300.000	≤ 0,1 - 0,3 %	≤ 300- 900
CSF- Shunts	10.000	2 - 20 %	200- 2.000

- Noso-komiale Infektionen
- Künstl. Gelenke

Die Bedeutung Implantat-assoziierter Infektionen wird besonders deutlich, wenn man bedenkt, dass sie eine direkte Ursache für die weiter zunehmende Zahl von im Krankenhaus erworbenen, nosokomialen Infektionen sind. So treten in den USA jährlich etwa 1.000.000 nosokomiale Infektionen als direkte Folge einer Fremdmaterialimplantation auf [4]. Diese verursachen erhebliches Leid für die betroffenen Patienten. Beispielsweise treten bei einer Infektion einer künstlichen Herzklappe in 30 % der Fälle schwere Komplikationen auf, die Mortalität dieser Infektionen liegt bei bis zu 35 % [5]. Ähnlich verhält es sich bei Infektionen künstlicher Gelenke. Hier kommt es in 7 % zu schwersten Komplikationen, in bis zu 80 % der Fälle wird ein schwerer oder vollständiger Funktionsverlust der betroffenen Gelenke beobachtet [6]. Implantat-assoziierte Infektionen sind auch mit erheblichen Kosten für das Gesundheitssystem verbunden [1]. So konnte beispielsweise bei Patienten in den USA gezeigt werden, dass eine Infektion nach Implantation eines zentralen Venenkatheters die Krankenhausaufenthaltsdauer um durchschnittlich 7,5 Tage verlängert und zusätzliche Kosten von etwa 12.000 US $ verursacht werden [7]. Bei speziellen Infektionen kann es zu einer Verlängerung der Liegedauer um bis zu 14 Tagen kommen, verbunden mit Kosten von etwa 40.000 US $ [8].

Betrachtet man die Epidemiologie von Erregern Implantat-assoziierter Infektionen, so fällt auf, dass grundsätzlich mit einer großen Vielzahl sehr unterschiedlicher Erreger gerechnet werden muss: so erstreckt sich das Spektrum der nachgewiesenen Erreger über grampositive Erreger wie Staphylokokken und Streptokokken über gramnegative Erreger wie *E. coli* bis hin zu Anaerobiern und sogar Pilzen [5]. Besonders beachtenswert ist jedoch, dass die Gruppe der koagulasenegativen Staphylokokken bei praktisch jeder Form von Fremdmaterialinfektion die größte Bedeutung besitzt (Tab. 2) [9].

- Spektrum der nachgewiesenen Erreger

Tabelle 2: Übersicht über die typischen Erreger Implantat-assoziierter Erreger (%)

Erreger	Fremdmaterial		
	Gelenkprothese	Künstliche Herzklappe	Zentraler Venenkatheter
KNS[a]	25 – 30	17	30-40
S. aureus	25	23	5-10
Gramnegative Stäbchenbakterien[b]	20	3	4-10
Anaerobier	7-14	1-2	<1
Hefepilze	2	4	2-5
Streptokokken	10-15	4	3
Enterokokken	5	13	4-6

[a] Koagulase-negative Staphylokokken
[b] Hierzu gehören Darmbakterien wie *Escherichia coli* oder Krankenhauskeime wie *Pseudomonas aeruginosa*.

Infektionen durch koagulasenegative Staphylokokken

- KNS: Koagu-
lase-
negative
Staphylo-
kokken

Bei Staphylokokken handelt es sich um rund-ovale, grampositive Kokken, die anhand des Nachweises einer Prothrombin-aktivierenden Koagulase in Koagulase-positive und –negative Staphylokokken (KNS) unterteilt werden. Die wesentliche humanpathogene, Koagulase-positive Spezies ist *Staphylococcus aureus*. Während *S. aureus* nur bei 20 – 40 % der Bevölkerung als Bestandteil der kommensalen Flora gefunden werden kann, gehören mindestens 19 KNS Spezies zur regulären Flora der menschlichen Haut und der Schleimhäute [2]. Der wichtigste Vertreter der koagulasenegativen Staphylokokken ist *Staphylococcus epidermidis*. Diese Spezies ist fast auf der gesamten epidermalen und zum Teil auch mukösen Körperoberfläche vertreten [2].

- *Staphylococcus sapro-phyticus*
- *Staphylococcus epidermis*

Da Koagulase-negative Staphylokokken zur normalen Besiedlungsflora des Menschen gehören, ging man lange davon aus, dass ihr Nachweis in einem klinischen Untersuchungsmaterial als unbedeutsame Kontamination angesehen werden kann [2]. Die einzige Ausnahme hiervon stellte *Staphylococcus saprophyticus* dar, welcher schon lange als Erreger ambulant erworbener Harnwegsinfektionen bei jungen Frauen bekannt ist. Im Verlauf der letzten 30 Jahren musste diese Sichtweise jedoch grundlegend revidiert werden. Heute zählen auch andere KNS, und hier insbesondere *S. epidermidis*, zu den wichtigsten Erregern von nosokomialen Infektionen [10].

Das zentrale Problem von fremdmaterialassoziierten *S. epidermidis* Infektionen ist das regelhafte Versagen einer antibiotischen Therapie. Dies kann darauf zurückgeführt werden, dass es sich bei etwa 90 % aller im klinischen Alltag isolierten *S. epidermidis* Isolate um sogenannte Methicillin-resistente *S. epidermidis* (MRSE) handelt. Diese Stämme sind aufgrund der Bildung eines veränderten Zellwandproteins (PBP2a) resistent gegenüber allen derzeit im klinischen Gebrauch befindlichen

Betalaktam-Antibiotika [11]. Zusätzlich liegen meist noch Resistenzen gegenüber weiteren Antibiotikagruppen vor. Aufgrund dieser Multiresistenz sind die Optionen einer antibiotischen Therapie stark limitiert [12]. Erschwerend kommt hinzu, dass antibiotische Therapien selbst dann versagen, wenn bei einem Erreger grundsätzliche eine Empfindlichkeit gegenüber der jeweils verwendeten Substanz nachgewiesen werden konnte [4]. Die Ursache für dieses Phänomen ist bislang nicht befriedigend geklärt. Eine mögliche Ursache könnte sein, dass bislang nicht bekannte Resistenzgene nur *in vivo*, also im Rahmen der Infektion, nicht aber unter Laborbedingungen exprimiert werden. Zudem könnte es sein, dass *S. epidermidis* in der Infektion seine Stoffwechselaktivität grundsätzlich ändert, woraus ebenfalls eine veränderte antibiotische Empfindlichkeit abgeleitet werden kann [13]. Unabhängig von den Ursachen des Therapieversagens bleibt im Alltag häufig als einzige therapeutische Option nur die Entfernung und der Ersatz des implantierten Fremdmaterials [4].

- **Pathogenese von *S. epidermidis* Implantatinfektionen**

Die unbefriedigenden therapeutischen Möglichkeiten, verbunden mit der erheblichen, spezifisch auf fremdmaterialassoziierte *S. epidermidis* Infektionen zurückführbaren Morbidität und Mortalität nosokomialer Infektionen sind eine wesentliche Triebfeder, um durch die Analyse der molekularen Pathogenese fremdmaterialassoziierten *S. epidermidis* Infektionen, neue Ansätze für Diagnose, Prävention und Therapie zu finden [14].

Ein entscheidender Schritt für unser Verständnis von *S. epidermidis* Implantatinfektionen war die Untersuchung von explantierten Venenkathetern klinisch erkrankter Patienten mittels elektronenmikroskopischer Verfahren. Diese Untersuchungen machten deutlich, dass *S. epidermidis* Fremdkörperoberflächen in Form von fest haftenden, mehrschichtigen Bakterienkonsortien besiedelt (Abb. 1A) [15]. Dieses Phänomen wurde

- Bakterienkonsortien
- Schleimbildung

initial als „Schleimbildung" bezeichnet. Heute sprechen wir jedoch von sogenannter Biofilmbildung. Bei einem bakteriellen Biofilm handelt es sich um eine Gruppe von Bakterien, die, umgeben von einer selbst synthetisierten, polymeren Matrix, fest an einer Oberfläche haftend organisiert ist.

• Biofilme

Die Beschreibung von Biofilmen hat zu einer grundlegenden Änderung unserer Sichtweise der Lebensstrategie von Mikroorganismen geführt. Bis dahin hatte man angenommen, dass Bakterien im Wesentlichen in Form von einzeln vorliegenden Zellen unabhängig von Nachbarzellen existieren. In bakteriellen Biofilmen lassen sich jedoch Zeichen für gezielte Organisation, Kooperation und Differenzierung nachweisen, also Eigenschaften, die sich sonst vor allem bei mehrzelligen Lebensformen darstellen lassen [16]. Biofilmbildung gewährleistet konstante Lebensbedingungen im Hinblick auf pH, Salzkonzentrationen und Wasser und schützt so vor ungünstigen Umweltbedingungen. Hierdurch ermöglicht die Ausbildung eines Biofilms eine schnelle und effiziente Adaptation an sich ändernde Umweltbedingungen. Heute wird angenommen, dass die Organisation von Biofilmen eine grundlegende Eigenschaft von fast allen Bakterienarten darstellt. Sie findet sich bei einer Vielzahl von Bakterien in der Umwelt, aber auch bei potentiell humanpathogenen Erregern [15].

Eine pathogenetische Bedeutung der Biofilmbildung ist vor allem für implantatassoziierte *S. epidermidis* Infektionen gezeigt worden [2]. Diese stellen daher prototypische Biofilminfektionen dar.

- **Die *S. epidermidis* Biofilmbildung**

Der Prozess der *S. epidermidis* Bildung verläuft in mindestens zwei Phasen (Abb. 1B) [17]. In einem ersten Schritt treten die Bakterien in Kontakt mit der zu besiedelnden Oberfläche und bilden auf dieser einen einschichtigen Bakterienrasen. Dieser

- Bakterien-
  rasen
- Biofilm-
  architektur

Prozess wird als primäre Adhärenz bezeichnet. In der zweiten, der akkumulativen Phase der Biofilmbildung, kommt es zur Ausbildung einer mehrschichtigen Bakterienzellarchitektur. Diese ist dadurch gekennzeichnet, dass der überwiegende Teil der Bakterienzellen keinen direkten Kontakt zu der besiedelten Oberfläche aufweist. In diese Situation wird die Biofilmarchitektur ausschließlich durch die Expression interzellulär adhäsiver Mechanismen stabilisiert. Diese führen, ähnlich einem Klebstoff, dazu, dass die einzelnen Bakterienzellen in großen Aggregaten zusammenhängen. Sowohl in der Phase der primären Adhärenz als auch in der akkumulativen Phase konnten spezifische beteiligte Faktoren nachgewiesen werden (Abb. 1B).

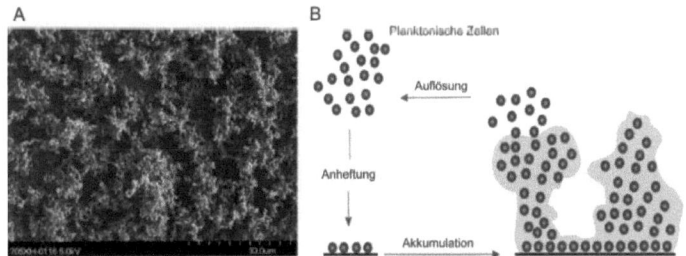

Abb. 1: Biofilmbildung bei *S. epidermidis*. **(A)** Rasterelektronenmikroskopische Aufnahme eines durch den prototypischen, PIA-positiven *S. epidermidis* Stamm 1457 gebildeten Biofilms auf Edelstahl nach 18 h Inkubation [18]. **(B)** Schematische Darstellung des Modells der *S. epidermidis* Biofilmbildung [17]. Im Wesentlichen werden zwei Phasen der Biofilmbildung unterschieden: die primäre Adhärenz oder Anheftung sowie die akkumulative Phase. Kontrovers wird die Möglichkeit einer gesteuerten Auflösung des Biofilms beurteilt. Diese ist Voraussetzung für die Freisetzung von *S. epidermidis* Zellen aus dem Biofilm, welche dann in der Lage sind, neue Habitate zu besiedeln. Hieran scheint das *agr quorum-sensing* System beteiligt zu sein [19, 20].

- Material-
eigen-
schaften
- Anti-
adhäsive
Biomateria-
lien
- Wirtseigene
extrazellulä-
re Matrix-
proteine

Ausgehend von der Beobachtung, dass Materialeigenschaften entscheidenden Einfluss auf die Adhärenz von *Staphylokokken* haben, wurde versucht, die Entstehung Fremdmaterial-assoziierter Infektionen durch die Entwicklung anti-adhäsiver Biomaterialien zu verhindern. Dieser Versuch scheiterte jedoch weitestgehend, da Fremdmaterialien bereits kurz nach ihrer Implantation durch Wirts-eigene extrazelluläre Matrixproteine wie Fibronectin, Fibrinogen, Vitronectin und Kollagen beschichtet oder „konditioniert" werden. *S. epidermidis* kann mit diesen Wirtsmolekülen spezifisch interagieren. So besitzen die Autolysine AtlE und Aae sowie mehrere weitere, bislang nicht näher charakterisierte *S. epidermidis* Oberflächenproteine Vitronectin-bindende Aktivität [21, 22].

- Polysaccha-
ride inter-
cellular ad-
hesion (PIA)
- Homoglykan
- Klebstoff

Die akkumulative Phase der Biofilmbildung wird wesentlich durch die Synthese einer polymeren, extrazellulären Matrix gekennzeichnet, die als Träger der interzellulär adhäsiven Funktion betrachtet wird. Diese Matrix besteht wesentlich aus polymeren Zuckerstrukturen, als deren zentrale Komponente das *polysaccharide intercellular adhesin* (PIA) identifiziert wurde [23]. PIA ist ein lineares Homoglykan, welches aus durchschnittlich 130 β-(1,6)-verknüpften N-Acetylglucosaminyleinheiten besteht (Abb. 2A) [24]. PIA wird durch die Produkte des *icaADBC* (*intercellular adhesion ADBC*) Lokus synthetisiert [25], wobei die Höhe der *icaADBC* Transkriptionsaktivität nicht direkt mit der produzierten PIA Menge korreliert ist [26]. Dem *ica*-Operon ist das Gen *icaR* vorgelagert, welches als Repressor der *icaADBC* Transkription fungiert. Via IcaR wird die Expression von *icaADBC* in übergeordnete, regulatorische Systeme integriert. Von diesen scheint insbesondere der alternative Sigmafaktor SigmaB eine große Rolle zu spielen [26]. Neben SigmaB existieren weitere Kontrollsysteme wie die *agr*, *sarA* und *luxS quorum-sensing* Systeme [27], die entweder durch Steuerung der PIA-Synthese oder weitere, bislang unbekannte Mechanismen die *S. epidermidis* Biofilmbildung regulieren. Die *icaADBC* Transkription kann zudem kann durch strukturelle genomische Plastizität wie zum Beispiel die Insertion und präzise Exzision des beweglichen genetischen Elements IS256 sowie metabolische Mechanismen [29] beeinflusst werden. Die Synthese von PIA führt zur Aggregation von S. epidermidis, wobei das Polysaccharid eine extrazelluläre Matrix bildet, welche die Bakterienzellen gleichsam wie ein Klebstoff verbindet (Abb. 2B).

A   B

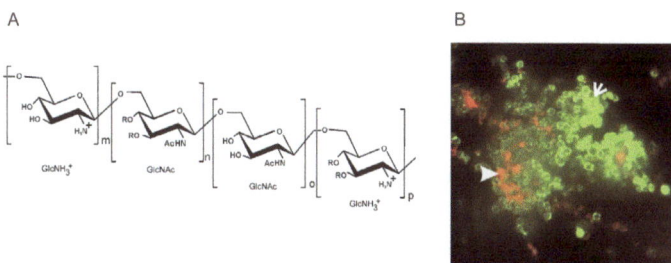

Abb. 2: Struktur und Funktion des interzellulären Polysaccharid-Adhäsins (PIA) bei der S. epidermidis Biofilmbildung [17]. **(A)** PIA-Struktur. PIA ist ein aus N-Acetylglucosaminyl- (GlcNAC-) Einheiten aufgebautes Homoglykan. Besonderes strukturelles Merkmal sind die β-1,6-glykosidischen Bindung. Etwa 20 % der GlcAc Reste liegen in deacetylierter Form vor. Hierdurch werden positive Ladungen in das Molekül eingebracht. Diese sind für die Interzellular-adhäsive Funktion von PIA entscheidend. **(B)** Darstellung von PIA in einem lebenden Biofilm. Das, von einem biofilmbildenden Stamm produzierte PIA, wurde mittels eines roten Fluoreszenzfarbstoffs angefärbt (weißer Pfeilkopf). Es zeigt sich, dass das Polysaccharid eine extrazelluläre Matrix bildet, in welche die Bakterien (hier in grün; offener weißer Pfeil) eingebettet werden.

- Fremd-
  körper-
  assoziierte
  S. epidermis
  Infektion
- Actino-
  bacillus
  actionmyce-
  tem-
  comitans

Die zentrale Bedeutung von PIA bei der Entstehung Fremdkörperassoziierter *S. epidermidis* Infektionen konnte unter Verwendung definierter Mutanten in Tiermodellen belegt [30] und kürzlich in einem *Caenorhabditis elegans* Modell nachvollzogen werden [31]. Hierbei scheint PIA die Persistenz von S. epidermidis durch eine Herabsetzung der Empfindlichkeit gegenüber von Effektormolekülen der angeborenen Immunität zu begünstigen [32]. *icaADBC* homologe Gene wurden auch bei *S. aureus* und einer Vielzahl weiterer KNS gefunden. Darüber hinaus wurden selbst bei gramnegativen Bakterien wie *E. coli, Y. pestis* und *Actinobacillus actinomycetemcomitans, icaADBC*-homologe Genorte beschrieben, welcher bei *E. coli* den Apparat für die Synthese eines strukturell mit PIA praktisch identischen Polysaccharids kodiert [33]. Als Konsequenz aus diesen Befunden wurde angenommen, dass die PIA-vermittelte interzelluläre Adhäsion ein generelles Prinzip bakterieller Biofilmbildung ist. Im Hinblick auf die Pathogenese von *S. epidermidis* assoziierten Fremdmaterial-Infektionen wurde diese Sicht durch epidemiologische Studien gestützt. Hier zeigte sich, dass *icaADBC* in klinischen *S. epidermidis* Populationen bei etwa 50 – 80 % der Isolate nachgewiesen werden kann [34, 35]. Im Gegensatz dazu waren kommensale *S. epidermidis* von gesunden Probanden ohne Kontakt zum Krankenhaus nur in 13 – 52 % *icaADBC*-positiv [36]. Dies führte zu dem Rückschluss, dass *icaADBC*-negative *S. epidermidis* Stämme im Wesentlichen als apathogen gelten können [37] und der Nachweis von *icaADBC* somit geeignet ist, um im klinischen Alltag invasive, signifikante *S. epidermidis* von kommensalen Isolaten, also Kontaminanten, zu unterscheiden. Zudem wurde unter der Annahme, dass es sich bei PIA somit um den zentralen Virulenzfaktor von *S. epidermidis* handelt, versucht, PIA als Basis eines Impfstoffes nicht nur zur Prävention von *S. epidermidis*-, sondern auch *S. aureus*-Infektionen zu verwenden [38].

Vermehrt ergeben sich jedoch Hinweise, dass die monokausale Sicht der PIA-vermittelten Staphylokokken-Biofilmakkumulation nicht der realen Situation entspricht. So wurden bei *S. aureus* Hinweise für die Existenz PIA-unabhängiger Mechanismen der Biofilmakkumulation gefunden [39] und die spezifische Beteiligung des *S. aureus* Biofilm associated *protein* BAP an der PIA-unabhängigen Biofilmbildung nachgewiesen [40]. In Analogie finden sich auch bei *S. epidermidis* Anhaltspunkte für die Existenz PIA-unabhängiger Mechanismen der Biofilmbildung. Somit ist offensichtlich, dass nicht nur die primäre Adhärenz, sondern auch die *S. epidermidis* Biofilmakkumulation ein multifaktorielles Geschehen ist.

Unter Verwendung genetischer, biochemischer und immunologischer Methoden ist es gelungen, bei *S. epidermidis* spezifische Proteine mit interzellulär-adhäsiver Funktion zu identifizieren. Bei diesen handelt es sich zum einen um das *accumulation associated protein* (Aap) und das *extracellular matrix binding protein* (Embp). Beide Proteine können als Zelloberflächen-assoziierte Proteine betrachtet werden, die sich jedoch hinsichtlich ihrer Struktur und Funktion zum Teil erheblich unterscheiden.

- accumulation associated protein (Aap)
- extracellular matrix binding protein (Embp)

Bei Aap handelt es sich um ein 240 kDa Protein (Abb. 3), welches über ein Exportsignal aus der Bakterienzelle ausgeschleust wird [41]. Nach der Ausschleusung wird das Protein über ein spezifisches Aminosäuremotiv, ein sogenanntes LPXTG Motiv, kovalent an der Zellwand von *S. epidermidis* verankert. Das hat zur Folge, dass man das Protein nicht im Überstand einer Staphylokokken-kultur finden kann. Vielmehr ist Aap sehr fest auf der Zelloberfläche verankert und bildet hier fibrilläre Strukturen aus [42]. Mittels bioinformatischer Analyse kann nachgewiesen werden, dass Aap im Wesentlichen aus zwei großen Domänen, A und B, besteht [41, 43].

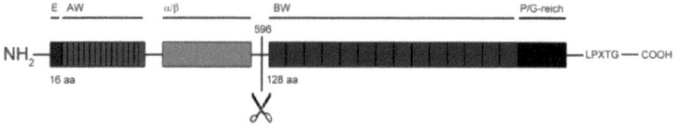

Abb. 3: Schematische Darstellung von Aap. Das Protein besteht aus einem N-terminalen Exportsignal (E), einer N-terminalen Domäne aus den Wiederholungseinheiten A (AW), einer globulären α/β-Region, einer Domäne aus den Wiederholungseinheiten B (BW), einer Kollagen-ähnlichen, Prolin/Glycin-reichen Domäne (P/G-reich) und einem C-terminalen LPXTG-Motiv, das einen Zellwandanker enthält. Die Stelle der proteolytischen Spaltung (AS 596) ist mit einer Schere gekennzeichnet. Modifiziert nach [41] und [44].

Während die Domäne-A keine wesentliche Homologie zu anderen bakteriellen Oberflächenproteinen mit bekannter Funktion aufweist, ist die Domäne-B durch wiederholt angeordnete, repetitive Aminosäuresequenzen (*repeats*) mit einer Länge von 128 Aminosäuren Länge charakterisiert (Abb. 3). Diese auch als G5 Domäne bezeichneten *repeats* finden sich in einer Vielzahl bakterieller Proteine [43]. Ihnen wird vor allem N-Acetylglucosamin-bindende Aktivität zugesprochen. Diese Funktion konnte bislang für Aap nicht dargestellt werden. Jedoch ließ sich nachweisen, dass die G5 *repeats* Träger der interzellulär adhäsiven Funktion von Aap sind: Ihre Expression in biofilmnegativen Stämmen führt zur Induktion eines biofilmbildenden Phänotyps [41].

Um jedoch als interzelluläres Adhäsin aktiv sein zu können, muss Aap zunächst proteolytisch prozessiert werden (Abb. 3). Dabei wird durch eine bislang nicht identifizierte Protease die A-Domäne entfernt. Hierdurch wird die Domäne B freigelegt, die dann wiederum Bakterienzellen aggregiert. Durch die Möglichkeit, über die Steuerung der Proteaseexpression die adhäsiven Oberflächeneigenschaften zu modifizieren, gelingt es *S. epidermidis*, seinen Phänotyp flexibel den Umweltbedingungen anzupassen.

Wie auch Aap wird Embp als Exportprotein aus der Bakterienzelle ausgeschleust [45]. Ein wichtiger Unterschied zu Aap ist jedoch, dass Embp um ein Vielfaches größer als Aap ist: mit einer Größe von etwa 1 MDa stellt Embp das größte bekannte Staphylokokkenprotein überhaupt dar. Embp weist, anders als Aap, kein spezifisches Zellwandanker-Motiv auf. Daher geht man derzeit davon aus, dass das Protein nicht kovalent an der Zelloberfläche gebunden vorliegt. Tatsächlich kann Embp mittels spezifischer Antikörper auf der Zelloberfläche dargestellt werden [45]. Die Modalitäten dieser Bindung sind derzeit nicht bekannt. Strukturelle Basis könnte in einem definierten Aminosäuremotiv lokalisiert sein. Embp besteht vor allem aus sogenannten *found in various architectures* (FIVAR)-Domänen. Erste Daten weisen darauf hin, dass diese durch Bindung an Peptidoglykan zur Lokalisation von Embp auf der Bakterienoberfläche beitragen. Des Weiteren kann *S. epidermidis* über die FIVAR Domänen von Embp an Fibronektin-beschichtete Oberflächen binden [46]. Dies zeigt, das Embp nicht nur an der akkumulativen Phase der *S. epidermidis* Biofilmbildung beteiligt ist, sondern zusätzlich auch eine Rolle bei der primären Adhärenz an artifizielle Oberflächen hat.

> • found in various architectures (FIVAR)-Domänen

| Katheter- und Gelenkprothesen-assoziiert |

Offen ist derzeit die Frage, welche spezifische Funktion die unterschiedlichen Mechanismen der *S. epidermidis* Biofilmbildung *in vivo* haben könnten. Der hohe Anteil an nicht zur PIA-Synthese befähigten Stämmen in klinischen *S. epidermidis* Populationen aus typischen, Biofilmassoziierten Infektionen weist darauf hin, dass die Proteinvermittelte Biofilmbildung *in vivo* eine größere Bedeutung haben könnte [47]. Tatsächlich ist es so, dass unter Bedingungen, die denen einer Fremdkörperinfektion ähneln, die globale *S. epidermidis* Genexpression in einer Form modifiziert wird, welche die Ausbildung von Embp- oder Aap-vermittelten Biofilmen begünstigt (Rohde, nicht publizierte Daten). Zukünftig wird es entscheidend sein, die tatsächliche Relevanz der einzelnen, an der *S. epidermidis* Biofilmbildung beteiligten Strukturen für die Pathogenese von spezifischen Infektionen, zum Beispiel Katheter- und Gelenkprothesen-assoziiert, zu bestimmen. Dies wird erhebliche Auswirkungen für die Entwicklung von zukünftigen Strategien zur Bekämpfung von *S. epidermidis* Biofilmen haben [48].

■   **Die Konsequenzen der *S. epidermidis* Biofilmbildung für die Wirts-Pathogen-Interaktion**

| Effektoren des Immunsystems |

Biofilmbildung kann als der zentrale Virulenzmechanismus bei der Entstehung von *S. epidermidis* Implantatinfektionen gelten. Es stellt sich daher die Frage, warum gerade dieser Phänotyp die Entstehung dieser Infektionen begünstigt. Mit dem Ziel, diesen Aspekt zu klären, konzentriert sich die wissenschaftliche Forschung seit einiger Zeit auf die Untersuchung der Wechselwirkung von *S. epidermidis* Biofilmen mit dem wirtseigenen Immunsystem. Die Grundannahme dieser Untersuchungen ist, dass Biofilme *S. epidermidis* vor den Effektoren des Immunsystems schützen und hierdurch eine Persistenz des Erregers im Gewebe ermögliche [47].

Tatsächlich konnte bereits in sehr frühen Untersuchungen gezeigt werden, dass biofilmbildende *S. epidermidis* Stämme im Vergleich zu biofilmnegativen *S. epidermidis* Stämmen signifikant schlechter von professionellen Phagozyten aufgenommen und abgetötet werden. Diese frühen Erkenntnisse konnten kürzlich bestätigt und ausgebaut werden. So ließ sich nachweisen, dass die Bildung von PIA oder Embp *S. epidermidis* vor Phagozytose (Abb. 4A, B) und Abtötung durch Granulozyten und Makrophagen schützt [49]. Zudem konnte beobachtet werden, dass *S. epidermidis* durch PIA über bisher nicht vollständig verstandene Mechanismen vor der Aktivität antibakterieller Peptide, sogenannter Defensine, geschützt wird, indem PIA mit dem Komplementsystem [32] interferiert. Zusätzlich ergaben sich Hinweise, dass biofilmpositive im Vergleich zu biofilmnegativen *S. epidermidis* Stämmen Makrophagen signifikant schlechter aktiviert [45]. In der Folge kommt es zu einer verminderten Ausschüttung von entzündungsstimulierenden Cytokinen wie Il-1 und MIP-1α (Schommer, Rohde, nicht publizierte Daten). Dies könnte gut die typische klinische Beobachtung erklären, dass Biofilm-assoziierte Infektionen häufig nur mit einer geringen Entzündungsreaktion einhergehen. In der Summe zeigt sich, dass die Biofilmbildung *S. epidermidis* vor allem vor den Effektormechanismen der angeborenen Immunität, aber auch der erworbenen, Antikörpergetragenen Immunität schützt. Hierdurch kann der chronisch-persistierende Verlauf Implantat-assoziierter Infektionen erklärt werden.

- Phagozyten
- entzündungsstimulierende Cytokine

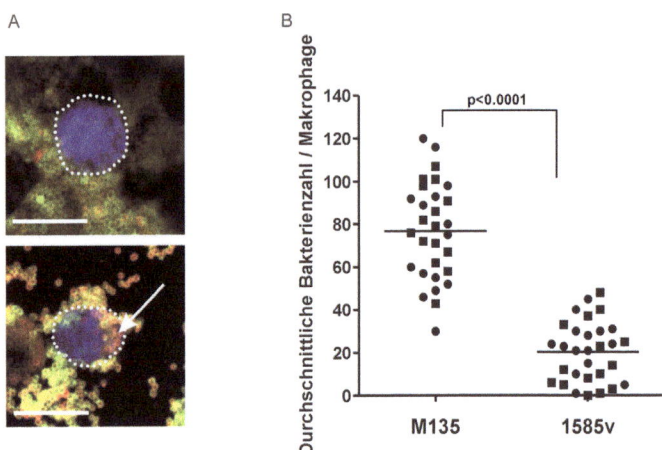

Abb. 4: Behinderung der Phagozytose von *S. epidermidis* durch Bildung eines Biofilms. **(A)** Um die Wechselwirkung von Makrophagen und biofilmbildenden *S. epidermidis* zu studieren, wurden markierte Mausmakrophagen (hier blau mit weißer Umrandung) auf einen biofilmbildenden *S. epidermidis* Stamm (obere Abbildung) sowie einen biofilmnegativen *S. epidermidis* Stamm gegeben. Durch anschließende spezifische Färbung extrazellulärer Bakterien (grün) und intrazellulärer Bakterien (rot) kann die Phagozytose visualisiert werden. Rote, phagozytierte Bakterien finden sich fast ausschließlich bei dem biofilmnegativen Stamm (weißer Pfeil). Weißer Balken = 12 µm. **(B)** Quantifizierung der Phagozytose eines biofilmnegativen *S. epidermidis* (M135) und eines biofilmpositiven *S. epidermidis* Stamms (1585v). Die Zahl der phagozytierten biofilmnegativen Bakterien ist statistisch signifikant höher als die Zahl der phagozytierten biofilmbildenden Bakterien. Dies zeigt, dass Biofilmbildung *S. epidermidis* vor der Aufnahme und Eliminierung durch Makrophagen schützt.

- ▪ **Neue Strategien zur Bekämpfung von *S. epidermidis* Implantatinfektionen**

> ▪ Fremd-
> material-
> assoziierte
> Infektionen

Ein wesentliches Ziel der Untersuchung von *S. epidermidis* Biofilmen ist die Entdeckung neuer Methoden zu Prävention oder Therapie Fremdmaterial-assoziierter Infektionen [38]. Initial richtete sich das Hauptaugenmerk vor allem auf die Entwicklung von Prinzipien, mit denen die Bindung von Bakterien an künstliche Oberflächen verhindert werden kann. Grundprinzip dieser Herangehensweise war die Überlegung, dass es möglich sein sollte,

Oberflächen so zu modifizieren, dass eine Wechselwirkung mit der Bakterienzelle unmöglich ist und damit kein adhärenter Biofilm gebildet werden kann. Tatsächlich ist es gelungen, Materialien zu entwickeln, die aufgrund ihrer spezifischen chemischen Zusammensetzung die Adhärenz von Bakterien unterbindet. Warum können Biofilminfektionen bisher dennoch nicht verhindert werden? Eine wesentliche Ursache für das Scheitern dieses Ansatzes ist der Tatsache zu sehen, dass Fremdmaterialien, sobald sie in den Körper eingebracht worden sind, mit extrazellulären Matrixmolekülen wie Fibronektin, Vitronektin, Fibrinogen und Thrombospondin überzogen werden. Wie weiter oben beschrieben verfügt *S. epidermidis* über eine breite Palette von Oberflächenproteinen, die eine Bindung an gerade diese Strukturen vermitteln können. Somit kann der Erreger, selbst wenn ein antiadhäsives Material verwendet wurde, *in vivo* an die Oberfläche praktisch jedes beliebigen Implantatmaterials binden und dort einen Biofilm ausbilden [48]. Aus diesem Grund liegt der Fokus der Suche nach neuen präventiven Vorgehensweisen vor allem auf der Evaluation neuer Impfstrategien. Die detaillierte Beschreibung der strukturell an der Biofilmbildung beteiligten Moleküle ist hier als zentrale Basis einer Impfstoffentwicklung zu nennen [18]. Es ist jedoch bisher völlig offen, ob die Immunisierung mit PIA, Aap oder Embp tatsächlich vor einer *S. epidermidis* Infektion schützen kann. Hier sind zukünftig weitere Untersuchungen notwendig [18, 48].

Neben der Prävention einer Infektion stellt natürlich auch die Entwicklung neuer therapeutischer Ansätze eine wichtige Stoßrichtung der aktuellen Forschung dar. Zum einen wäre hier die Identifizierung neuer Substanzen mit antibiotischer Wirkung zu nennen. Einschränkend muss allerdings in diesem Zusammenhang darauf hingewiesen werden, dass biofilmbildende Bakterien im Vergleich zu den einzeln vorliegenden Bakterienzellen ihre Empfindlichkeit gegenüber der Wirkung von Antibiotika erheblich verändern. Folglich erscheint es möglich, dass selbst

- Neue Therapieansätze
- Unterbindung der Adhärenz
- Fibronektin
- Vitronektin
- Fibrinogen
- Thrombospondin

neue Antibiotika gegen biofilmbildende Bakterien nicht wirksam sein werden. In der Konsequenz ist ein neuer Ansatz, die Resistenz der biofilmbildenden Bakterien zu durchbrechen [38].

- Dispersin B
- Hexos-
  aminidase

Dies kann unter anderem dadurch gelingen, dass der Biofilm aufgelöst und die darin organisierten Bakterien freigesetzt werden. Erst kürzlich konnte ein Enzym entdeckt werden, welches spezifisch die Biofilmmatrix von *S. epidermidis* degradieren kann. Dieses als Dispersin B (DspB) bezeichnete Enzym spaltet durch seine Hexosaminidaseaktivität PIA [50]. Hierdurch werden *S. epidermidis* Biofilme aufgelöst und die Bakterienzellen freigesetzt, ohne dass diese dabei abgetötet werden. Jedoch ließ sich feststellen, dass die so freigesetzten Bakterien wieder empfindlich gegenüber Antibiotika werden, gegen die in der Biofilmform eine Resistenz bestand. Die Kombination aus einem biofilmauflösenden Enzym und einem Antibiotikum stellt ein völlig neues Wirkprinzip dar [51]. Auch hier wird aber erst eine detaillierte Untersuchung der genauen Wirkmodalitäten die Einschätzung zulassen, ob dieses auch einmal in der klinischen Anwendung Biofilmassoziierte Infektionen bekämpfen kann.

Schlussfolgerung und Ausblick

Staphylococcus epidermidis hat sich in den letzten Jahren zu einem der wichtigsten Erreger von Krankenhaus-erworbenen Infektionen entwickelt. Infektionen mit dem Erreger treten nach Implantation von Fremdmaterialien wie zentralen Venenkathetern, künstlichen Herzklappen oder Gelenkprothesen auf. Die selektive Pathogenität des ansonsten fast harmlosen *S. epidermidis* lässt sich auf die Fähigkeit des Erregers zur Ausbildung von Biofilmen auf künstlichen Oberflächen erklären. Diese Biofilme sind die Grundlage für die Fähigkeit des Erregers, persistierende Infektionen zu etablieren. Die molekulare Analyse der Pathogenese von *S. epidermidis* Infektionen hat gezeigt, dass der Erreger eine Vielzahl spezifischer Faktoren nutzt, um die komplexe Biofilmarchitektur zu etablieren. Diese schützt *S. epidermidis* vor

Effektormechanismen des Wirtsimmunsystems und der Wirkung von Antibiotika. Allerdings erscheint es heute möglich, unsere Kenntnisse der molekularen Zusammenhänge, die zur Biofilmbildung beitragen, zu nutzen, um innovative Methoden zur Bekämpfung von *S. epidermidis* Infektionen zu entwickeln. Ein bedeutender Ansatz ist hierbei die Identifizierung von biofilmauflösenden Enzymen: durch sie können Bakterien aus dem Biofilmverband gelöst und damit wieder dem Angriff des Immunsystems sowie von Antibiotika zugänglich gemacht werden. Der Weg zu diesen neun Therapieformen ist jedoch noch weit und es kann derzeit nur schwer eingeschätzt werden, wann ein klinischer Einsatz tatsächlich möglich sein wird. Ein rascher Fortschritt ist jedoch notwendig, denn es ist zu erwarten, dass die Zahl der betroffenen Patienten steigen wird. Folglich stellt die Analyse von *S. epidermidis* Biofilminfektionen ein bedeutendes Thema der aktuellen Pathogeneseforschung dar.

Literatur

1. Rupp, M. E.; Archer, G. L. Coagulase-negative staphylococci: pathogens associated with medical progress. Clin. Infect. Dis. 1994, 19 (2), 231-243.

2. Mack, D.; Horstkotte, M. A.; Rohde, H.; Knobloch, J. K. M. Coagulase-Negative Staphylococci. In Biofilms, Infection, and Antimicrobial Therapy, Pace, J. L., Rupp, M. E., Finch, R. G., Eds.; CRC Press: Boca Raton, 2006; pp 109-153.

3. Baddour, L. M.; Wilson, W. R.; Bayer, A. S.; Fowler, V. G., Jr.; Bolger, A. F.; Levison, M. E.; Ferrieri, P.; Gerber, M. A.; Tani, L. Y.; Gewitz, M. H.; Tong, D. C.; Steckelberg, J. M.; Baltimore, R. S.; Shulman, S. T.; Burns, J. C.; Falace, D. A.; Newburger, J. W.; Pallasch, T. J.; Takahashi, M.; Taubert, K. A. Infective endocarditis: diagnosis, antimicrobial therapy, and management of complications: a statement for healthcare professionals from the Committee on Rheumatic Fever, Endocarditis, and Kawasaki Disease, Council on Cardiovascular Disease in the Young, and the Councils on Clinical Cardiology, Stroke, and Cardiovascular Surgery and Anesthesia, American Heart Association: endorsed by the

Infectious Diseases Society of America. Circulation. 2005, 111 (23), e394-e434.

4. Darouiche, R. O. Treatment of infections associated with surgical implants. N. Engl. J. Med. 2004, 350 (14), 1422-1429.

5. Sampedro, M. F.; Patel, R. Infections associated with long-term prosthetic devices. Infect. Dis. Clin. North Am. 2007, 21 (3), 785-819, x.

6. Patel, R.; Osmon, D. R.; Hanssen, A. D. The diagnosis of prosthetic joint infection: current techniques and emerging technologies. Clin. Orthop. Relat Res. 2005, (437), 55-58.

7. Warren, D. K.; Quadir, W. W.; Hollenbeak, C. S.; Elward, A. M.; Cox, M. J.; Fraser, V. J. Attributable cost of catheter-associated bloodstream infections among intensive care patients in a nonteaching hospital. Crit Care Med. 2006, 34 (8), 2084-2089.

8. Pittet, D.; Wenzel, R. P. Nosocomial bloodstream infections. Secular trends in rates, mortality, and contribution to total hospital deaths. Arch. Intern. Med. 1995, 155 (11), 1177-1184.

9. Mack, D.; Rohde, H.; Harris, L. G.; Davies, A. P.; Horstkotte, M. A.; Knobloch, J. K. Biofilm formation in medical device-related infection. Int. J. Artif. Organs 2006, 29 (4), 343-359.

10. Vincent, J. L.; Bihari, D. J.; Suter, P. M.; Bruining, H. A.; White, J.; Nicolas-Chanoin, M. H.; Wolff, M.; Spencer, R. C.; Hemmer, M. The prevalence of nosocomial infection in intensive care units in Europe. Results of the European Prevalence of Infection in Intensive Care (EPIC) Study. EPIC International Advisory Committee. JAMA 1995, 274 (8), 639-644.

11. Wisplinghoff, H.; Seifert, H.; Tallent, S. M.; Bischoff, T.; Wenzel, R. P.; Edmond, M. B. Nosocomial bloodstream infections in pediatric patients in United States hospitals: epidemiology, clinical features and susceptibilities. Pediatr. Infect. Dis. J. 2003, 22 (8), 686-691.

12. Rogers, K. L.; Fey, P. D.; Rupp, M. E. Coagulase-negative staphylococcal infections. Infect. Dis. Clin. North Am. 2009, 23 (1), 73-98.

13. Lewis, K. Riddle of biofilm resistance. Antimicrob. Agents Chemother. 2001, 45 (4), 999-1007.

14. Götz, F. Staphylococcus and biofilms. Mol. Microbiol. 2002, 43 (6), 1367-1378.

15. Costerton, J. W.; Stewart, P. S.; Greenberg, E. P. Bacterial biofilms: a common cause of persistent infections. Science 1999, 284 (5418), 1318-1322.

16. Hall-Stoodley, L.; Costerton, J. W.; Stoodley, P. Bacterial biofilms: from the natural environment to infectious diseases. Nat. Rev. Microbiol. 2004, 2 (2), 95-108.

17. Rohde, H.; Frankenberger, S.; Zähringer, U.; Mack, D. Structure, function and contribution of polysaccharide intercellular adhesin (PIA) to *Staphylococcus epidermidis* biofilm formation and pathogenesis of biomaterial-associated infections. Eur. J. Cell Biol. 2010, 89 (1), 103-111.

18. Mack, D.; Davies, A. P.; Harris, L. G.; Knobloch, J. K.; Rohde, H. *Staphylococcus epidermidis* Biofilms: Functional Molecules, Relation to Virulence,and Vaccine Potential. Top. Curr. Chem. 2009, 288, 157-182.

19. Vuong, C.; Gerke, C.; Somerville, G. A.; Fischer, E. R.; Otto, M. Quorum-sensing control of biofilm factors in *Staphylococcus epidermidis*. J. Infect. Dis. 2003, 188 (5), 706-718.

20. Vuong, C.; Kocianova, S.; Yao, Y.; Carmody, A. B.; Otto, M. Increased colonization of indwelling medical devices by quorum-sensing mutants of *Staphylococcus epidermidis* in vivo. J. Infect. Dis. 2004, 190 (8), 1498-1505.

21. Heilmann, C.; Hussain, M.; Peters, G.; Götz, F. Evidence for autolysin-mediated primary attachment of *Staphylococcus epidermidis* to a polystyrene surface. Mol. Microbiol. 1997, 24 (5), 1013-1024.

22. Li, D. Q.; Lundberg, F.; Ljungh, A. Characterization of vitronectin-binding proteins of *Staphylococcus epidermidis*. Curr. Microbiol. 2001, 42 (5), 361-367.

23. Mack, D.; Haeder, M.; Siemssen, N.; Laufs, R. Association of biofilm production of coagulase-negative staphylococci with expression of a specific polysaccharide intercellular adhesin. J. Infect. Dis. 1996, 174 (4), 881-884.

24. Mack, D.; Nedelmann, M.; Krokotsch, A.; Schwarzkopf, A.; Heesemann, J.; Laufs, R. Characterization of transposon mutants of biofilm-producing Staphylococcus epidermidis impaired in the accumulative phase of biofilm production: genetic identification

of a hexosamine-containing polysaccharide intercellular adhesin. Infect. Immun. 1994, 62 (8), 3244-3253.

25. Heilmann, C.; Schweitzer, O.; Gerke, C.; Vanittanakom, N.; Mack, D.; Götz, F. Molecular basis of intercellular adhesion in the biofilm-forming *Staphylococcus epidermidis*. Mol. Microbiol. 1996, 20 (5), 1083-1091.

26. Knobloch, J. K.; Jager, S.; Horstkotte, M. A.; Rohde, H.; Mack, D. RsbU-dependent regulation of *Staphylococcus epidermidis* biofilm formation is mediated via the alternative sigma factor sigmaB by repression of the negative regulator gene icaR. Infect. Immun. 2004, 72 (7), 3838-3848.

27. Tormo, M. A.; Marti, M.; Valle, J.; Manna, A. C.; Cheung, A. L.; Lasa, I.; Penades, J. R. SarA is an essential positive regulator of *Staphylococcus epidermidis* biofilm development. J. Bacteriol. 2005, 187 (7), 2348-2356.

28. Ziebuhr, W.; Krimmer, V.; Rachid, S.; Lossner, I.; Götz, F.; Hacker, J. A novel mechanism of phase variation of virulence in *Staphylococcus epidermidis*: evidence for control of the polysaccharide intercellular adhesin synthesis by alternating insertion and excision of the insertion sequence element IS256. Mol. Microbiol. 1999, 32 (2), 345-356.

29. Vuong, C.; Kidder, J. B.; Jacobson, E. R.; Otto, M.; Proctor, R. A.; Somerville, G. A. *Staphylococcus epidermidis* polysaccharide intercellular adhesin production significantly increases during tricarboxylic acid cycle stress. J. Bacteriol. 2005, 187 (9), 2967-2973.

30. Rupp, M. E.; Fey, P. D.; Heilmann, C.; Götz, F. Characterization of the Importance of *Staphylococcus epidermidis* Autolysin and Polysaccharide Intercellular Adhesin in the Pathogenesis of Intravascular Catheter-Associated Infection in a Rat Model. J. Infect. Dis. 2001, 183 (7), 1038-1042.

31. Begun, J.; Gaiani, J. M.; Rohde, H.; Mack, D.; Calderwood, S. B.; Ausubel, F. M.; Sifri, C. D. Staphylococcal biofilm exopolysaccharide protects against *Caenorhabditis elegans* immune defenses. PLoS. Pathog. 2007, 3 (4), e57.

32. Vuong, C.; Voyich, J. M.; Fischer, E. R.; Braughton, K. R.; Whitney, A. R.; DeLeo, F. R.; Otto, M. Polysaccharide intercellular adhesin (PIA) protects *Staphylococcus epidermidis* against major

components of the human innate immune system. Cell Microbiol. 2004, 6 (3), 269-275.

33. Kaplan, J. B.; Velliyagounder, K.; Ragunath, C.; Rohde, H.; Mack, D.; Knobloch, J. K.; Ramasubbu, N. Genes involved in the synthesis and degradation of matrix polysaccharide in *Actinobacillus actinomycetemcomitans* and *Actinobacillus pleuropneumoniae* biofilms. J. Bacteriol. 2004, 186 (24), 8213-8220.

34. Rohde, H.; Knobloch, J. K.; Horstkotte, M. A.; Mack, D. Correlation of biofilm expression types of *Staphylococcus epidermidis* with polysaccharide intercellular adhesin synthesis: evidence for involvement of icaADBC genotype-independent factors. Med. Microbiol. Immunol. (Berl) 2001, 190 (3), 105-112.

35. Klingenberg, C.; Ronnestad, A.; Anderson, A. S.; Abrahamsen, T. G.; Zorman, J.; Villaruz, A.; Flaegstad, T.; Otto, M.; Sollid, J. E. Persistent strains of coagulase-negative staphylococci in a neonatal intensive care unit: virulence factors and invasiveness. Clin. Microbiol. Infect. 2007, 13 (11), 1100-1111.

36. Rohde, H.; Kalitzky, M.; Kroger, N.; Scherpe, S.; Horstkotte, M. A.; Knobloch, J. K.; Zander, A. R.; Mack, D. Detection of virulence-associated genes not useful for discriminating between invasive and commensal *Staphylococcus epidermidis* strains from a bone marrow transplant unit. J. Clin. Microbiol. 2004, 42 (12), 5614-5619.

37. Zhang, Y. Q.; Ren, S. X.; Li, H. L.; Wang, Y. X.; Fu, G.; Yang, J.; Qin, Z. Q.; Miao, Y. G.; Wang, W. Y.; Chen, R. S.; Shen, Y.; Chen, Z.; Yuan, Z. H.; Zhao, G. P.; Qu, D.; Danchin, A.; Wen, Y. M. Genome-based analysis of virulence genes in a non-biofilm-forming *Staphylococcus epidermidis* strain (ATCC 12228). Mol. Microbiol. 2003, 49 (6), 1577-1593.

38. Götz, F. Staphylococci in colonization and disease: prospective targets for drugs and vaccines. Curr. Opin. Microbiol. 2004, 7 (5), 477-487.

39. Toledo-Arana, A.; Merino, N.; Vergara-Irigaray, M.; Debarbouille, M.; Penades, J. R.; Lasa, I. *Staphylococcus aureus* develops an alternative, ica-independent biofilm in the absence of the arlRS two-component system. J. Bacteriol. 2005, 187 (15), 5318-5329.

40. Latasa, C.; Solano, C.; Penades, J. R.; Lasa, I. Biofilm-associated proteins. C. R. Biol. 2006, 329 (11), 849-857.

41. Rohde, H.; Burdelski, C.; Bartscht, K.; Hussain, M.; Buck, F.; Horstkotte, M. A.; Knobloch, J. K.; Heilmann, C.; Herrmann, M.; Mack, D. Induction of *Staphylococcus epidermidis* biofilm formation via proteolytic processing of the accumulation-associated protein by staphylococcal and host proteases. Mol. Microbiol. 2005, 55 (6), 1883-1895.

42. Banner, M. A.; Cunniffe, J. G.; Macintosh, R. L.; Foster, T. J.; Rohde, H.; Mack, D.; Hoyes, E.; Derrick, J.; Upton, M.; Handley, P. S. Localized tufts of fibrils on *Staphylococcus epidermidis* NCTC 11047 are comprised of the accumulation-associated protein. J. Bacteriol. 2007, 189 (7), 2793-2804.

43. Bateman, A.; Holden, M. T.; Yeats, C. The G5 domain: a potential N-acetylglucosamine recognition domain involved in biofilm formation. Bioinformatics. 2005, 21 (8), 1301-1303.

44. Conrady, D. G.; Brescia, C. C.; Horii, K.; Weiss, A. A.; Hassett, D. J.; Herr, A. B. A zinc-dependent adhesion module is responsible for intercellular adhesion in staphylococcal biofilms. Proc. Natl. Acad. Sci. U. S. A. 2008, 105 (49), 19456-19461.

45. Christner, M.; Franke, G. C.; Schommer, N. N.; Wendt, U.; Wegert, K.; Pehle, P.; Kroll, G.; Schulze, C.; Buck, F.; Mack, D.; Aepfelbacher, M.; Rohde, H. The giant extracellular matrix-binding protein of *Staphylococcus epidermidis* mediates biofilm accumulation and attachment to fibronectin. Mol. Microbiol. 2010, 75 (1), 187-207.

46. Williams, R. J.; Henderson, B.; Sharp, L. J.; Nair, S. P. Identification of a Fibronectin-Binding Protein from *Staphylococcus epidermidis*. Infect. Immun. 2002, 70 (12), 6805-6810.

47. Otto, M. *Staphylococcus epidermidis*--the 'accidental' pathogen. Nat. Rev. Microbiol. 2009, 7 (8), 555-567.

48. Rohde, H.; Mack, D.; Christner, M.; Burdelski, C.; Franke, G. C.; Knobloch, J. K. Pathogenesis of staphylococcal device-related infections: from basic science to new diagnostic, therapeutic and prophylactic approaches. Rev. Med. Microbiol. 2006, 17 (17), 45-54.

49. Vuong, C.; Kocianova, S.; Voyich, J. M.; Yao, Y.; Fischer, E. R.; DeLeo, F. R.; Otto, M. A crucial role for exopolysaccharide modification in bacterial biofilm formation, immune evasion, and virulence. J. Biol. Chem. 2004, 279 (52), 54881-54886.

50.   Kaplan, J. B.; Ragunath, C.; Velliyagounder, K.; Fine, D. H.;
      Ramasubbu, N. Enzymatic detachment of *Staphylococcus
      epidermidis* biofilms. Antimicrob. Agents Chemother. 2004, 48 (7),
      2633-2636.
51.   Kaplan, J. B. Therapeutic potential of biofilm-dispersing enzymes.
      Int. J. Artif. Organs. 2009, 32 (9), 545-554.

5. Sexuell übertragbare Infektionen: Neue Aspekte zu alten Krankheiten

PD Dr. Thomas Meyer

Institut für Medizinische Mikrobiologie, Virologie und Hygiene, Universitätsklinikum Hamburg-Eppendorf (UKE)

Zusammenfassung

Krankheiten wie die Syphilis, die durch Geschlechtsverkehr übertragen werden, waren früher gefürchtet, aufgrund der oft schweren Verläufe und der damals begrenzten Behandlungsmöglichkeiten. Heutzutage werden sexuell übertragbare Krankheiten oft verharmlost, in der Annahme dass diese mit ein paar Tabletten schon zu beheben sind. Mit der Entdeckung der Antibiotika ist es in der Tat in der 2. Hälfte des letzten Jahrhunderts zu einem deutlichen Rückgang der Geschlechtskrankheiten gekommen. In den letzten Jahren hat die Häufigkeit vieler sexuell übertragbarer Erkrankungen allerdings wieder zugenommen. Die Ursachen dafür sind vielfältig und beinhalten auf Seiten der mikrobiellen Erreger z.B. die Entwicklung Antibiotika-resistenter Bakterien und das Auftreten ganz neuer Erreger (wie HIV). Auf Seiten der „Opfer" trägt vor allem die Unkenntnis in der Bevölkerung, aber auch die Liberalisierung der Sexualität dazu bei. Dabei ist zu verdeutlichen, dass diese Infektionen und Erkrankungen nicht nur als lästige Begleiterscheinung sexueller Aktivitäten aufzufassen sind, sondern durchaus gravierende Folgen haben können, wie Unfruchtbarkeit, Übertragung auf Neugeborene, Immunschwäche, Krebs und Tod.

Abstract

In the past, venereal diseases like syphilis were greatly feared due to severe sequelae and lack of efficient treatment. Today, sexually transmitted diseases (STD) are frequently considered harmless, assuming they would be cured by some pills. In fact, the discovery and application of antibiotics had caused a sharp decrease of STDs through the 2nd half of the last century. However, more recently, many STDs were found to resurge. Several reasons account for the revival of STDs, involving both microbial factors like resistance to antibiotics and novel STD pathogens, as well as host factors, like poor state of knowledge in the population and liberalization of sexuality. Of importance, STDs must not be considered just bothersome concomitants of sexual activity, as they may cause serious consequences like infertility, transmission to newborns, immunodeficiency, cancer, and death.

Einleitung

Das Thema Sexualität hat in den letzten Jahrzehnten eine deutlich liberalere Handhabung erfahren. Trotz des wesentlich offeneren Umgangs gelten Krankheiten, die als Folge sexueller Aktivität auftreten, weithin als delikate Angelegenheit und werden nur selten angesprochen. Während Rücken- oder Zahnschmerzen das Thema ganz alltäglicher Gespräche sind, würde kaum jemand in Gesellschaft seine Penis- oder Scheidenschmerzen kommunizieren.

- Sexual-
kunde-
Unterricht

Der Sexualkunde-Unterricht in Schulen beinhaltet im Wesentlichen die Thematik der Empfängnis und ihrer Verhütung. Auf das Risiko der Übertragung von Infektionen durch Sexualkontakte wird dagegen kaum eingegangen. Der diesbezüglich niedrige Kenntnisstand wird durch das Ergebnis einer Befragung von jungen Mädchen zum Präventionsverhalten, die vor einiger Zeit bei Berliner Schülerinnen durchgeführt wurde, eindrucksvoll verdeutlicht. Kondome werden vor allem beim ersten Geschlechtsverkehr verwendet, wenn die Pille als Verhütungsmittel noch nicht etabliert ist. Mit weiteren Sexualkontakten nimmt die Einnahme der Pille mehr und mehr zu, während der Kondomgebrauch entsprechend zurückgeht. Der Einsatz von Kondomen dient also in erster Linie der Empfängnisverhütung; dass dadurch auch die Übertragung von Infektionserregern wirksam verhindert werden kann, wird überwiegend gar nicht wahrgenommen.

Im Biologie- bzw. Sexualkundeunterricht ist das Thema sexuell übertragene Infektionen und Krankheiten meistens auf humane Immundefizienzviren (HIV) begrenzt. Natürlich ist die HIV-Infektion wichtig und berechtigterweise Gegenstand des Lehrstoffs, damit Jugendliche frühzeitig auf die Risiken hingewiesen werden. Für die meisten Schüler stellt HIV jedoch eine seltene, im Alltag weit entfernte Gefahr dar. Andere sexuell übertragene Infektionserreger wie Chlamydien oder humane Papillom-Viren (HPV), die in der Bevölkerung wesentlich weiter verbreitet sind und von denen gerade Jugendliche häufig betroffen sind, werden im Unterricht in der Regel nicht behandelt und sind den Jugendlichen meistens nicht bekannt. Diese Infektionen verlaufen zum größten Teil ohne Beschwerden, können aber in einzelnen Fällen Spätkomplikationen wie Unfruchtbarkeit und Krebs verursachen.

> * humane Immundefizienzviren (HIV)
> * Chlamydien
> * humane Papillom-Viren (HPV)
> * Spätkomplikationen: Unfruchtbarkeit, Krebs

Zunächst zur Definition einiger Begriffe: Sexuell übertragbare Krankheiten oder genitale Kontaktinfektionen werden im englischen als sexually transmitted diseases bezeichnet und daher üblicherweise als STD abgekürzt. Die klassischen Geschlechtskrankheiten Syphilis, Tripper und weicher Schanker (*Ulcus molle*) werden durch die Bakterien *Treponema pallidum, Neisseria gonorrhoeae* (Gonokokken) und *Haemophilus ducreyi* verursacht. Historisch bedingt und aufgrund der seit langem bekannten potentiell schwerwiegenden Verläufe werden sie innerhalb der STDs oftmals gesondert betrachtet. Neben Bakterien werden STDs durch Viren, gelegentlich auch durch Pilze, wie *Candida albicans* oder Parasiten wie die Filzlaus verursacht. Die WHO

> * Sexuell übertragbare Krankheiten (STD)
> * Syphilis
> * Tripper
> * weicher Schanker (*Ulcus molle*)

geht von über 20 verschiedenen Infektionserregern aus, die durch Sexualkontakte übertragen werden können. Die Gruppe dieser sexuell übertragenen Infektionen (sexually transmitted infections, STI) ist letztendlich aber nicht eindeutig definiert. Die wichtigsten Infektionserreger und Erkrankungen, sowie die Anzahl der weltweit jährlichen Neuinfektionen ist in Tabelle 1 zusammengestellt. Nicht alle durch Sexualkontakt übertragenen Erreger verursachen in jedem Fall auch eine genitale Erkrankung.

• Chlamydia trachomatis

Viele *Chlamydia trachomatis* Infektionen verlaufen beschwerdefrei, ohne klinische Symptome. Einige STI-Erreger verursachen zudem Erkrankungen die nicht primär den Genitaltrakt betreffen (z. B. HIV, Hepatitis B Virus). Es ist ferner zu beachten, dass viele dieser Infektionserreger auch durch nicht sexuelle Kontakte übertragen werden. Beispielsweise können HIV und HBV durch verunreinigte Nadeln bei intravenös Drogenabhängigen übertragen werden. Vielfach wird daher die Bezeichnung sexuell übertragbare Infektion bevorzugt.

Ein Blick zurück

• Syphilis

Der Zusammenhang des Auftretens bestimmter Krankheiten mit Geschlechtsverkehr ist seit langer Zeit bekannt. Die Syphilis ist in Europa spätestens seit Ende des Mittelalters genau dokumentiert, und zwar während der Belagerung Neapels im Februar 1495 durch Karl VIII von Frankreich zur Zeit der italienischen Kriege.

Tabelle 1: Häufigkeit wichtiger sexuell übertragener Infektionen

Erreger	Erkrankung	Häufigkeit (Mio.)*
Klassische Geschlechtskrankheiten		
Treponema pallidum	Syphilis	12
Neisseria gonorrhoeae	Tripper	60
Hämophilus ducreyi	*Ulkus molle*	2
Chlamydia trachomatis L1-L3	*Lymphogranuloma venereum*	unbekannt
Weitere genitale Kontaktinfektionen		
Trichomonas vaginalis	Trichomoniasis	150
Chlamydia trachomatis D-K	Anogenitale Chlamydien-Infektion	90
Papillomaviren	Feigwarzen (Condylomata acuminata)	25
Herpes simplex Viren (HSV)	Herpes genitalis	20
Candida	Genitale Candidiasis	unbekannt
STI ohne genitale Manifestation		
HIV	AIDS	1.7
HBV	Hepatitis B	2
CMV	Zytomegalie	unbekannt

*: weltweite Neuinfektionen pro Jahr. WHO 1990 and 2001: global incidence of STI [5]

- **Woher kommt die Syphilis?**

- Neue-Welt-Theorie

Das Söldnerheer von Karl VIII wurde seinerzeit von Hilfstruppen unterstützt, unter denen sich auch Seeleute befanden, die kurz zuvor mit Columbus Amerika entdeckt hatten. Die Neue-Welt-Theorie geht davon aus, dass durch sexuelle Kontakte zwischen der Schiffsbesatzung und den Einheimischen Treponemen übertragen wurden und nach Europa gelangten. Unterstützt wird diese Theorie durch Befunde an Skeletten von Indianern aus der Zeit vor Columbus, die Zeichen von Knochensyphilis aufwiesen. Vor wenigen Jahren (2002) konnten allerdings auch an Knochenfunden in England, die aus dem 14. Jahrhundert stammten (also vor Columbus), Syphilis-artige Veränderungen nachgewiesen werden [1]. Demnach existierte die Syphilis in England schon früher und trat in Europa nicht erstmalig als Import aus Amerika auf. Dennoch wurden wahrscheinlich auch Syphilis-Erreger durch Seeleute von Columbus eingeschleppt, die sich zudem durch eine für Europäer hohe Virulenz auszeichneten [2].

Als im Frühsommer 1495 die Besatzung Neapels nach wenigen Monaten wieder aufgegeben wurde, weil Karl VIII eine Einkesselung durch seine Gegner befürchtete, war es bereits zu einem ersten größeren Syphilisausbruch unter seinen Truppen gekommen. Mit dem Rückzug nach Norditalien und der Rückkehr der Söldnertruppen in ihre Herkunftsländer weitete sich die Syphilis innerhalb weniger Jahre in ganz Europa und weiter bis nach China und Japan aus. Den Weg der Ausbreitung spiegelt in auffallender Weise die Bezeichnung der Krankheit in verschiedenen Ländern wieder. So wurde die Syphilis in Italien, England, Spanien, Deutschland, Dänemark und Schweden auch französische Krankheit genannt, während in Frankreich von der italienischen, in Schottland von der englischen, in Polen von der deutschen, in Russland von der polnischen und in der Mongolei von der russischen Krankheit gesprochen wurde. Und in Japan kursierte die Syphilis schließlich unter dem Namen Chinesisches Himmelsstrafengeschwür.

- **Der Krankheitsverlauf der Syphilis**

Die Syphilis wird gewöhnlich in drei Stadien eingeteilt [3]. Im ersten Stadium tritt als sog. Primäraffekt meistens ein schmerzfreies Geschwür (Ulcus) an der Eintrittsstelle (Penis, Vagina, Anus, Mundhöhle) auf, das einen harten Randbereich aufweist und daher auch als harter Schanker bezeichnet wird. Diese Primärläsion enthält viele Bakterien und ist deshalb hoch ansteckend. Das Geschwür heilt üblicherweise ohne Behandlung spontan ab, die Infektion aber bleibt bestehen. Die Erreger breiten sich über das Blut und das lymphatische System aus und verursachen im Sekundärstadium ein generalisiertes Krankheitsbild mit unspezifischen, grippeartigen Beschwerden (Fieber, Kopf- und Gliederschmerzen). Darüber hinaus ist oft ein Hautausschlag zu beobachten, das syphilitische Exanthem, das die gesamte Körperoberfläche einschließlich der Hand- und Fußinnenflächen betrifft. Die Flüssigkeit die aus den Hautläsionen austritt ist weiterhin hoch infektiös. Auch die Erkrankungen im Stadium 2 heilen spontan ab, die Erreger breiten sich aber im gesamten Körper aus und können nach einer Ruhephase von mehreren Jahren Erkrankungen fast aller Organe verursachen. In diesem dritten Stadium werden durch die Abwehrreaktion des Körpers destruktive Gewebeveränderungen verursacht. Ein typisches Beispiel solcher Läsionen repräsentieren die sog. Gummen, das sind gummiartig verhärtete Knoten, die nachfolgend perforieren können. Das entstellte Aussehen von Patienten mit Spätsyphilis (Sattelnase, Wolfsrachen) ist auf derartige Gewebezerstörungen zurückzuführen (Abb. 1). Schwerwiegende Komplikation im Spätstadium der Syphilis sind z.B. die Geschwürbildung an der Hauptschlagader, die letztendlich zur inneren Verblutung führen kann und die Infektion des Gehirns (Neurosyphilis), die mit psychischen Veränderungen, Sprachstörungen, epileptischen Anfällen, Demenz und Lähmungen einhergehen kann.

> - Schmerz-
>   freies
>   Geschwür
>   (Ulcus)
> - Syphilis-
>   tisches
>   Exanthem
> - Stadien der
>   Syphilis

Abb. 1. Eines von vielen prominenten Syphilis-Opfern: Al Capone, berüchtigter Gangsterboss in Chicago in den 1920er Jahren, verstarb 1947 an einer Neurosyphilis.

■ **Die Entdeckung der Krankheitsauslöser**

> ■ Fritz Schaudinn
> ■ Erich Hoffmann
> ■ Treponemen

Die im Mittelalter häufig schweren Verläufe, die hohe Sterblichkeit und das entstellte Aussehen brachte die Syphilis schon früh unter den Verdacht einer Bestrafung Gottes. Als dann noch der Zusammenhang mit Geschlechtsverkehr klar wurde, war auch das der Bestrafung zugrunde liegende sündhafte Vergehen schnell ausgemacht. Erst mit der Entdeckung der Treponemen 1905 durch Fritz Schaudinn und Erich Hoffmann, die die Bakterien in Sekreten der Primäraffekte in der Dunkelfeldmikroskopie darstellen konnten, wurde die infektiöse Ursache der Syphilis bewiesen. Diese Erkenntnis setzte sich jedoch beim Klerus und in der allgemeinen Bevölkerung erst wesentlich später durch [4].

> ■ Albert Neisser
> ■ Neisseria gonorrhoeae

Neben der Syphilis wurden auch andere Geschlechtskrankheiten über Söldner und Seeleute verbreitet. Dazu gehörte der Tripper, der ebenfalls durch Bakterien (Gonokokken) verursacht wird. Der mikroskopische Nachweis dieser Bakterien gelang bereits 1879 durch Albert Neisser, auf den auch ihre wissenschaftliche Bezeichnung (*Neisseria gonorrhoeae*) zurückgeht. Die kleinen in der Regel paarweise zusammen liegenden Bakterien (Diplokokken) konnten nach Behandlung mit bestimmten Farbstoffen lichtmikroskopisch dargestellt werden. Treponemen weisen eine andere Struktur auf. Sie sind korkenzieherartig gewundene, sehr lange, aber schmale Bakterien, die mit Farbstoffen schlecht an-

zufärben sind und deshalb in der konventionellen Lichtmikro-
skopie nicht zu sehen sind [4].

▪ **Behandlungsversuche**

Ein rapider Anstieg der Geschlechtskrankheiten wurde in Europa
mit der zunehmenden Urbanisierung im 19. Jahrhundert beobachtet. Zu dieser Zeit sollen in Berlin ca. 0.5% der Bevölkerung

▪ Queck-
silber-
therapie

wegen einer Geschlechtskrankheit in ärztlicher Behandlung gewesen sein; die Zahl der Infizierten dürfte weitaus höher gelegen
haben. Begünstigt wurde die Ausbreitung der Geschlechtskrankheiten zudem durch Prüderie, Unkenntnis, mangelnde Aufklärung und die damals aufgrund der gesellschaftlichen Verachtung
oftmals verheimlichte Erkrankung. Nur selten erfolgte eine ärzt-
liche Konsultation, in erster Linie wegen der Kosten und auch aus
Angst vor der schmerzhaften und nebenwirkungsreichen Therapie [4]. Zur Behandlung der Syphilis wurde anfangs hochgiftiges
Quecksilber eingesetzt. 1909 entwickelte Paul Ehrlich Salvarsan,
ein weniger giftiges Arsen-haltiges Mittel, das aber ebenfalls
nicht ohne Nebenwirkungen und auch nur begrenzt wirksam war
(vgl. Kap. 1). Auf Grund der Entdeckung des Penicillins durch
Fleming (1928) stand ab den 40er Jahren erstmals eine wirksame
Substanz zur Behandlung der Syphilis zur Verfügung. Damit war
die Erkrankung im Stadium 1 und 2 heilbar; im Stadium 3 musste
aber mit bleibenden Schäden gerechnet werden. Mit dem Einsatz weiterer antibiotischer Substanzen kam es zu einem deutlichen Rückgang der Geschlechtskrankheiten, und vielfach wurde
ihre Ausrottung nur noch als eine Frage der Zeit angesehen.
Diese Betrachtungsweise musste jedoch spätestens nach Auftreten der HIV-Infektion gründlich revidiert werden.

Sexuell übertragene Infektionen heute

Seit den 1990er Jahren wird weltweit ein Ansteigen der sexuell
übertragenen Infektionen festgestellt [5, 6]. Die WHO (Weltgesundheitsorganisation) berichtet von einer Zunahme der behan-

delbaren sexuell übertragenen Infektion durch Bakterien von 250 Millionen im Jahre 1990 auf 340 Millionen im Jahr 1999 [6]. Der Anstieg der jährlichen Neuinfektionen wird durch die infektionsepidemiologischen Berichte verschiedener Länder bestätigt [7, 8]. Die Ursachen für die Zunahme sind vielfältig und beinhalten unter anderem verändertes Sexualverhalten, Unkenntnis in der Bevölkerung, vermehrte Reisen in Länder mit hoher STD-Häufigkeit, aber auch das Auftreten symptomloser Infektionen und Antibiotika-resistenter Erreger. Die verbesserte Diagnostik hat vermutlich ebenfalls dazu beigetragen, dass mehr Infektionen identifiziert werden.

▪ **Die Situation in Deutschland**

- Melde-
  pflicht
- Gonokokken
- *Chlamydia
  trachomatis*

Ein deutlicher Anstieg der Syphilis-Fälle wurde in Deutschland in den Jahren 2002 bis 2004 verzeichnet. Danach blieb die Anzahl der Neuinfektionen mit ca. 3000/Jahr über mehrere Jahre konstant. Erst 2009 wurde eine leichte Abnahme registriert (siehe Abb. 2a). Auch die Anzahl der jährlich neu gemeldeten HIV Infektion zeigt seit 2001 einen kontinuierlichen Anstieg und hat sich von 1443 Fälle im Jahr 2001 auf 2882 Fälle im Jahr 2009 verdoppelt (Abb. 2b). Die Syphilis und HIV-Infektion ist in Deutschland meldepflichtig und muss dem Robert-Koch-Institut (RKI) in Berlin mitgeteilt werden. Im Gegensatz dazu unterliegen andere sexuell übertragene Infektionen wie Gonokokken und *Chlamydia trachomatis* in Deutschland seit 2001 nicht mehr der Meldepflicht. Es sind daher keine genauen Angaben über die Häufigkeit dieser Infektionen bekannt. Laut RKI wird aber von mindestens 10.000 Gonokokken- und 300.000 Chlamydien-Infektionen pro Jahr ausgegangen.

Die hohe Anzahl von Chlamydien-Infektionen wird durch Daten aus anderen europäischen Ländern und den USA bestätigt. Zudem wird vielfach ein Anstieg der Infektionen registriert. Die Anzahl der Gonokokken Fälle in England, Irland und Schweden im Jahr 2000 hat sich im Vergleich zu 1995 mehr als verdoppelt.

> ▪ Centers for Disease Control and Prevention (CDC)

In Schweden wird seit 1998 ein kontinuierlicher Anstieg der *C. trachomatis* Infektionen beobachtet. Die Centers for Disease Control and Prevention (CDC), die US-amerikanische Behörde zur Überwachung von Infektionskrankheiten, verzeichnen seit 1990 ebenfalls eine stetige Zunahme der *C. trachomatis* Infektionen.

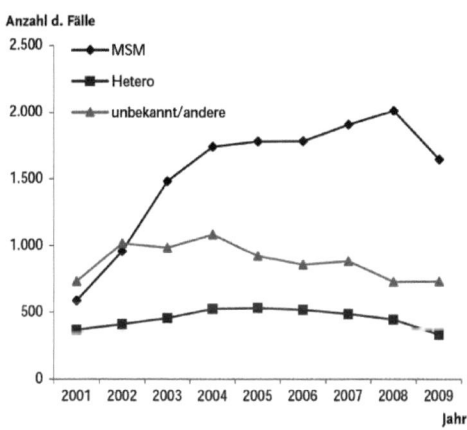

Abb. 2a: An das RKI gemeldete Syphilis-Fälle nach Übertragungsrisiko (n = 25.960), Deutschland, 2001 bis 2009. MSM, Männer, die Sex mit Männern haben (nach Robert Koch-Institut Epidemiologisches Bulletin Nr. 49, 2010).

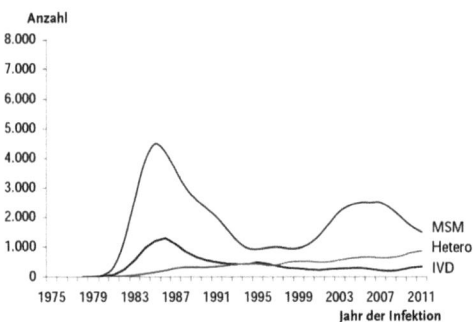

Abb. 2b: Geschätzte Anzahl der HIV-Neuinfektionen in Deutschland seit Beginn der HIV-Epidemie: 1975 bis Ende 2011 nach Infektionsjahr und Transmissionsrisiko, RKI 2011. IVD, Personen, die intravenös Drogen konsumieren (nach Robert Koch-Institut Epidemiologisches Bulletin Nr. 46, 2011).

- **Co-Infektionen: Ein Unheil kommt selten allein**

> - Herpes Simplex Viren (HSV)
> - Schädigung der Schleimhaut
> - *Herpes genitalis*

Ein typisches Merkmal der STDs ist das häufig gleichzeitige Vorliegen mehrerer Infektionserreger [9]. Dies beruht einerseits auf dem gemeinsamen Übertragungsweg, nämlich Sexualkontakt. So findet sich nicht selten bei Patienten mit einer Gonorrhoe (Tripper) gleichzeitig auch eine *C. trachomatis* Infektion. Des Weiteren kann die Schädigung der Schleimhaut durch eine STD den Eintritt anderer STD-Erreger erleichtern. In manchen Fällen besteht auch eine ausgeprägte Wechselwirkung zwischen einzelnen STD-Erregern, wie z.B. bei HIV und Herpes Simplex Viren (HSV). Personen mit genitalem Herpes, der überwiegend durch HSV Typ 2 verursacht wird, können HSV 2 durch Sexualkontakte übertragen, haben aber selbst ein erhöhtes Risiko für eine HIV-Infektion. Dies beruht auf der beim Herpes genitalis vorliegenden Schädigung der Haut bzw. Schleimhaut (die Krankheit äußert sich meistens durch Bläschen- oder Geschwürbildung der äußeren Genitalien) und der im Rahmen der Immunabwehr dort vermehrt vorliegenden T Helferzellen und Makrophagen, der wichtigsten Zielzellen von HIV (siehe Kap. 4). Patienten, die mit

HSV 2 und HIV co-infiziert sind, können neben HSV 2 auch HIV leichter übertragen, denn infolge der Immunantwort finden sich vermehrt HIV-infizierte Abwehrzellen in der betroffenen genitalen Haut und Schleimhaut. Darüber hinaus kann HSV 2 die Vermehrung von HIV in diesen Zellen direkt ankurbeln. Im Endeffekt ist der *Herpes genitalis* bei HIV-infizierten Patienten durch eine besonders hohe HIV-Konzentration charakterisiert (zu Hautbakterien vgl. Kap. 4).

▪ **Folgen und Komplikationen**

Abgesehen von HIV wird die Diagnose einer STD bzw. STI vielfach als relativ harmlos angesehen, die mit ein paar Pillen oder Salben zu beheben ist. Nicht selten verläuft die Infektion auch ohne Beschwerden (Chlamydien, HPV) oder mit nur milder, vorübergehender Symptomatik (Syphilis, Gonorrhoe) und wird daher als solche gar nicht wahrgenommen. Im Fall der spontanen Ausheilung wäre das für die betroffene Person auch nicht so schlimm, aber gerade bei den beschwerdefreien und daher unerkannten Infektionen findet eine Übertragung auf andere Personen statt, bei denen dann ungünstigere Verläufe auftreten können. Schwerwiegende Folgen, die auch nach primär asymptomatischen oder subklinischen Infektionen auftreten können, beinhalten neben dem bereits angesprochenen Risiko für weitere STI die folgenden Komplikationen: Schwächung des Immunsystems mit erhöhter Anfälligkeit für andere Infektions- und Tumorerkrankungen, Übertragung der Infektion auf das Neugeborene, Unfruchtbarkeit, irreversible Organschäden (z. B. Gehirn, Leber) und Krebs.

> ▪ Neugeborenen-Übertragung
> ▪ Unfruchtbarkeit
> ▪ irreversible Organschäden (z.B. Gehirn, Leber)
> ▪ Krebs

Immunschwäche: HIV und AIDS – die neueste sexuell übertragene Infektion

- CD4 T-Zellen (T-Helferzellen)
- Makrophagen

Das Abwehrsystem (Immunsystem) des Menschen steht in ständigem Kontakt mit potentiellen Krankheitserregern und ist in den meisten Fällen in der Lage diese erfolgreich zu bekämpfen. Eine gewisse, oftmals nur vorübergehende, Beeinträchtigung der Abwehrfunktionen tritt vermutlich bei vielen Infektionskrankheiten auf. Sie ist für mikrobielle Erreger notwendig um eine dauerhafte (persistente) Infektion zu etablieren. Diese Immundefizienz ist bei der HIV Infektion besonders ausgeprägt, nicht zuletzt deshalb, weil zentrale Abwehrzellen, die CD4 T-Zellen (T-Helferzellen) und Makrophagen die wichtigsten Zielzellen der Viren sind, in denen sie sich vermehren und die dabei zugrunde gehen [10].

▪ Das Auftreten von AIDS

- human immunedeficiency virus (HIV)

Die ersten Fälle einer mysteriösen Immunschwäche-Krankheit wurden 1981 bei homosexuellen Männern beschrieben und zunächst auf spezifische Verhaltensweisen der Betroffenen zurückgeführt, was zu einer nicht unerheblichen Stigmatisierung der Homosexuellen führte. Wenig später, 1983, konnte jedoch ein durch Sexualkontakte übertragenes Virus, das human immunodeficiency virus (HIV), als Ursache identifiziert werden. Die Untersuchungen archivierter Blutproben aus Zaire und Uganda haben ergeben, dass HIV bereits 1959 bzw. 1972 in der Bevölkerung dieser Länder existierte. Nach seiner Entdeckung breitete sich HIV sehr schnell aus und führte zu einer weltweiten Epidemie. Man geht heute von knapp 3 Millionen Neuinfektionen pro Jahr weltweit aus und von insgesamt ca. 35 Millionen HIV-infizierten. In Deutschland wurden im Jahr 2009 2700 HIV-Neuinfektionen gemeldet bei insgesamt ca. 67.000 Infizierten.

▪ Der natürliche Verlauf der HIV-Infektion

Die Hauptübertragungswege von HIV sind homo- und heterosexuelle Kontakte, die gemeinsame Verwendung von Injektionsnadeln bei intravenös Drogenabhängigen, sowie die Übertragung von der Mutter auf das neugeborene Kind. Die Infektion durch Blutprodukte (Transfusion oder Gerinnungsprodukte) ist, seitdem diese auf HIV getestet werden, extrem selten. Ebenso stellt auch die Infektion durch Kontakt von Wunden oder Schleimhaut mit infektiösem Blut eine Rarität dar. Die HIV-Übertragung durch Bisswunden oder Arbeitsunfälle im medizinischen Bereich ist in Einzelberichten beschrieben. Das Risiko einer Nadelstichverletzung wird mit 0.3% angegeben. Als Präventivmaßnahme wird in solchen Fällen, insbesondere bei HIV-positiver Indexperson, eine Post-Expositions-Prophylaxe (PEP) empfohlen. Dabei wird durch frühzeitige Gabe antiretroviraler Medikamente, die die HIV-Vermehrung blockieren, die Ausbildung einer Infektion durch evtl. eingedrungene Viren verhindert. Mit der Behandlung muss möglichst innerhalb der ersten 2 Stunden und nicht später als 72 Stunden nach Exposition begonnen werden.

> ▪ Hauptübertragungswege
> ▪ Blutprodukte
> ▪ HIV-positive Indexperson
> ▪ Post-Expositions-Prophylaxe (PEP)

Dagegen gibt es keine Anhaltspunkte für eine Infektionsübertragung durch normale Alltagskontakte wie das Benutzen der gleichen Toilette oder die gemeinsame Verwendung von Essbesteck [10].

> ▪ Infektionsübertragung

In der Frühphase der Infektion entsteht oftmals ein akutes retrovirales Syndrom. Es ist gekennzeichnet durch unspezifische Krankheitszeichen, wie Fieber, Lymphknoten-Schwellung, Hautausschlag und Muskelschmerzen, die einem grippalen Infekt ähneln. In dieser Phase liegt im Blut eine hohe Viruskonzentration vor; das Blut ist dementsprechend hoch-infektiös. Wenn das Immunsystem die eingedrungenen Viren erkennt nimmt die Viruskonzentration im Blut in der Regel deutlich ab. Es treten Antikörper auf, die durch den HIV Test nachgewiesen werden, mit dem die HIV-Infektion im Labor diagnostiziert wird.

- chronische HIV-Infektion
- Pneumocystis jirovecii
- Herpes-Virus Typ 8-assoziierte Kaposi-Sarkom

Der akuten Infektion schließt sich die Phase der chronischen HIV-Infektion an, die oft über Jahre ohne Beschwerden anhält (klinische Latenz). Sie ist charakterisiert durch ein Gleichgewicht zwischen Immunsystem und Virusaktivität. Dabei findet sich meistens eine relativ konstante HIV Konzentration im Blut. Je höher diese Konzentration ist, umso eher kommt es im Verlauf zum Zusammenbruch des Immunsystems (ohne Behandlung beträgt der Zeitraum bis dahin durchschnittlich 8-10 Jahre). Dann fallen die T-Helferzellen unter die kritische Grenze von 200/µl Blut. Damit steigt das Risiko für andere Infektionen und Tumorerkrankungen deutlich an. Man spricht auch von Infektionen durch opportunistische Erreger, die bei normaler Abwehrlage keine Chance haben. Als Beispiel seien die Lungenentzündung durch *Pneumocystis jirovecii* und das Herpes-Virus Typ 8-assoziierte Kaposi-Sarkom genannt. Letzteres ist ein durch Viren verursachter Gefäßtumor, der durch das Auftreten dunkler Flecken und Knoten im Bereich der Haut und Schleimhaut charakterisiert ist. Die Ausbildung solcher Erkrankungen begleitet das Krankheitsbild AIDS, das schließlich zum Tod führt [10].

▪ Therapie

- Azidothymidin (AZT)
- AZT-Resistenzmutation

Bereits 1987 wurde mit Azidothymidin (AZT) eine erste Substanz entwickelt, mit der die HIV-Vermehrung unterdrückt werden konnte. Die Hoffnung auf eine wirksame Behandlung der HIV Infektion erfuhr zunächst jedoch einen herben Rückschlag, als sich abzeichnete das HIV sehr schnell eine Resistenz gegen AZT entwickelt. Verantwortlich dafür ist die enorme Vermehrungsaktivität und Wandlungsfähigkeit des Virus. Pro Tag können bis zu 10^9 Virusteilchen gebildet werden, von denen statistisch ca. 1000 eine Veränderung (Mutation) tragen, die eine Unwirksamkeit von AZT verursacht (AZT-Resistenzmutation).

Was den zunächst enttäuschenden Ergebnissen der AZT-
Therapie folgte, stellt allerdings eine einmalige Entwicklung in
der Medizin dar. Innerhalb weniger Jahre wurden zahlreiche
Medikamente mit verbesserter Wirkung und Verträglichkeit
entwickelt. Es entstand das Konzept der antiretroviralen Therapie (ART). Durch die Kombination verschiedener Substanzen, die
unterschiedliche Angriffspunkte im Vermehrungszyklus der Viren
haben (siehe Abb. 3), wird einerseits die Ausbildung resistenter
Viren erschwert, zum anderen können Viren, die bereits gegen
einzelne Substanzen resistent sind, durch eine Kombination noch
wirksamer Substanzen effektiv behandelt werden.

> ▪ Antiretro-
> virale Ther-
> apie (ART)
> ▪ Vermeh-
> rungszyklus
> der Viren

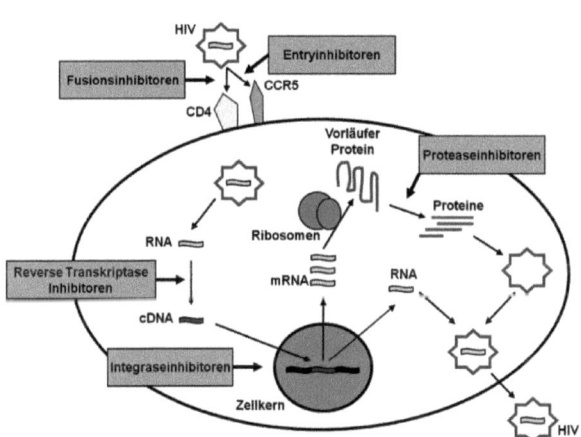

Abb. 3: HIV Vermehrungszyklus und Angriffspunkte antiretroviraler Medikamente. Die Viren befallen ihre Zielzellen über die Bindung an bestimmte Oberflächenproteine (CD4, CCR5). In der Wirtszelle wird die Virus RNA durch ein virales
Enzym (Reverse Transkriptase) in cDNA umgebaut und diese anschließend ebenfalls durch ein HIV-Enzym (Integrase) in das Erbgut der Zielzelle eingebaut. Ausgehend davon werden neue RNA Moleküle gebildet die zum einen als Bestandteil
neuer Viruspartikel verwendet werden und zum anderen als Vorlage (Transkript)
für die Herstellung der Virusproteine in den Ribosomen dienen. Einzelne Virusproteine entstehen durch Spaltung aus einem Vorläuferprotein, an dem
wiederum ein virales Enzym (Protease) beteiligt ist. Die zurzeit verwendeten
antiretroviralen Substanzen verhindern die Bindung der Viren an die Oberflä-
chenmoleküle (Fusions- und Entry-Inhibitoren) oder hemmen die Aktivität viraler
Enzyme (reverse Transkriptase, Integrase und Protease).

Aus der Modellvorstellung der vollständigen Unterdrückung der Virusvermehrung über eine bestimmte Zeit, bis alle Virus-infizierten Zellen abgestorben sind, resultierte die Hoffnung auf eine vollständige Entfernung der Viren (Heilung). Diese musste jedoch mit der Erkenntnis dass zumindest einige Virus-infizierte Zellen sehr lange leben aufgegeben werden. Eine Heilung ist in absehbarer Zeit wahrscheinlich nicht erreichbar. Dennoch: die heute verfügbaren über 20 verschiedenen antiretroviralen Medikamente ermöglichen eine lebenslange Kontrolle der HIV Infektion. Aus einer tödlichen Erkrankung wurde so ein chronisches Krankheitsbild das über lange Zeiträume erfolgreich durch die antivirale Therapie beherrscht werden kann [10].

▪ **Prävention**

Der Erfolg der ART hat jedoch auch eine Kehrseite: Verharmlosung. Die Erfolgsmeldungen der HIV Therapie und die geäußerte Hoffnung auf Heilung haben der Infektion in Teilen der Bevölkerung den Schrecken genommen. Die Tatsache dass z.B. in Deutschland die Anzahl der Neuinfektionen seit 2000 nicht zurückgeht, sondern langsam, aber kontinuierlich ansteigt, ist unter anderem auch auf die verbreitete Vorstellung zurückzuführen, dass man HIV behandeln kann.

▪ Büffel-
nacken
▪ Storchen-
beine
▪ Umver-
teilung des
Fettge-
webes
(Lipodys-
trophie)

So gut die therapeutischen Fortschritte auch sind, das oberste Gebot bleibt weiterhin, die HIV-Infektion zu verhindern. Die ART ist nicht unproblematisch und geht mit zahlreichen Nebenwirkungen einher. Äußerlich sichtbar sind Veränderungen wie Büffelnacken und Storchenbeine, die auf einer Umverteilung des Fettgewebes beruhen (Lipodystrophie) und die eine Person als HIV-positiv stigmatisieren. Über die Langzeitfolgen der Dauertherapie ist bisher nur wenig bekannt; es ist aber mit Störungen verschiedener Organe (Leber, Niere Herz, Blutbildung, Nervensystem etc.) zu rechnen. Und schließlich muss auch bedacht werden, dass die lebenslang durchzuführende ART erhebliche

Kosten verursacht, die das Gesundheitssystem stark belasten. Deshalb muss die Prävention der HIV-Infektion durch Aufklärung und Öffentlichkeitsarbeit, durch Verwendung von Kondomen und freie Verfügbarkeit sauberer Spritzen für Drogenabhängige an erster Stelle stehen.

Übertragung auf Neugeborene

Prinzipiell können alle Infektionserreger, die im Genitaltrakt der Frau vorkommen während der Geburt auf das Kind übertragen werden [9]. Erreger die sich über das Blut verbreiten, wie z.b. HIV und HBV, können ebenso übertragen werden, unter Umständen bereits pränatal, also vor der Geburt. Um dem vorzubeugen werden im Rahmen der Schwangerschaftsvorsorge Untersuchungen auf HIV, HBV, *T. pallidum* (Syphilis) und *C. trachomatis* durchgeführt. Andere STI-Erreger sind in der Vorsorge nicht berücksichtigt, was aber nicht bedeutet dass diese unwichtig sind.

- **HIV**

Bis zu 40% der Kinder HIV-positiver Mütter sind ebenfalls mit dem Virus infiziert, wenn keine präventiven Maßnahmen durchgeführt wurden. Die Übertragung kann bis auf 1% reduziert werden, indem Schwangere mit bestimmten antiretroviralen Medikamenten behandelt werden, die Entbindung durch Kaiserschnitt erfolgt, auf Stillen verzichtet wird und das Neugeborene eine Post-Expositions-Prophylaxe erfährt. Während in den 80er Jahren der Kinderwunsch HIV-positiver Mütter als anmaßend und unverantwortlich galt wird dieses heute mehr und mehr respektiert. Der wichtigste Risikofaktor für die HIV-Übertragung ist die Virusmenge im Blut der Mutter zum Zeitpunkt der Geburt. Sie muss durch eine ART unterdrückt werden, so dass das Virus im Blut nicht mehr nachweisbar ist.

- **HBV**

> - Chronische
>   Leberent-
>   zündung
> - Lamivudin
> - HBs-Antigen

Die Gefahr der Übertragung einer Hepatitis B während der Geburt hängt ebenfalls von der Viruskonzentration bei der Mutter ab. Bei hoher HBV-Konzentration liegt das Risiko bei 70-90%. Im Gegensatz zu HIV kann die HBV Infektion spontan ausheilen. Die unter der Geburt infizierten Kinder weisen allerdings zu 90% einen chronischen Infektionsverlauf auf. Die Infektion persistiert dabei zunächst oft ohne Symptomatik mit hoher Virusaktivität (immuntoleranter Status). Von den betroffenen Personen geht eine hohe Ansteckungsgefahr aus. Im weiteren Verlauf der Infektion kann es zu einer chronischen Leberentzündung, zur Leberzirrhose und zum Leberkrebs kommen. Durch die Behandlung der Mutter mit der antiviralen Substanz Lamivudin, die die HBV Konzentration im Blut senkt, kann das Übertragungsrisiko verringert werden. Oftmals gelingt es aber nicht die Virusmehrung wie bei HIV vollständig zu unterdrücken. Die wichtigste Maßnahme um die HBV Infektion des Kindes zu verhindern ist daher die sofortige Simultanimpfung nach der Geburt. Dabei wird ein HBV-Protein (HBs-Antigen), das allein nicht infektiös ist, gespritzt um das Immunsystem aktiv zu stimulieren. Gleichzeitig werden auch HBV Antikörper injiziert, die evtl. eingedrungene Viren neutralisieren bevor sie die Leberzellen infiziert haben.

- **HSV**

> - Lippen-
>   Herpes
>   (*Herpes
>   labialis*)

Eine weitere wichtige virale Infektionserkrankung, die auf Neugeborene übertragen werden kann, ist der genitale Herpes. Beim Herpes simplex werden die beiden Virustypen HSV 1 und HSV 2 unterschieden, wobei HSV 2 überwiegend, aber nicht ausschließlich, genitale Infektionen verursacht. HSV 1 findet sich dagegen häufiger bei extragenitalen Erkrankungen, z.B. beim Lippen-Herpes (Herpes labialis). Ein typisches Merkmal der HSV Infektion ist die nach einer ersten Infektion (der Primärinfektion) lebenslange Persistenz. Die Viren ziehen sich in bestimmte Nervenzellen zurück, wo sie vom Immunsystem nicht bekämpft werden und sich dauerhaft aufhalten, ohne Symptome zu verursachen (latente Infektion). Unter bestimmten Bedingungen, die bis heute nicht vollständig geklärt sind, reaktivieren die Viren und breiten sich entlang der Nervenfasern in die Haut und Schleimhaut aus, wo sie erneut Läsionen wie Bläschen und Geschwüre verursachen. Im Fall eines *Herpes genitalis* während der Geburt können die Viren leicht auf das Neugeborene übertragen werden. Die Situation ist besonders ungünstig wenn die Primärinfektion in der Schwangerschaft kurz vor der Geburt erfolgte. Dann liegen bei der Mutter und auch beim Kind keine schützenden Antikörper vor und es können schwere Erkrankungen beim Kind auftreten. Die Viren breiten sich über das Blut aus und können verschiedene Organe inkl. Gehirn befallen und verursachen dann oft tödliche Verläufe (60%). Selbst bei antiviraler Behandlung des Neugeborenen beträgt die Letalität noch 20%. Aus diesem Grunde stellt der Nachweis eines genitalen Herpes vor der Geburt eine Indikation zum Kaiserschnitt dar.

▪ Syphilis

Von den bakteriellen STDs, die auf den Foeten bzw. das Neugeborene übertragen werden können, wurde früher vor allem die Syphilis gefürchtet. Heute ist die sog. konnatale Syphilis aufgrund der regelmäßigen Untersuchung im Rahmen der Schwangerschaftsvorsorge und der ggf. eingeleiteten antibiotischen Behandlung in Deutschland sehr selten. Dem RKI wurden im Jahr 2000 insgesamt 10 Fälle konnataler Syphilis gemeldet. Ohne antibiotische Behandlung ist in jedem Stadium der Schwangerschaft und auch in jedem Syphilis-Erkrankungsstadium eine Übertragung möglich. Das Risiko beträgt nahezu 100% wenn die Mutter sich während der Schwangerschaft mit *T. pallidum* infiziert hat. Liegt der Infektionsbeginn schon längere Zeit zurück und befindet sich die Mutter in einem latenten Stadium der Syphilis ist die Wahrscheinlichkeit der Transmission niedriger

▪ *Lues connata*
▪ Quadratschädel
▪ Sattelnase

und liegt bei ca. 20-50%. Die intrauterine Infektion des Föten führt ohne Antibiose in 30-40% zum Abort oder zu einer Totgeburt. Kinder die mit einer *T. pallidum* Infektion geboren werden sind anfangs oft unauffällig, entwickeln aber bald Symptome die dem Stadium II der Syphilis entsprechen (z.b. Fieber, Haut- und Schleimhautläsionen). Unbehandelt treten ab dem 3 Lebensjahr Erkrankungen in verschiedenen Organen auf. Diese äußern sich als Augenhornhautentzündung, neurologische Störungen und auch in Form von Zerstörungen von Knochen- und Bindegewebe. Letztere verursachen recht typische Entstellungen, wie Quadratschädel und Sattelnase, die auch als Stigmata der *Lues connata* bezeichnet werden.

▪ Chlamydien und Gonokokken

- Chlamydien-Konjunktivitis
- Gonoblennorrhoe
- Neugeborenen-Pneumonie

Chlamydien und Gonokokken können ebenfalls Infektionen des Neugeborenen verursachen. In der Regel erfolgt die Übertragung während der Geburt und verursacht häufig eine eitrige Entzündung der Bindehaut (Chlamydien-Konjunktivitis bzw. Gonoblennorrhoe). Bei einem kleineren Teil der perinatalen Chlamydien-Infektionen können auch Erkrankungen der Atemwege bis hin zur Lungenentzündung auftreten (Neugeborenen-Pneumonie) [9]. Die Aufnahme der Chlamydien-Untersuchung in das Vorsorgeprogramm der Mutterschaftsrichtlinien erfolgte vor dem Hintergrund der gerade bei Jugendlichen und jungen Erwachsenen weit verbreiteten genitalen Chlamydien-Infektion. Heutzutage werden Chlamydien-Infektionen bei Neugeborenen nur noch selten beobachtet. Dies ist zum einen auf die Vorsorgeuntersuchung in der Schwangerschaft zurückzuführen, beruht andererseits aber auch darauf, dass das Durchschnittsalters bei der ersten Geburt von 24 Jahren im Jahr 1980 auf heute 30 Jahre angestiegen ist und die genitalen Chlamydien-Infektionen bei 30-Jährigen vergleichsweise selten ist.

Unfruchtbarkeit durch Bakterien

Im Gegensatz zu AIDS und den Neugeborenen-Infektionen ist die Problematik der Unfruchtbarkeit als Folge einer STD in der allgemeinen Bevölkerung kaum bekannt. Einige sexuell übertragene Bakterien können aber eine ausgeprägte Schädigung der weiblichen Fortpflanzungsorgane verursachen, die bis zur Sterilität bzw. Unfruchtbarkeit fortschreiten kann. Die Übeltäter sind *Chlamydia trachomatis* und *Neisseria gonorrhoeae* (Gonokokken) [9]. Zusammen verursachen sie die meisten sexuell übertragenen bakteriellen Infektionen (siehe Tab. 1).

■ **Chlamydien: Häufigste sexuell übertragene bakterielle Infektion in Deutschland**

In Deutschland sind Chlamydien-Infektionen wesentlich häufiger als Gonokokken-Infektionen. Die Anzahl der Neuinfektionen wird vom Robert-Koch-Institut auf ca. 300.000 bzw. 10.000 pro Jahr geschätzt. Genaue Daten liegen für Deutschland nicht vor, da beide Infektionen nicht meldepflichtig sind. Chlamydien-Infektionen sind vor allem bei Jugendlichen und jungen Erwachsenen weit verbreitet. In einer Untersuchung an Berliner Schulmädchen wurden bei 10% der 17-jährigen Chlamydien nachgewiesen [11]. Durch Auswertung der Chlamydien-Testergebnisse aus der Schwangerschaftsvorsorge konnte die altersabhängige Häufigkeit der Infektion bestätigt werden: Sie ist am höchsten in der Altersgruppe bis 22 Jahre, fällt dann kontinuierlich bis auf 3% bei den 25 Jährigen ab und liegt ab 32 Jahre unter 1% (Abb. 4). Diese Verteilung bei Schwangeren gilt weitgehend auch für die allgemeine Bevölkerung.

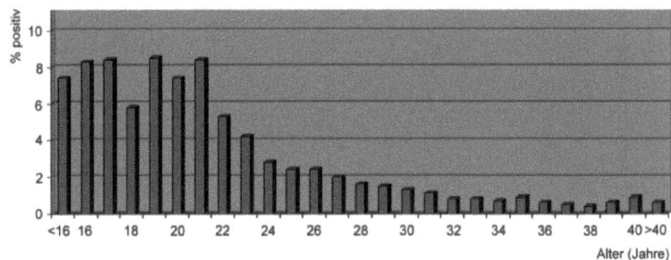

Abb. 4: Altersabhängige Häufigkeit genitaler Chlamydien-Infektionen, Chlamydien-Screening bei 75.523 Schwangeren in Hamburg und Stuttgart in den Jahren 2004-2007.

■   **Krankheitszeichen durch Chlamydien und Gonokokken**

> ■ Entzündung der Harnleiters (Urethritis)
>
> ■ Entzündung des Gebärmutterhalses

Chlamydia trachomatis Infektionen verlaufen meistens ohne Beschwerden und werden dementsprechend auch oft nicht wahrgenommen. Nur gelegentlich macht sich die akute Infektion als Entzündung der Harnröhre (Urethritis) bemerkbar [12]. Bei Frauen kann auch eine Entzündung des Gebärmutterhalses auftreten. Das tückische an der Chlamydien-Infektion ist, dass sowohl aus symptomatischen als auch aus beschwerdefreien Verläufen dauerhafte (chronische) Infektionen hervorgehen können, aus denen sich schwerwiegende Folgeerkrankungen entwickeln können, die vor allem Frauen betreffen. Die Erreger sind in der Lage sich über den Uterus bis ins kleine Becken auszubreiten und dabei Entzündungen der Gebärmutter, der Eileiter und auch der Bauchhöhle zu verursachen. Kommt es infolge der Entzündungsreaktion zu einem Verschluss der Eileiter, besteht die Gefahr dass Eizellen nicht mehr befruchtet werden können oder befruchtete Eizellen nicht bis in den Uterus wandern können. Die Folge ist im ersten Fall eine Unfruchtbarkeit und im zweiten Fall eine sog. Eileiter-Schwangerschaft, die in der Regel zum Spontanabort führt. Im Fall einer Ruptur der Eileiter können infolge der auftretenden inneren Blutung lebensbedrohliche Verläufe auftreten. Es wird davon ausgegangen dass etwa 5-10% der unbehandelten Chlamydien-Infektionen am Ende zur Sterilität führen. Berücksichtigt man, dass 10-15% aller Frauen irgendwann einmal eine solche Infektion haben, muss man in Deutschland davon ausgehen, dass mindestens 100.000 Frauen aufgrund einer Chlamydien Infektion ungewollt kinderlos sind [12].

Gonokokken-Infektionen treten vor allem bei Risikogruppen auf, wie z. B. Personen mit häufig wechselnden Sexualpartnern, Prostituierten oder Homosexuellen. In der allgemeinen Bevölkerung sind Gonokokken dagegen seltener anzutreffen [9].

Die Gonokokken-Infektion äußert sich bei Männern meistens als eitrige Urethritis (Tripper). Bei Befall der Schleimhaut anderer Organe (Rektum, Rachen) liegen häufig keine Beschwerden vor. Bei Frauen hingegen verlaufen auch urethrale Gonokokken-Infektionen oftmals beschwerdefrei. Komplikationen wie Eileiterentzündungen und Unfruchtbarkeit können aber wie bei Chlamydien auch aus primär asymptomatischen Infektionen hervorgehen. Aufgrund des gleichen Übertragungsweges treten Chlamydien- und Gonokokken Infektionen häufig gemeinsam auf. So sind etwa 30% der Patienten mit Gonokokken gleichzeitig auch mit Chlamydien infiziert.

> • Gonokokken-Infektion bei Männern als eitrige Urethritis (Tripper) sichtbar

- **Wie kann man die Komplikationen durch Chlamydien verhindern?**

• Chlamydien-Screening

Mit dem Ziel der Vermeidung der Chlamydien-Infektion und ihrer Folgen werden verschiedene Strategien verfolgt und diskutiert, wie z.b. sexuelle Enthaltsamkeit, Kondomverwendung und Chlamydien-Screening. Die gelegentlich aus eher konservativen Kreisen propagierte Enthaltsamkeit, zumindest bis zu einem Alter mit geringerer Infektionshäufigkeit (also ca. 25 Jahre), ist im Grunde genommen natürlich eine sehr wirksame Maßnahme, die sich in der Praxis aber kaum realisieren lässt und daher doch als weitgehend weltfremd angesehen werden muss. Eine praktikable Vorbeugung stellt die Verwendung von Kondomen dar, mit denen die Übertragung der meisten STI wirksam unterbunden werden kann. In großen Teilen der Bevölkerung wird der Kondomgebrauch jedoch nur als Maßnahme zur Empfängnisverhütung praktiziert; er wird in der Regel aber nicht wahrgenommen als Schutz vor der Übertragung von Krankheiten [11]. Kritisch ist ferner, dass gerade die Befürworter der Enthaltsamkeit die Kondombenutzung aus meist religiösen Gründen ablehnen.

Einige europäische Länder und die USA haben ein Screening der allgemeinen Bevölkerung auf genitale Chlamydien eingeführt. Dadurch sollen symptomlose Infektionen frühzeitig erkannt werden und durch eine antibiotische Behandlung der Chlamydien-positiven Personen und ihrer Partner die Häufigkeit der Infektion und der Folgeerkrankungen reduziert werden. In Deutschland wird das Chlamydien-Screening seit 2008 Frauen bis zum Alter von 25 Jahren einmal pro Jahr kostenfrei angeboten. Der Nutzen dieses Screenings im Hinblick auf eine Verringerung der Infektionen und Erkrankungen ist umstritten. Dazu müssten möglichst viele Personen der Zielgruppe untersucht werden. Die Teilnahmerate ist zwar nicht genau bekannt, liegt zurzeit aber nicht über 10% und lässt das Screening daher als ineffektiv erscheinen. Hauptursache der geringen Teilnahme ist die Unkenntnis in der Bevölkerung und zwar sowohl bzgl. der Chlamydien-Infektion als auch der bestehenden Möglichkeit zur Prävention durch das Screening. In einer Umfrage an Berliner Schulmädchen gaben 80-90% der Befragten an, noch nie etwas von Chlamydien gehört zu haben, geschweige denn von der Häufigkeit der Infektion und dem Risiko der Unfruchtbarkeit bei chronischen Infektionen [11]. Das Ziel zukünftiger Bestrebungen muss es sein, den Kenntnisstand in der Bevölkerung insbesondere bei Jugendlichen und jungen Erwachsenen zu verbessern.

STDs, die Krebs verursachen

Genitale Warzen und Gebärmutterhalskrebs sind Infektionskrankheiten, hervorgerufen durch humane Papillomaviren (HPV). Auch der größte Teil der primären Leberkarzinome ist auf Virusinfektionen zurückzuführen und zwar überwiegend auf Hepatitis B Viren (HBV). In diesem letzten Kapitel geht es um die vielleicht gravierendste Folge einer sexuell übertragenen Infektion. An dieser Stelle soll aber bereits darauf hingewiesen werden, dass die beiden oben genannten Krebserkrankungen glücklicherweise nur bei einem kleinen Teil der infizierten Patienten auftreten und sich gewöhnlich über einen langsam fortschreitenden Prozess entwickeln. Noch besser ist die Nachricht, dass sowohl gegen HPV als auch gegen HBV eine Impfung existiert; die wirksamste Methode sich vor der Infektion und ihren Folgen zu schützen.

> - Genitale Warzen
> - Gebärmutterhalskrebs

- **HPV - niemand entgeht ihnen**

Es gibt wahrscheinlich keinen Menschen, der sich nicht mit irgendeinem humanen Papillomavirus irgendwann in seinem Leben infiziert. Die Viren sind allgegenwärtig und umfassen eine große Familie verschiedener Virus-Typen. Von den weit über 100 verschiedenen HPV-Typen befallen die meisten die Haut. Einige dieser kutanen HPV verursachen Warzen, die vielen von uns aus der Kindheit gut bekannt sind. Etwa 40 andere HPV-Typen infi-

> - humaner Papillomavirus (HPV)
> - Warzen

zieren die Schleimhäute der Anal- und Genitalregion [9]. Einige dieser genitalen HPV können Krebs auslösen.

Im Gegensatz zu HIV sind HPV nicht variabel, sondern sehr konstant. Die große Vielfalt der HPV existiert in dieser Form bereits seit langer Zeit. Die Viren haben sich vor ca. 2 Millionen Jahren mit dem Mensch entwickelt und sind daher sehr gut angepasst. Sie vermehren sich im Epithel, den äußeren Schichten der Haut und Schleimhaut. Dadurch sind die Viren vom Immunsystem schlecht erreichbar, werden nur langsam oder gar nicht eliminiert und können leicht andere Menschen infizieren. Das Haut- und Schleimhautepithel unterliegt einem ständigen Erneuerungsprozess. Es werden permanent neue Zellen gebildet während sich die äußersten Zellschichten ablösen. Diese abgeschilferten Zellen können HPV Partikel enthalten, die die Haut bzw. Schleimhaut anderer Personen über kleinste Verletzungen infizieren.

- **Die genitale HPV Infektion**

Genitale HPV werden in der Regel durch Sexualkontakte übertragen. Da die Viren sehr resistent gegen Umwelteinflüsse, wie Austrocknung, hohe und niedrige Temperaturen sind, kann eine Übertragung in Ausnahmen auch wie bei kutanen HPV durch Kontakte mit kontaminierten Gegenständen erfolgen. Dieser Umstand hat enorme Bedeutung in der Bewertung genitaler HPV Infektionen bei Kindern, die vor Jahren noch als starkes Indiz für einen Missbrauch angesehen wurden, heute aber keinesfalls ein ausreichendes Kriterium dafür repräsentieren.

Bis zu 80% aller Menschen infizieren sich irgendwann einmal mit genitalen HPV. Damit sind sie die am häufigsten durch Sexualkontakte übertragenen Krankheitserreger. Die Infektion wird gewöhnlich zunächst gar nicht bemerkt und in 90% der Fälle erfolgreich vom Immunsystem entfernt. Wenn die Abwehrmechanismen nicht ausreichend sind setzen sich die Viren fest und können im weiteren Verlauf Genitalwarzen verursachen, aber auch Zellveränderungen, sog. Krebsvorstufen, aus denen bösartige Geschwüre (Karzinome) hervorgehen können. Dies betrifft v. a. den Gebärmutterhalskrebs, der zu fast 100% durch HPV verursacht wird. Darüber hinaus sind auch ein Teil der Anal-, Penis-, Vulva- und Mundhöhlenkarzinome durch HPV bedingt [9]. Während genitale Warzen relativ schnell, innerhalb weniger Monate auftreten, erstreckt sich der Prozess der Krebsentstehung über einen langen, mehrere Jahre andauernden Zeitraum (Abb. 5).

- Genital-
  warzen
- Gebär-
  mutterhals-
  krebs
- Anal-,
  Penis-,
  Vulva- und
  Mund-
  höhlen-
  karzinome

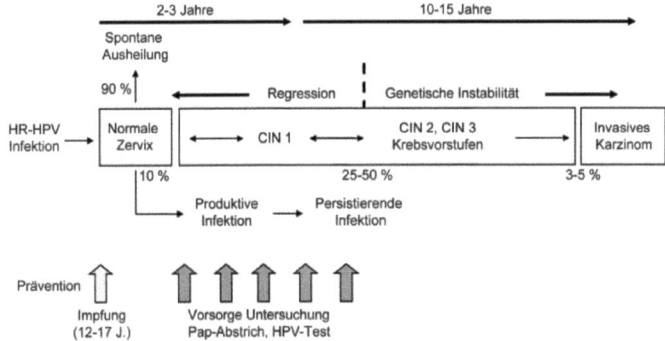

Abb. 5: HPV Infektion und Krebsentstehung. Zervix: Gebärmutterhals; CIN: zervikale intraepitheliale Neoplasie (Krebsvorstufen des Gebärmutterhalskrebses); Invasives Karzinom: Krebsgeschwür, das die Epithelschicht durchbrochen hat.

Von den 40 genitalen HPV Typen stehen 15 mit der Krebsentstehung in Zusammenhang und werden daher als „high risk" (HR) HPV bezeichnet. Die beiden wichtigsten sind HPV 16 und HPV 18, die zusammen etwa 70% aller Fälle von Gebärmutterhalskrebs verursachen. Zu den „low risk" (LR) HPV, die nur selten an der Krebsentstehung beteiligt sind, zählen die HPV Typen 6 und 11, die aber für 90% der Genitalwarzen (Kondylome) verantwortlich sind.

- „low risk"
  (LR) HPV

Der Häufigkeitsgipfel der HPV-Infektion beträgt 20-25% bei 20-24 Jahre alten Personen und nimmt dann aufgrund der immunologischen Viruseliminierung mit zunehmendem Alter ab. Bei Personen >30 Jahre werden HPV Infektionen seltener nachgewiesen, die Infektion persistiert allerdings häufiger und kann im Fall einer HR-HPV Infektion zu Zellveränderungen und zur Krebsentstehung führen. Diese maligne Progression erstreckt sich wie in Abb. 5 dargestellt über einen langen Zeitraum und erfordert neben der HPV-Infektion weitere Faktoren wie z.B. genetische Veränderungen. Die HR-HPV Infektion ist daher eine notwendige Voraussetzung, aber nicht allein ausreichend für die Krebsentstehung.

▪ **Der Gebärmutterhalskrebs kann verhindert werden**

▪ Pap-
Abstrich

Die dem Gebärmutterhalskrebs vorausgehenden Virusinfektionen und Krebsvorstufen ermöglichen durch entsprechende Vorsorgeuntersuchungen die Krebsentwicklung rechtzeitig zu erkennen. In der Tat ist nach Einführen des Pap-Abstrichs mit dem die veränderten Zellen der Krebsvorstufen erkannt werden, die Häufigkeit des Gebärmutterhalskrebses deutlich zurückgegangen. In Deutschland werden aber immer noch knapp 6000 Fälle pro Jahr registriert mit einer Letalität von 25%. Dies beruht einerseits darauf, dass nicht alle Frauen regelmäßig zur Vorsorgeuntersuchung gehen und andererseits auf der begrenzten Empfindlichkeit des Pap-Abstrichs.

Infolge der engen Assoziation von HPV mit der Krebsentstehung ist auch die Virusinfektion ein wichtiger Ansatzpunkt für Schutzmaßnahmen. Der HPV Test, mit dem die HR-HPV Infektion nachweisbar ist, kann ebenfalls in der Vorsorge eingesetzt werden, denn nur bei HR-HPV positiven Patienten ist eine Krebsentstehung möglich.

Darüber hinaus kann die HPV-Infektion durch eine Impfung verhindert werden. Zurzeit sind 2 Impfstoffe verfügbar, die gegen die Infektion mit HPV 16 und 18 (bivalenter Impfstoff), bzw. mit HPV 6, 11, 16 und 18 (tetravalenter Impfstoff) gerichtet sind [13, 14]. Der tetravalente Impfstoff verhindert nicht nur die Infektion mit den beiden wichtigsten krebsauslösenden HPV Typen sondern auch die Infektion der beiden häufigsten Kondylom-assoziierten HPV Typen. Beide Impfstoffe bewirken einen Schutz vor der Primärinfektion und sind daher am sinnvollsten, wenn noch keine Infektion vorgelegen hat, also vor dem ersten Sexualkontakt. Deshalb empfiehlt das RKI die Impfung aller Mädchen im Alter von 12-17 Jahren. Für ältere Frauen ist die Impfung durchaus auch geeignet, da ja nur ein Teil der Bevölkerung nach Beginn sexueller Aktivitäten mit HPV 16 oder 18 infiziert wird. Auch die Impfung von Jungen oder Männern ist zu erwägen, einerseits um Kondylome zu verhindern, zum anderen können auch bei Männern HPV 16/18 assoziierte Karzinome auftreten (z.B. Penis- und Analkarzinome), wenngleich auch wesentlich seltener als der Gebärmutterhalskrebs bei Frauen. Die HPV-Impfung ersetzt dagegen nicht die Vorsorgeuntersuchungen, da nicht alle krebserregenden HPV Typen in den Vakzinen berücksichtigt sind.

- HPV 16 und 18 (bivalenter Impfstoff)
- HPV 6, 11, 16 und 18 (tetravalenter Impfstoff)

Beide HPV-Impfstoffe haben eine sehr hohe Wirksamkeit und sind sicher [14]. Als häufigste Nebenwirkungen werden Lokalreaktionen an der Einstichstelle beobachtet, die aber auf der beabsichtigten Aktivierung des Abwehrsystems beruhen. Sie sind ebenso wie die manchmal auftretenden systemischen Zeichen, wie Kopfschmerzen und Fieber, nur vorübergehend. Die von bestimmten Medien hochgespielten schweren Nebenwirkungen wie das Guillain-Barré-Syndrom (eine schwere neurologische Erkrankung) und plötzliche Todesfälle, die in zeitlicher Nähe zur Impfung auftraten, stehen nicht in einem ursächlichen Zusammenhang mit der Impfung. Sie treten mit gleicher Häufigkeit in Kontrollgruppen und der allgemeinen Bevölkerung auf.

- Guillain-Barré-Syndrom

An dieser Stelle sei darauf hingewiesen, dass die Gerüchte über nicht bestätigte Nebenwirkungen viele Menschen vergessen lassen, dass pro 700 geimpfte Mädchen ein Todesfall durch Gebärmutterhalskrebs langfristig verhindert werden kann.

- **Hepatitis B Viren**

- Hepato-
  zelluläres
  Karzinom
  (HCC)

Das primäre Leberzellkarzinom (hepatozelluläres Karzinom, HCC) ist eine bösartige Krebserkrankung, die sich direkt aus Leberzellen entwickelt. Davon abzugrenzen sind Leberkarzinome die auf der Metastasierung von Tumoren anderer Organe beruhen. Das HCC tritt mit ähnlicher Häufigkeit wie der Gebärmutterhalskrebs auf (weltweit ca. 500.000 Fälle/Jahr). Während der Gebärmutterhalskrebs fast ausschließlich durch HPV verursacht wird, liegt der Anteil Virus-assoziierter HCC bei ca. 80% (60% HBV, 20% HCV).

Tabelle 2: Hepatitisviren

Virus	Familie	Übertragungs-weg	Verlauf
Hepatitis A	Picornaviren	fäkal-oral	akut
Hepatitis B	Hepadnaviren	parenteral	akut/chronisch
Hepatitis C	Flaviviren	parenteral	akut/chronisch
Hepatitis D	Deltaviren	parenteral	akut/chronisch
Hepatitis E	Caliciviren	fäkal-oral	akut
Hepatitis G	Flaviviren	parenteral	akut/chronisch

Hepatitis F: existiert nicht; Berichte aus den 90er Jahren über ein neues Hepatitis Virus, das Hepatitis F genannt wurde, konnten später nicht bestätigt werden.

Neben HBV und HCV existieren weitere Hepatitis-Viren, die aus unterschiedlichen Familien stammen und nicht miteinander verwandt sind. Ihre wichtigsten Eigenschaften und Unterschiede sind in Tab. 2 zusammengefasst.

Chronische Infektionen können durch Hepatitis B, C, D und G Viren verursacht werden. Von größter Bedeutung sind dabei Hepatitis B und C Viren. Weltweit haben etwa 350 Millionen Menschen (das sind 5% der Weltbevölkerung) eine chronische HBV-Infektion und ca. 170 Millionen eine chronische HCV-Infektion. In Deutschland liegt der Anteil chronisch infizierter Personen in der Bevölkerung für HBV und HCV jeweils bei ca. 0.5%. Die Anzahl der gemeldeten HBV Neu-Infektionen hat in den letzten Jahren kontinuierlich abgenommen und betrug im Jahr 2009 nur noch 754 (Tab. 3).

Tabelle 3: HBV Neu-Infektionen in Deutschland (RKI)

Jahr	Anzahl
2001	2348
2002	1421
2003	1314
2004	1271
2005	1237
2006	1185
2007	1002
2008	819
2009	754

Dieser Rückgang ist auf die HBV Impfung zurückzuführen, die in Deutschland seit 1996 als Regelimpfung bei Säuglingen durchgeführt wird. Die Anzahl der HCV-Erstdiagnosen ist wesentlich höher. Dem RKI wurden im Jahr 2009 5465 Fälle gemeldet. Es handelt sich dabei meistens um zufällig entdeckte Infektionen, die schon vor längerer Zeit, z.b. durch eine Bluttransfusion, erworben wurden, als das Virus noch gar nicht bekannt war. HCV wurde erst 1988 entdeckt, Blutspenden vor 1988 konnten daher nicht auf HCV getestet werden.

• HBV-Übertragungswege

Grundsätzlich können alle Viren die im Blut vorkommen auch durch Sexualkontakte transferiert werden, da hierbei infolge kleinster Haut- und Schleimhautverletzungen Blut übertragen werden kann. Mehr als die Hälfte der HBV Infektionen sind auf Sexualkontakte zurückzuführen, die damit den Hauptübertragungsweg für HBV darstellen. Weitere Infektionswege sind in Tab. 4 zusammengestellt. Die Übertragung durch Tätowierungen, Piercings, und intravenösen Drogenmissbrauch beruht auf kontaminierten Färbelösungen, Geräten, bzw. Kanülen. Normale Haushalts- und Familienkontakte können u. U. auch zu einer Ansteckung führen. Bei HBV-infizierten Personen mit hoher Virusaktivität liegen im Speichel infektiöse Viren vor, die beispielsweise bei gemeinsamer Verwendung von Essbesteck und Gläsern zu einer Übertragung führen können. Die engere Umgebung (z.B. Familienmitglieder) muss in diesen Fällen hinsichtlich des Immunschutzes überprüft werden und ggf. geimpft werden. HBV-positive Blutprodukte spielen heutzutage keine Rolle mehr, da die entsprechenden Spender ausführlich auf HBV getestet werden.

Tabelle 4: HBV Übertragungswege

Übertragungsweg	infektiöse Flüssigkeiten /Geräte
Sexualkontakt	Blut, Sperma, Vaginalsekret
Intravenöser Drogenmissbrauch	Spritzen, Kanülen
Mutter-Kind (vertikale Transmission)	Blut, Vaginalsekret
Tätowierung, Piercing	Geräte, Färbelösung
Gewöhnliche Haushaltskontakte	Speichel
Transfusion	Blut, Blutprodukte
Verletzung (berufsbedingt, z.b. bei medizinischem Personal	Blut

- **Verlauf der Hepatitis B Infektion**

Während bei Kindern und Neugeborenen die HBV Infektion meistens chronisch verläuft, heilt die Infektion bei Erwachsenen überwiegend spontan aus [15]. Die Krankheitszeichen der akuten Infektion beinhalten grippeartige Beschwerden, Abgeschlagenheit, Gliederschmerzen, Fieber und Gelbfärbung (Ikterus) Die Gelbfärbung beruht auf der Anreicherung von Bilirubin, einem Blutabbauprodukt, das von der entzündeten Leber nicht mehr ausreichend entsorgt werden kann. Oftmals treten auch gar keine oder nur sehr milde Symptome auf. In einem kleinen Teil der Fälle (~1%) kommt es zu einer fulminant verlaufenden Hepatitis. Die Ursache ist eine ausgeprägte Immunabwehr gegen Virus-infizierte Leberzellen, die eine starke Entzündung der Leber verursacht und bei massiver Zerstörung der Leberzellen zu einem Funktionsverlust der Leber führen kann. Dann besteht die Gefahr eines Leberkomas mit potenziell tödlichem Ausgang. Die funktionelle Beeinträchtigung der Leber führt zu Störungen der Blutgerinnung (Gerinnungsfaktoren werden vor allem in der Leber gebildet) und einer Anreicherung von Stoffwechselgiften

> - Gelbfärbung (Ikterus)
> - Bilirubin
> - Leber
> - Hepatitis

wie Ammoniak und Aminen, die eine schwere Gehirnschädigung mit Bewusstseinsstörung verursachen.

• Leber-
zirrhose
• Krebsvor-
stufe

Etwa 5-10% der HBV Infektionen bei Jugendlichen und Erwachsenen gehen in einen chronischen Verlauf über [15]. Dabei werden mehrere Formen unterschieden, die mit einem unterschiedlichen Risiko für das Auftreten einer Leberzirrhose und eines HCC einhergehen. Die Leberzirrhose resultiert aus der chronischen Entzündungsreaktion, die zu einem Umbau der Leberzellen in Bindegewebe und zu einer Zerstörung der Blutgefäße führt und so einen fortschreitenden Funktionsverlust der Leber verursacht. Beim inaktiven HBV-Träger ohne messbare Virusaktivität kommt es nur in Einzelfällen zu einer Zirrhose. Gelegentlich heilt die HBV Infektion sogar spontan aus. Bei der hoch-aktiven Form entwickeln dagegen 20% der Patienten nach 5 Jahren eine Zirrhose. Die Leberzirrhose wird als Krebsvorstufe betrachtet, aus der sich pro Jahr in 1-3% der Patienten ein HCC entwickelt. Aber auch ohne Zirrhose besteht bei Patienten mit chronischer Hepatitis B ein HCC-Risiko von 0.1-0.5% pro Jahr.

• **Behandlung und Prävention der Hepatitis B**

Der Krankheitsverlauf kann durch eine Therapie mit Interferon oder verschiedenen kürzlich entwickelten antiviralen Medikamenten durchaus gebremst werden [15]. Ein dauerhaftes Ansprechen im Sinne einer nachhaltigen Unterdrückung der Virusvermehrung wird jedoch nicht bei allen Patienten erreicht. Die Behandlung ist zudem langwierig (sie erstreckt sich bei den antiviralen Substanzen über Jahre) und ist mit Nebenwirkungen (v. a. bei Interferon) sowie der Gefahr der Resistenzbildung (bei antiviralen Substanzen) behaftet.

• Seit 1981
Hepatitis B
Impfung

Trotz der therapeutischen Fortschritte, mit denen die Progression der Lebererkrankung verhindert und eine Verbesserung der Leberfunktion bei Patienten mit chronischer Hepatitis B erreicht werden kann, hat das Verhindern der HBV-Infektion höchste

Priorität. Seit 1981 gibt es eine Hepatitis B Impfung. Der Impfstoff wird in 3 Dosen intramuskulär verabreicht und bewirkt die Bildung schützender Antikörper in über 90% der Geimpften. Der Schutz hält in der Regel über mindestens 10 Jahre an. Die heute verwendeten Hepatitis B Impfstoffe sind sicher und gut verträglich. Sie enthalten ein gentechnisch hergestelltes Virusprotein, das nicht infektiös ist. Ähnlich wie bei der HPV Impfung treten Nebenwirkungen hauptsächlich als Reaktionen an der Injektionsstelle auf (Schmerzen, Schwellungen) und sind, wie auch gelegentlich vorkommende systemische Beschwerden (Fieber, Kopf- und Muskelschmerzen), nur vorübergehend. In den USA ist durch die Impfung die Häufigkeit der akuten Hepatitis B in einem Zeitraum von 12 Jahren (1990 bis 2002) um 2/3 gesenkt worden. Aufgrund der seit 1996 regelmäßigen Impfung von Säuglingen und Kindern ist auch in Deutschland eine weitere Abnahme der Infektionen zu erwarten. Mit Besorgnis muss aber festgestellt werden, dass die Impfrate bei Kindern in den letzten Jahren rückläufig ist.

Schlussfolgerungen/Ausblick

In den letzten Jahren ist die Anzahl sexuell übertragbarer Infektionen (STI) und Erkrankungen (STD) weltweit angestiegen. Dies betrifft sowohl die klassischen STDs wie Syphilis und Gonorrhoe, als auch HIV und Infektionen mit *Chlamydia trachomatis* und HPV, die als STI lange Zeit unterschätzt wurden. Auch in Deutschland wird eine Zunahme verschiedener STIs beobachtet. Wichtige Maßnahmen um die Ausbreitung dieser Infektionen und ihrer Folgen zu verhindern sind: (i) die zuverlässige Diagnostik und Überwachung der Infektionshäufigkeit, (ii) die adäquate Therapie einschließlich der Partner, (iii) Vorbeugung durch Screening und Impfungen, vor allem aber (iv) das Bewusstsein in der Bevölkerung zu schärfen.

Die Häufigkeit und gesundheitlichen Risiken der meisten STI sind in der allgemeinen Bevölkerung weitgehend unbekannt. Größte

Bedeutung für die Eindämmung dieser Infektionen hat daher die Aufklärung der Bevölkerung, die bereits in jungen Jahren idealerweise im Rahmen der Schulausbildung beginnen muss. Die Behandlung des Themas im Schulunterricht erfreut sich bei den Lehrkräften meistens keiner großen Beliebtheit, nicht zuletzt wegen seiner leicht anstößigen Eigenheit aber auch aufgrund der bei Lehrkräften begrenzten Kenntnisse. Die Herausforderung liegt also darin die Motivation sich dieser Thematik anzunehmen zu steigern, z.b. durch Angebote zur sexualpädagogischen Ausbildung bzw. Weiterbildung für Lehrkräfte.

Ein großes Verbesserungspotential liegt auch in der Umsetzung der schon verfügbaren Präventionsmaßnahmen, wie das Chlamydien Screening oder die HPV Impfung, die in Deutschland zurzeit nur in einem geringen Maße wahrgenommen werden. Auch hier liegen die Ursachen vor allem in der Unkenntnis der Bevölkerung. Bei der HPV Impfung kommt die Verunsicherung durch Fehlinformationen bzgl. Risiken der Impfung noch dazu. Damit diese wirksamen Schutzmaßnahmen in Anspruch genommen werden, ist eine sachgerechte Information der Bevölkerung notwendig, und zwar über Medien, die von der angesprochenen Zielgruppe auch genutzt werden.

Literatur

1. Mays, S.; Crane-Kramer, G.; Bayliss, A. Two probable cases of treponemal disease of medieval date from England. Am. J. Phys. Anthropol. 2003, 120, 133-143.
2. Harper, K.N.; Ocampo, P.S.; Steiner, B.M. et al. On the origin of the treponematoses: a phylogenetic approach. Plos Negl. Trop. Dis. 2008, 2, e148. doi:10.137/journal.pntd.0000148
3. Diagnostik und Therapie der Syphilis. AWMF Leitlinie, Nr 059/002. http://www.uni-duesseldorf.de/WWW/AWMF/ll/059-002.htm
4. Robert Koch, der Entdecker von Krankheiten. Vasold, M. Spektrum der Wissenschaft, Biographie 2; 2002.
5. Donovan, B. Sexually transmitted diseases other than HIV. The Lancet 2004, 363, 545-556.

6. World Health Organization. Global prevalence and incidence of selected curable sexually transmitted infections: overview and estimates. Geneva, WHO, 2001

7. Centers for Disease Control and Prevention. Increases in gonorrhea – Eight western states 2000-2005. MMWR 2007, 56, 222-225

8. Fenton, K.A.; Lowndes, C.M. for the ESSTI-Network. Recent trends in the epidemiology of sexually transmitted infections in the European Union. Sex Transm Infect 2004, 80, 255-263

9. Sexually transmitted infections and sexually transmitted diseases. Gross, G.; Tyring, S., Eds; Springer Publishers Berlin, Heidelberg, New York, 2011

10. HIV 2009. Hoffmann , C.; Rockstroh, J.K., Eds; Medizin Fokus Verlag, Hamburg, 2009.

11. Gille, G.; Klapp, C.; Layer, C. et al. Chlamydien – eine heimliche Epidemie unter Jugendlichen. Dtsch. Ärztebl. 2005, 102, A2021-2025

12. Chlamydien Infektionen. Gross, G. et al. Eds, Der Hautarzt, Sonderheft 2007, 58, 12-37

13. STIKO (RKI) Impfung gegen humane Papillomaviren (HPV) für Mädchen von 12 bis 17 Jahren – Empfehlung und Begründung. Epidemiol. Bull. 2007, 12, 97-103.

14. Joura, E.A.; Kjaer, S.K.; Wheeler, C M et al. HPV-Antikörperspiegel und klinische Wirksamkeit nach prophylaktischer Gabe eines tetravalenten HPV-Impfstoffs. Vaccine 2008, 26, 6844-6851.

15. Hepatitis B. Infektion-Therapie-Prophylaxe. Heintges, T.; Häussinger , D., Eds; Thieme Verlag Stuttgart, New York, 2006

16. Internet, Homepages: Robert-Koch-Institut: www.rki.de; Weltgesundheitsorganisation: www.WHO.int; Centers for Disease Control and Prevention (USA): www.CDC.gov; European Centre for Disease Prevention and Control www.ecdc.europa.eu; Deutsche STD Gesellschaft: www.dstdg.de; WHO update der AIDS-Epidemie: http://data.unaids.org/pub/Report/2009/JC1700Epi_Update_2009_en.pdf

6. Neue Wirkstoffe gegen Malaria und vernachlässigte Krankheiten aus der Pflanzenschutzforschung

Dr. Matthias Witschel

BASF SA Ludwigshafen

Zusammenfassung

Über eine Milliarde Menschen in Entwicklungsländern leiden an Infektionskrankheiten, die nicht behandelbar sind oder eine Resistenz gegen verfügbare Medikamente zeigen. Aus diesem Grunde sind neuartige Konzepte zur Behandlung von diesen häufig vernachlässigten Infektionskrankheiten erforderlich. Das Einbringen von know-how und Erfahrungen aus der Herbizidentwicklung könnte ein neuer Weg sein für die entwicklung neuartiger Antibiotika gegen diese Krankheiten. Erste vielversprechende Erfolge konnten mit diesem Ansatz auf dem Gebiet der Malaria und der Chagas-Krankheit erzielt werden.

Abstract

Over one billion people in developing countries suffer from infectious diseases that are not curable or that show widespread resistance to current medication. Therefore new concepts besides the traditional optimization approaches for the identification of potential new drugs against these neglected diseases are badly needed. The utilization of crop protection knowhow for the identification could become an important avenue for the discovery of new drugs against these diseases. Despite the seemingly unrelated topics, very promising results especially against malaria and Chagas disease could be achieved using this approach.

Einleitung

Über eine Milliarde Menschen leiden an infektiösen Krankheiten, gegen die es kaum ursächliche medikamentöse Behandlungsmöglichkeiten gibt [1]. Da der Großteil dieser Krankheiten aus klimatischen und sozialen Gründen überwiegend in Entwicklungsländern auftritt und daher nur geringe kommerzielle Bedeutung besitzt, gab es in den letzten Jahrzehnten kaum Forschungsaktivitäten für neue Arzneimittel in diesem Bereich. Bei den drei wichtigsten Krankheiten aus dieser Gruppe, Malaria, Tuberkulose und HIV/Aids, wurde in den letzten Jahren wieder mehr in die Forschung investiert [2], allerdings immer noch in einem relativ zur gesamten Pharma-Forschung sehr geringen Umfang. Die wichtigste Triebkraft für diese neuen Aktivitäten ist die gestiegene Unterstützung durch NIH, WHO und die Gates Foundation, sowie die damit zusammenhängende Gründung von koordinierenden Organisationen wie die Medicines for Malaria Venture (MMV) [3], TB Alliance [4] und die Drugs for Neglected Diseases initiative (DNDi) [5]. Allerdings sind auch diese Aktivitäten nicht ausreichend um gerade bei Malaria und Tuberkulose mit der zunehmenden Resistenzentwicklung gegen die derzeit verwendeten Medikamente Schritt zu halten; bei Malaria gibt es zunehmende Berichte von Resistenzen gegen die derzeit für die Behandlung essentiellen Artemisinin-Derivate [6] und auch bei der Tuberkulose, die immer häufiger auch als Folgeerkrankung von HIV/Aids auftritt, gibt es immer öfter multiresistente Erreger, die auch mit "second line" Antibiotika kaum noch behandelbar sind [7].

Noch problematischer ist die Situation bei den sogenannten "neglected diseases" (vernachlässigte Krankheiten). Hierbei handelt es sich nach WHO-Einstufung um 17 Krankheiten, die vor allem von Protozoen (u. a. Chagas-Krankheit, Leishmaniasis, afrikanische Schlafkrankheit), Bakterien (u. a. Buruli-Ulkus, Lepra, Cholera, Chlamydiose, Leptospirose), Würmern (u. a. Bilharziose, Flussblindheit, Elephantiasis) und Viren (u. a. Dengue-Fieber, Gelbfieber) verursacht werden. Gegen diese Krankheiten gibt es oft keine medikamentöse Behandlung oder nur Medikamente mit erheblichen Nebenwirkungen wie Antimonverbindungen gegen Leishmaniasis, Arsenverbindungen gegen Schlafkrankheit oder das mutagene Nifurtimox gegen Chagas-Krankheit. Im Zeitraum von 1974 bis 2004 wurden weltweit ca. 1800 neue Wirkstoffe zugelassen, gegen Tuberkulose, Malaria und die vernachlässigten Krankheiten insgesamt hingegen nur 18 [8]. Dieses Verhältnis hat sich seitdem noch verschlechtert, da seit 2004 kaum neuen Wirkstoffe in diesem Bereich hinzugekommen sind. Die veröffentlichten Wirkstoff-pipelines zu den verschiedenen Krankheiten zeigen zwar einige vielversprechende Ansätze, reichen aber bei weitem nicht aus um auch nur die durch Resistenzentwicklung wegfallenden Wirkstoffe zu ersetzen [9, 10]. Daher ist es dringend notwendig neben den high-throughput- und strukturbasierten Ansätzen der klassischen Pharmaforschung auch kreative neue Ideen außerhalb der üblichen Vorgehensweisen zu verfolgen.

Die BASF engagiert sich seit mehreren Jahren im Umfeld dieser Krankheiten wie z. B. bei der Bekämpfung der Malaria durch Insektizid-behandelte Mückennetze [11]. Es stellte sich die Frage, in wieweit die Pflanzenschutzforschung der BASF einen Beitrag auch zur medikamentösen Bekämpfung der vernachlässigten Krankheiten leisten kann. Auf den ersten Blick erscheint es unwahrscheinlich, dass es Anknüpfungspunkte hierbei gibt. Bei genauerer Betrachtung sieht man doch einige interessante gemeinsame Aspekte.

- "neglected diseases"
- **Protozoen:** Chagas-Krankheit, Leishmaniasis, afrikanische Schlafkrankheit
- **Bakterien:** Buruli-Ulkus, Lepra, Cholera, Chlamydiose, Leptospirose
- **Würmer:** Bilharziose, Flussblindheit, Elephantiasis
- **Viren:** Dengue-Fieber, Gelbfieber

- Insektizid-behandelte Mückennetze

- Methyl-
erythritol-
phosphat
(MEP) Bio-
synth.-Weg

So verwenden Pflanzen wie auch der Malaria-Erreger *Plasmodium* und auch einige pathogene Bakterien, wie z. B. *Mycobacterium tuberculosis* (Tuberkulose), *Mycobacterium ulcerans* (Buruli-Ulkus), *Yersinia pestis* (Pest), *Vibrio cholerae* (Cholera), *Chlamydia trachomatis* (Trachom) und *Mycobacterium leprae* (Lepra) einen speziellen, in Säugetieren nicht vorkommenden Biosyntheseweg zur Synthese der Isoprenoide, den Methylerythritolphosphat(MEP)-Biosyntheseweg [12]. Dieser Biosyntheseweg wurde bei der BASF-Herbizidforschung intensiv bearbeitet, so dass es nahe lag zu untersuchen, inwieweit die Pflanzenschutz-Ergebnisse auch auf die Krankheitserreger übertragbar sein könnten.

- Oomyceten
- falscher
Mehltau bei
Wein
- Kraut- und
Knollenfäule
bei Kartof-
feln

Eine zweite Idee, die verfolgenswert war, ist die morphologische Ähnlichkeit der Protozoen mit Oomyceten, die wie diese geiseltragende Einzeller sind, und viele landwirtschaftlich bedeutende Pflanzenerkrankungen, wie z. B. die Kraut- und Knollenfäule bei Kartoffeln (*Phytophthora infestans*) oder den falschen Mehltau bei Wein (*Plasmopara viticola*), verursachen [13].

Überraschenderweise wurde die Verwendung von Ergebnissen aus der Pflanzenschutzforschung bei diesen beiden Themen bisher kaum beschrieben. Deshalb wurde untersucht, in wieweit Pflanzenschutz-knowhow einen Beitrag zu der Bekämpfung der vernachlässigten Krankheiten über diese Ansätze leisten kann.

Die Nutzung von Hemmstoffen des pflanzlichen MEP-Biosynthesewegs als Leitstrukturen gegen Malaria und Mycobakterien

▪ Der MEP-Biosyntheseweg

- Plasmodien
- Apikoplast

Die die Malaria verursachenden Plasmodien habe im Lauf der Evolution eine Alge inkorporiert, aus der sich der so genannten Apikoplast entwickelt hat. Im Apikoplast, der somit einen pflanz-

lichen Ursprung hat, laufen viele der für die Plasmodien essentiellen Stoffwechselprozesse ab, unter anderem die Biosynthese
der Isoprenoid-Vorstufe Isopentenylpyrophosphat, IPP. Hierfür
verwenden die Plasmodien einen Biosyntheseweg, der im Unterschied des bei Säugern genutzten Biosynthesewegs nicht über
Mevalonat verläuft, weswegen dieser Biosyntheseweg auch non-
Mevalonat- oder MEP-Biosyntheseweg (nach der zentralen Verbindung dieses Biosynthesewegs Methylerythritolphosphat,
MEP) genannt wird [14].

- **Bekannte Hemmstoffe des MEP-Biosyntheseweges**

Der Naturstoff Fosmidomycin hemmt das zweite Enzym des
Biosyntheseweges (Deoxyxylulosephosphat-Reductoisomerase,
DXR, IspC) und zeigt Aktivitäten gegen die den MEP-
Biosyntheseweg verwendenden Plasmodien, Bakterien und
Pflanzen, wodurch die Bedeutung des MEP-Biosyntheseweges
für diese Organismen bestätigt werden konnte [15]. Allerdings
konnte die intrinsische Aktivität dieser Verbindung in der Optimierung nur geringfügig gesteigert werden, was die Einsetzbarkeit gegen diese Organismen einschränkt. Gegen Malaria konnte
in Kombination mit dem Antibiotikum Clindamycin die zweite
klinische Stufe erreicht werden [16], allerdings ist die notwendige
Tagesdosis mit deutlich über 1 g sehr hoch.

> - Fosmido-
>   mycin
> - Deoxy-
>   xylulose-
>   phosphat-
>   Reducto-
>   isomerase
>   (DXR, IspC)

Das Herbizid Ketoclomazone, das in der Pflanze aus dem kom-
merziell verwendeten „prodrug" Clomazone durch metabolische
Oxidation entsteht, hemmt das erste Enzym des MEP-
Biosyntheseweges, die Deoxyxylulosephosphat-Synthase (DXS)
[17].

> - Herbizid
>   Keto-
>   clomazone
> - DXS

Ketoclomazone zeigt allerdings im Gegensatz zu Fosmidomycin
keine Wirkung auf Plasmodien. Es wurden auch einige weitere
aus targetbasierten Optimierungen stammende Hemmstoffe des
MEP-Biosyntheseweges beschrieben, die allerdings aufgrund der

noch moderaten Wirkung am Enzymtarget auch kaum Aktivitäten in Zellsystemen zeigten [18-20].

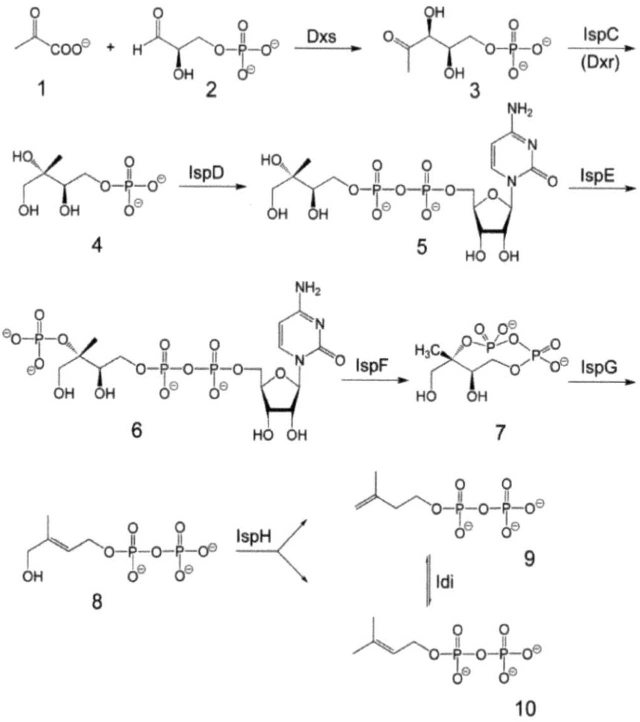

Abb. 1: Der MEP-Biosyntheseweg. **1**, Pyruvat; **2**, Glycerinaldehyd-3-phosphat; **3**,
1-Desoxy-D-xylulose-5-phosphat; **4**, 2C-Methyl-D-erythritol-4-phosphat; **5**, 4-
Phosphocytidyl-2C-methyl-D-erythritol; **6**, 4-Diphosphocytidyl-2C-methyl-D-
erythritol-2-phosphat; **7**, 2C-Methyl-D-erythritol-2,4-cyclodiphosphat; **8**, (E)-4-
Hydroxy-3-methylbut-2-enyldiphosphat; **9**, Isopentenylpyrophosphat (IPP); **10**,
Dimethylallylpyrophosphat (DMAPP); **Dxs**, Desoxyxylulosephosphat-Synthase;
IspC (Dxr), 1-Desoxy-D-xylulose-5-phosphat-Reduktoisomerase; **IspD**, Cytidin-
diphosphat-Methyl-Erythritol-Synthase; **IspE**, Cytidyl-Methyl-Kinase; **IspF**,
Methyl-Erythritol-Cyclo-Diphosphat-Synthase; **IspG**, Hydroxy-Methyl-Butenyl-
Diphosphat-Synthase; **IspH**, IPP/DMAPP-Synthase; **Idi**, Isopentyldiphosphat-
Isomerase.

- **Hemmstoffe des pflanzlichen MEP-Biosyntheseweges aus der BASF-Forschung**

In Pflanzen werden beide Isoprenoid-Biosynthesewege verwendet, wobei der MEP-Biosyntheseweg im Chloroplasten und der Mevalonat-Biosyntheseweg im Cytosol lokalisiert ist. Für die meisten Enzyme des MEP-Biosyntheseweges konnte nachgewiesen werden, dass sie essentiell für das Pflanzenwachstum sind. Daher wurden einige Enzyme dieses Biosyntheseweges in der Herbizidforschung der BASF im Hochdurchsatz-Screening (HTS) untersucht. Hierbei wurden insgesamt etwa 500 Hemmstoffe auf die verschiedenen pflanzlichen Enzyme identifiziert.

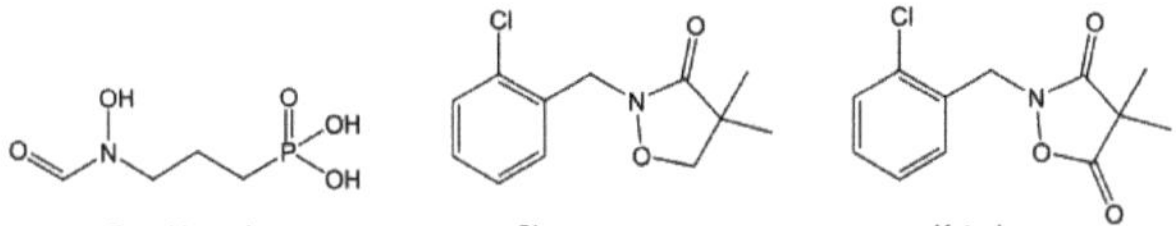

> - Hoch-durchsatz-Screening (HTS)

Fosmidomycin   Clomazon   Ketoclomazon

Abb. 2. MEP-Biosynthese Hemmstoffe.

- **Testung und Optimierung der Hemmstoffe des pflanzlichen MEP-Biosyntheseweges auf *Plasmodium falciparum***

Die pflanzlichen Enzyme des MEP-Biosyntheseweges sind mit den Enzymen aus Bakterien und Plasmodien verwandt, besitzen jedoch, soweit bekannt, auch einige signifikante Unterschiede in den Gen-Sequenzen.

Da die meisten Enzyme dieses Biosyntheseweges aus Plasmodien bisher noch nicht verfügbar sind, war es nicht möglich die Hits aus diesen Screens direkt an den Plasmodien-Enzymen zu testen. Allerdings ist ein zellbasierter *in-vitro*-Assay von mit *P. falciparum* infizierten humanen roten Blutzellen in der Gruppe von Prof. R. Brun (M. Rottmann, S. Wittlin) am Swiss TPH in Basel auch für höhere Durchsätze verfügbar. Daher wurden die bei BASF identifizierten Hemmstoffe der pflanzlichen Enzyme auf die

> - zellbasierter *in-vitro*-Assay
> - IC_{50} <1 µg/ml

Wachstumshemmung auf *P. falciparum* im *in-vitro*-Assay getestet. Hierbei konnten insgesamt 77 Verbindungen identifiziert werden, die >50% Wachstumshemmung auf *P. falciparum* bei 5 µg/ml zeigten, wovon 45 sogar einen Hemmung von >90% erreichten. Für 29 dieser Verbindungen konnte schließlich ein IC_{50} von <1 µg/ml gefunden werden. Im Anschluss hieran wurden die interessantesten Hits ausgewählt und in Zusammenarbeit mit der Gruppe von Prof. F. Diederich (M. Seet, T. van Zijl, J. Geist, P. Mombello) an der ETH Zürich in ihrer Wirkung gegen *P. falciparum* weiter optimiert, wobei mehrere Leitstrukturen mit Aktivitäten im Bereich 10-100 ng/ml erhalten werden konnten. Diese Arbeiten dauern zurzeit noch an; die detaillierten Ergebnisse werden nach Abschluss der Optimierung publiziert.

In der Zwischenzeit konnten im Arbeitskreis von Prof. M. Fischer (V. Illarionova, B. Illarionov) an der Universität Hamburg einige der Plasmodien-MEP-Enzyme isoliert werden, so dass nun die Verbindungen auch direkt auf ihre Aktivität am Plasmodien-Enzym getestet werden können und dadurch auch die Voraussetzungen für ein über Enzym-Kristallstrukturen deutlich effektiveres strukturbasiertes Design verfügbar sind.

▪ **Testung der Hemmstoffe des pflanzlichen MEP-Biosynthesewegs auf Bakterien**

▪ *Mycobacterium tuberculosis*
▪ *Mycobacterium ulcerans*

Mycobakterien verwenden ebenso wie Pflanzen und Plasmodien den MEP-Biosyntheseweg zur Synthese der Isoprenoide. Für einige Hemmstoffe des MEP-Biosynthesewegs konnte eine Hemmung sowohl pflanzlicher als auch bakterieller Enzyme festgestellt werden, so dass eine Überprüfung der BASF-Hemmstoffe des pflanzlichen MEP-Biosynthesewegs auf pathogene Bakterien ebenfalls interessant wäre. Der weltweit bedeutendste bakterielle Erreger ist *M. tuberculosis*, der allerdings wie viele andere pathogene Bakterien nur unter erheblichen Sicherheitsauflagen getestet werden kann. Außerdem ist die Testung der Mycobacterien sehr zeitintensiv, so dass nicht wie auf *P. falciparum* alle Pflanzen-Hemmstoffe getestet werden konnten. Daher wurde ein Set von 10 der aktivsten *Plasmodium*-Hemmstoffe für eine Testung an dem einfacher handhabbaren *M. ulcerans* ausgewählt und bei Prof. G. Pluschke am Swiss TPH in Basel untersucht. Es konnte allerdings für diese Verbindungsauswahl keine Hemmung des Wachstums der Mycobakterien festgestellt werden. Es ist bekannt, dass Mycobakterien sehr schwer zu bekämpfen sind, so dass ein Erfolg mit diesem kleinen Set auch überraschend gewesen wäre. Da die Optimierung der *Plasmodium*-aktiven Leitstrukturen noch andauert, wird in Zukunft eine Auswahl von neuen Verbindungen in diesem Assay getestet werden. Ebenso wäre auch eine Testung an den ebenfalls den MEP-Biosyntheseweg verwendenden Erregern von Lepra, Cholera, Pest und Trachom interessant und sollte zu einem späteren Zeitpunkt mit einer Auswahl von Verbindungen durchgeführt werden.

Verwendung von kommerziellen Pflanzenschutzmitteln gegen durch Protozoen verursachte Erkrankungen

Viele der vernachlässigten Krankheiten treten fast ausschließlich in Ländern mit sehr geringen Pro-Kopf-Einkommen und kaum entwickelten Gesundheitssystemen auf, so dass eine der größten Hürden für viele potentielle neue Medikamente die hohen Herstellkosten sind. In vielen Regionen dürfen die Kosten für die gesamte Behandlung maximal wenige Dollar betragen, was Kosten pro Tagesdosis von deutlich unter 1$ entspricht.

Die bei Medikamenten verwendete Dosierung liegt oft im Bereich von 10-1000 mg/Dosis, so dass neue Wirkstoffe für diese Indikationen nur Herstellkosten von deutlich unter 1000 $/kg (eher < 100 $/kg) verursachen dürfen, ganz abgesehen von den Kosten für klinische Studien, Registrierung und Vertrieb. Diese Herstellkosten können nur von sehr einfachen Substanzen in großen Produktionsmengen erzielt werden, was für ein neues

> ▪ Preis pro Tagesdosis sollte deutlich unter 1$ liegen

Medikament kaum zu erreichen ist und z. B. chirale oder durch selektive Fluorierung optimierte Verbindungen nahezu ausschließt. Daher wird für viele neue Wirkstoffe eine massive Subventionierung nicht nur für die Entwicklung sondern auch für die Produktion notwendig sein, die z. B. bei Malaria mit >200 Mio. Erkrankung/Jahr mehrere 100 Millionen $/Jahr betragen könnte. Als potenzieller Ausweg wurde mehrfach die Verwendung von bereits für andere Erkrankungen registrierten Medikamenten diskutiert; allerdings gibt es nur wenige Fälle, bei denen eine solche off-label Verwendung erfolgreich war und auch bei diesen Medikamenten liegen die Herstellkosten in der Regel deutlich über 1000 $/kg.

- Kommerzielle Pflanzenschutzmittel stellen eine Quelle für günstige Wirkstoffe dar

Eine Quelle von günstigen Wirkstoffen, die unter diesem Aspekt bisher kaum untersucht wurden, sind kommerzielle Pflanzenschutzmittel. Dass diese bisher so wenig Beachtung fanden ist sehr überraschend, da Pflanzenschutzmittel nicht nur in großen Mengen (oft über 1000 Tonnen/Jahr) und dadurch extrem geringen Kosten von in der Regel unter 100 $/kg produziert werden. Dazu durchlaufen Pflanzenschutzmittel für die Zulassung einen sehr stringenten Registrierungsprozess, der in vielen Aspekten strenger als der von Medikamenten ist. Sie sind auch, im Gegensatz zu Medikamenten, darauf optimiert, möglichst geringe Effekte im Menschen zu erzeugen, was auch bei der Anwendung gegen Parasiten-Krankheiten sehr wünschenswert wäre. Es sind dazu ausführliche Registrierungsdossiers für diese Verbindungen verfügbar, die bereits einen Großteil der ansonsten in aufwändigen und teuren präklinischen Studien zu erstellenden Daten enthalten.

- Herbizide zur Verwendung gegen Malaria

Für Herbizide wurde eine systematische Analyse der kommerziellen Wirkstoffklassen vor allem zur Verwendung gegen Malaria durchgeführt [21, 22], allerdings wurden nur wenige ausgewählte Substanzen getestet. Für Fungizide und Insektizide gibt es bisher, soweit das nach der komplexen Literaturlage auswertbar ist, keine systematischen Analysen auf die Einsetzbarkeit gegen

vernachlässigte Krankheiten und vor allem die Testung kommer-
zieller Oomycetizide wurden bisher nur sehr sporadisch berichtet. Dieses ist sehr überraschend, da sowohl Protozoen als auch
Oomyceten geißeltragende Einzeller sind, die einige erstaunliche
Ähnlichkeiten besitzen.

Daher haben wir uns zunächst mit der Gruppe von Prof. R. Brun
auf die Untersuchung von kommerziellen oomycetiziden Verbindungen auf Wirkung gegen Protozoen konzentriert. Hierzu wurden die bei BASF verfügbaren Oomyceten-Daten von kommerziellen Pflanzenschutzmitteln analysiert und alle gegen diese Pathogene aktiven Verbindungen ausgewählt, wobei 91 kommerzielle Wirkstoffe identifiziert werden konnten. Diese wurden in
der Gruppe von Prof. R. Brun (M. Rottmann, M. Kaiser) auf die
wichtigsten Protozoen in zellbasierten Assays getestet. Gegen
den durch die Tsetse-Fliege verbreiteten Erreger der afrikani-
schen Schlafkrankheit *Trypanosoma brucei rhodesiense* und den
Erreger der Leishmaniose (auch Dum-Dum, Kala Azar oder
schwarzes Fieber) *Leishmania donovani*, die durch Schmetter-
lingsmücken verbreitet wird, konnten bei einer Testdosis von
500 ng/ml nur relativ schwach wirksame Verbindungen gefunden werden, die eine 50%-ige Hemmwirkung (IC_{50}) zwischen
1000 und 2000 ng/ml zeigten. Sowohl gegen den durch Raub-
wanzen verbreiteten Erreger der Chagas-Krankheit *Trypanosoma
cruzi* als auch gegen den Malaria-Erreger *P. falciparum* konnten
einige deutlich aktivere Verbindungen identifiziert werden, die
zur Zeit in Tiermodellen weiter untersucht werden.

Nachdem über diesen Ansatz einige hochaktive Verbindungen
gefunden werden konnten, wurden anschliessend alle bei BASF
verfügbaren kommerziellen Pflanzenschutzmittel in den Assays
im Arbeitskreis von Prof. Brun getestet und hierbei erhaltenen
Ergebnisse publiziert [23]. Die interessantesten Kandidaten werden zurzeit in vertieften Studien weiter untersucht."

> - Tsetse-
>   Fliege
> - Schlafkrank-
>   heit: *Trypa-
>   no-soma
>   brucei rho-
>   desiense*
> - Leishma-
>   niose (auch
>   Dum-Dum,
>   Kala Azar
>   oder
>   schwarzes
>   Fieber):
>   *Leishmania
>   donovani*

Auch wenn die meisten vorgestellten Projekte noch nicht abge-schlossen sind, lässt sich doch feststellen, dass dieses Projekt einige sehr interessante neue Anregungen für die Bekämpfung der vernachlässigten Krankheiten gebracht hat und, falls die Ergebnisse sich auch in den Tiermodellen bestätigen lassen, ein signifikanter Beitrag zur Bekämpfung dieser Krankheiten durch die Nutzung von Pflanzenschutz know-how geleistet werden könnte.

Literatur

1. http://www.who.int/neglected_diseases/en/
2. Wells, T. N. C. Is the tide turning for new malaria medicines? Science 2010, 329(5996): 1153-1154.
3. http://www.mmv.org
4. http://www.tballiance.org
5. http://www.dndi.org
6. Porter-Kelley, J. M.; Cofie, J.; Jean, S.; Brooks, M. E.; Lassiter, M.; Mayer, D. C. G. Acquired resistance of malarial parasites against artemisinin-based drugs: social and economic impacts. Inf Drug Resist 2010: 3, 87-94.
7. http://www.tballiance.org/why/mdr-tb.php
8. Chirac P., Torreele E. Global framework on essential health R&D.Lancet 2006, 367: 1560-1561.
9. Olliaro, P.; Wells, T. N. C. The Global Portfolio of New Antimalarial Medi-cines Under Development. Clin Pharmacol & Ther 2009, 85(6): 584-595.
10. Clayton, J. Chagas disease: pushing through the pipeline. Nature 2010, 465(7301): S12-S15.
11. http://www.basf.com/group/pressemitteilungen/P-10-241
12. Singh, N.; Cheve, G.; Avery, M. A.; McCurdy, C. R. Targeting the methyl erythritol phosphate (MEP) pathway for novel antimalarial, antibacterial and herbicidal drug discovery: inhibition of 1-deoxy-D-xylulose-5-phosphate reductoisomerase (DXR) enzyme. Curr Pharm Des 2007, 13(11): 1161-1177.
13. www.apsnet.org/education/introplantpath/pathogengroups/oomycetes

14. Eisenreich, W.; Bacher, A.; Arigoni, D.; Rohdich, F.; Biosynthesis of isoprenoids via the non-mevalonate pathway. Cell Mol Life Sci. 2004, 61(12): 1401.

15. Zeidler, J.; Schwender, J.; Mueller, C.; Wiesner, J.; Weidemeyer, C.; Beck, E.; Jomaa, H.; Lichtenthaler, H. K.   Inhibition of the non-mevalonate   1-deoxy-D-xylulose-5-phosphate pathway of plant isoprenoid biosynthesis by   fosmidomycin. Zeitschrift fuer Naturforschung, C: Biosci 1998, 53(11/12): 980-986.

16. Schlitzer, M. Antimalarials: what's in the pipeline? Pharmazie in Unserer Zeit 2009, 38(6), 522-526.

17. Mueller, C.; Schwender, J.; Zeidler, J.; Lichtenthaler, H. K. Properties and inhibition of the first two enzymes of the non-mevalonate pathway of isoprenoid biosynthesis. Biochem Soc Trans 2000, 28(6): 792-793.

18. Hirsch, A. K. H.; Alphey, M. S.; Lauw, S.; Seet, M.; Barandun, L.; Eisenreich, W.; Rohdich, F.; Hunter, W. N.; Bacher, A.; Diederich, F.. Inhibitors of the kinase IspE: structure-activity relationships and co-crystal structure analysis. Org Biomol Chem 2008, 6(15): 2719-2730.

19. Baumgartner, C.; Eberle, C.; Diederich, F.; Lauw, S.; Rohdich, F.; Eisenreich, W.; Bacher, A.. Structure-based design and synthesis of the first weak non-phosphate inhibitors for IspF , an enzyme in the non-mevalonate pathway of isoprenoid biosynthesis. Helv Chim Acta 2007, 90(6): 1043-1068.

20. Geist, J. G.; Lauw, S.; Illarionova, V.; Illarionov, B.; Fischer, M. et al. Thiazolopyrimidine   Inhibitors   of   2-Methylerythritol   2,4-Cyclodiphosphate Synthase (IspF) from *Mycobacterium tuberculosis* and *Plasmodium falciparum*. ChemMedChem 2010, 5(7): 1092-1101.

21. Bajsa, J.; Singh, K.; Nanayakkara, D.; Duke, S.; Rimando, A. ; Evidente, A.; Tekwani, B., Biol Pharma Bull   2007, 30(9): 1740-1744.

22. Duke, S. O. Herbicide and pharmaceutical relationships. Weed Science 2010, 58(3): 334-339.

23. Witschel, M.; Rottmann, M.; Kaiser, M.; Brun, R. Agrochemicals against malaria, sleeping sickness, leishmaniasis and Chagas disease. PLoS Negl Trop Dis, 2012, 6(10): e1805

7. Das Grippe-Virus: Wie ein unsichtbarer Feind sichtbar wird

PD Dr. Markus Perbandt

Institut für Medizinische Mikrobiologie, Virologie und Hygiene, Universitätsklinikum Hamburg-Eppendorf (UKE) & Institut für Biochemie und Molekularbiologie, Universität Hamburg, Laboratorium für Strukturbiologie von Infektion und Entzündung, c/o DESY, Hamburg

Zusammenfassung

Etwas Erbgut, eine einfache Verpackung aus Eiweiß und ein gutes Versteck. Die Grundzutaten eines Killervirus sind übersichtlich, und gerade deshalb sind selbst Forscher immer wieder verblüfft, wie effektiv sich so ein Keim bisweilen der Bekämpfung entzieht. Ein gutes Beispiel ist das Grippevirus. Forschung, Überwachung, Therapie – nicht zuletzt müssen jedes Jahr angepasste Impfstoffe produziert werden, weil regelmäßig neue Subtypen des Virus auftauchen und die Impfungen aus der letzten Saison nicht mehr wirken. Und trotzdem sterben bis zu 500.000 Menschen jährlich an dieser Krankheit, einige Tausend davon auch in Deutschland.

Im Folgenden werden die Möglichkeiten und Grenzen der modernen Strukturbiologie am Beispiel des Grippe-Virus aufgezeigt und dabei die Bedeutung der Strukturbiologie als ein wesentliches Instrument für eine moderne Wirkstoffentwicklung in den Vordergrund gerückt. Es wird verdeutlicht, in welchem Umfang diese Technologie bereits in die moderne Arzneimittelforschung Einzug gehalten hat.

Abstract

A small, variable heap of genetic material, a simple protein package and a good hiding place - the basic ingredients for a killer virus are well arranged. Exactly therefore even researchers are amazed again and again how effectively such a pathogen from time to time escapes all countermeasures. A good example is the flu virus. In our latitudes as trigger of annoying winter malaises misjudged, the influenza virus keeps a truly monstrous health machinery on the go worldwide. Research, supervision, therapy - every year adjusted vaccines must be produced because regularly new subtypes of the virus appear and the vaccines from the last season become ineffective. However, nevertheless up to 500,000 people die because of this infectious disease annually, including several thousand in Germany.

In this short overview article, the molecular fundamentals, invisible for the human eye, will be visualized. The possibilities and limitations of modern structural biology are demonstrated on the basis of the flu virus. The impact of structural biology is moved into the focus as an essential instrument for structure based drug development. It is explained to which extent this technology is already implemented in the drug development process.

Einleitung

Der Ursprung von Krankheiten kann vielfältig sein. Sie können von außen kommen - nach Infektionen mit Viren, Bakterien, Protozoen, Würmern oder anderen Parasiten. Sie können aber auch angeboren sein oder im Verlaufe des Lebens hervorgerufen werden. Jahrtausendelang wurde zur Behandlung von Krankheiten eine Vielzahl von Heilpflanzen eingesetzt, die auch heute noch in der modernen Medizin ihre Anwendung finden. In den letzten Jahrzehnten wurden über Generationen gemachte Erfahrungen und Beobachtungen durch wissenschaftliche Experimente teilweise gestützt und erklärt. Trotzdem ist die Anzahl der neu zugelassenen Medikamente in den letzten Jahren eher rückläufig, obwohl die pharmazeutische Industrie große Anstrengungen auf dem Gebiet der Wirkstoffentwicklung unternimmt (vgl. Kap. 1). Aufgrund des wissenschaftlichen Fortschritts gab es zwar niemals zuvor so viele Möglichkeiten, Krankheiten zu behandeln, doch von dem Ziel, systematisch sichere und zuverlässige Medikamente zu entwickeln, ist man auch heute noch weit entfernt. Es zeigt sich, dass bei den modernen Strategien zur Wirkstoffentwicklung das Verständnis der komplexen Interaktionen von entscheidender Bedeutung ist. Die Entwicklung oder Entdeckung neuer Medikamente beruht auch heute noch im Wesentlichen auf dem Konzept des empirischen Screenings von aufwendig angelegten und teuren Substanzbibliotheken mittels Bindungs- und Aktivitätstests. Selbstverständlich wurden bereits viele Wirkstoffe über diese Ansätze identifiziert, aber trotz des Einfallsreichtums und der Raffinesse dieser Strategien, bleibt das zu treffende Ziel unsichtbar.

Mithilfe der modernen strukturbasierten Wirkstoffentdeckung sollen die molekularen Grundlagen entschlüsselt und somit die Erfolgsaussichten durch eine zielgerichtete Vorgehensweise verbessert werden. Die Leistungsfähigkeit dieser Technologie hat in den letzten 10 Jahren einen starken Auftrieb erfahren. Der Grundpfeiler dieses Ansatzes ist die genaue Kenntnis der dreidimensionalen Struktur von potentiellen Zielproteinen. Die Analyse der molekularen Interaktionen auf atomarer Ebene ist insbesondere für die Charakterisierung von enzymatischen Mechanismen von großer Bedeutung.

Der steigende Bedarf nach neuen therapeutischen Wirkstoffen hat weltweit enorme Entwicklungen bei öffentlichen Großforschungseinrichtungen und der pharmazeutischen Industrie in Gang gesetzt, um strukturbasierte Prozessketten bei der Wirkstoffentwicklung zu etablieren [1]. Ziel ist es, insbesondere detaillierte dreidimensionale Informationen von den Wirkstoff-

Zielprotein-Komplexen zu erhalten. Davon zeugt eine wachsende Anzahl von Wirkstoffen, die aufgrund dieser Vorgehensweise entdeckt worden sind [2]. Als besonders prominente Beispiele wären die Protease-Inhibitoren des Humanen-Immundefizienz-Virus (HIV) Amprenavir (Agenrase®) und Nelfinavir (Viracept®) zu nennen, die aufgrund der Kenntnis der dreidimensionalen Struktur der HIV-Protease entwickelt wurden [3]. Dazu zählen auch Medikamente, die bei der Behandlung der Grippe (Tamiflu®) [4] und bei Krebs (Gleevec®) [5] zum Einsatz kommen, um an dieser Stelle nur einige zu nennen.

Die 3D-Struktur als Grundlage

- Exponentielle Zunahme von 3D-Strukturen
- Brookhaven Protein-Datenbank

Die Anzahl der bekannten 3D-Strukturen von therapeutisch interessanten Biomolekülen hat in den vergangenen zwei Jahrzehnten exponentiell zugenommen. Befanden sich vor zwanzig Jahren noch weniger als 1000 3D-Strukturen in der Brookhaven Protein-Datenbank (PDB, http://www.pdb.org), so sind es heute fast 70000 Strukturen. Dieses rasante Anwachsen der bekannter 3D-Strukturen von Proteinen und Protein-Ligand-Komplexen ist den signifikanten Fortschritten in der Gentechnologie, der Proteinchemie und vor allem in der Strukturaufklärung zu verdanken. An dieser Stelle sollen insbesondere die methodischen und technischen Weiterentwicklungen bei der Strukturaufklärung betont werden.

- John Kendrew
- Max Perutz
- Hämoglobin- und Myoglobinstruktur

Die Röntgenstrukturanalyse ist mit Abstand die dominierende Methode zur Bestimmung des atomaren Aufbaus von Biomolekülen [6]. Von grundlegender Bedeutung ist dafür die Beugung geeigneter Röntgenstrahlung am Kristallgitter. Man benötigt zum einen monochromatische Röntgenstrahlung und zum anderen Kristalle der entsprechenden Biomoleküle. Aus dem beobachteten Beugungsmuster kann anschließend die 3D-Struktur mit Hilfe von Computerprogrammen berechnet werden. Die ersten Proteinstrukturen (Hämoglobin und Myoglobin) wurden 1960 von John Kendrew und Max Perutz aufgeklärt.

Es ist nicht einfach, Biomoleküle zu kristallisieren, aber auch hier konnten durch robotergesteuerte Hochdurchsatzverfahren enorme Fortschritte bezüglich der Effektivität und der Geschwindigkeit der Verfahren gemacht werden. Eine solche Ausstattung gehört heutzutage zur Standardausrüstung eines modernen strukturbiologischen Laboratoriums. An der Universität Hamburg und anderen außeruniversitären Forschungseinrichtungen in Hamburg sind gleich mehrere starke Forschungsgruppen tätig, die sich thematisch hiermit befassen. Des Weiteren ist die Nutzung der Synchrotronstrahlung, als eine Quelle für monochromatisches Röntgenlicht, ein weiterer technologischer Quantensprung [7]. Vor 30 Jahren wurden Beugungsdaten überwiegend mit Röntgenstrahlung einer klassischen Drehanode gesammelt. Diese Experimente haben Tage bis Wochen und manchmal sogar Jahre gedauert. An modernen Synchrotronbeschleunigern, wie zum Beispiel in Hamburg am DESY (Deutsches Elektronen Synchrotron), werden vergleichbare Daten heute in wenigen Minuten erzeugt. Die dort erzeugte Röntgenstrahlung ist um viele Potenzen intensiver und brillanter als die Röntgenstrahlung herkömmlicher Röntgenröhren. Viele strukturbiologische Experimente wurden erst durch die Anwendung von Synchrotronstrahlung möglich.

- Hochdurchsatz-Kristallographie

2009 begann der Bau des Röntgenlasers XFEL (X-Ray Free-Electron-Laser), der in einem drei Kilometer langen Tunnel vom DESY-Gelände in Hamburg bis nach Schenefeld reichen wird. Der XFEL wird eine der stärksten Quellen von Röntgenstrahlung auf der Erde sein, um viele Größenordnungen stärker als Röntgenstrahlung aus heutigen Speicherringen. Viele Forscher erhoffen sich mithilfe des XFELs völlig neue Möglichkeiten und Anwendungsbereiche, z. B. die zeitaufgelöste Beobachtung von Atomen, die an chemischen Reaktionen beteiligt sind. Es soll also in Zukunft nicht nur möglich sein, statische 3D-Strukturen, sondern auch dynamische Prozesse auf atomarer Ebene abzubilden.

- Röntgenlaser XFEL (X-Ray Free-Electron-Laser)
- Abbildung dynamischer Prozesse auf atomarer Ebene

Das Influenza-Virus

- Influenza (oder Grippe)
- 18 bis 72 Stunden Inkubationszeit
- Tröpfcheninfektion

Die Bedeutung der Strukturbiologie soll im Folgenden am Beispiel des Influenza-Virus verdeutlicht werden. Die Influenza (oder Grippe) wird häufig als eine harmlose Krankheit betrachtet, mit Symptomen, die eben etwas gravierender als die einer gewöhnlichen Erkältung sind. Gemeinsame Symptome sind Fieber, Kopfschmerzen und Rachenkatarrh. Der Verlauf reicht von einer milden, asymptomatischen bis hin zu einer schwerwiegenden Form, die letztlich zum Tode führen kann, wie die große Grippe-Pandemie („Spanische Grippe") zwischen 1918-1920 gezeigt hatte. Das Virus wird als Tröpfcheninfektion über den Respirationstrakt mit einer kurzen Inkubationszeit von 18 bis 72 Stunden übertragen und die Viruspartikel sind bereits in einer sehr frühen Phase der Infektion im Körper nachweisbar. Im Respirationstrakt zerstört das Virus die Epithelzellen und führt zu einer gesteigerten Anfälligkeit für weitere Erreger.

- Spanische Grippe

Die Grippe stellt ein bedeutendes Gesundheitsproblem dar. In unregelmäßigen Abständen treten immer wieder weltweite Pandemien auf und eine der folgenschwersten war die Spanische Grippe mit über 20 Millionen Todesopfern. Trotz der vorhandenen Medikamente und Impfungen gegen die saisonale Grippe bleibt die Angst vor einem so fatalen Ausbruch wie im Jahre 1918 bestehen. Allerdings wissen wir heutzutage wesentlich mehr über das Virus als unsere Vorfahren, insbesondere in Bezug auf die strukturelle Organisation und die Interaktionen mit den menschlichen Zellen.

- Grippe-Virus gehört zur Familie der Orthomyxoviren

Das Grippe-Virus gehört zur Familie der Orthomyxoviren, mit einem RNA-Genom bestehend aus 8 Segmenten und einer Gesamtgröße von 14 kb. Die RNA-Segmente binden an so genannte Nukleoproteine (NP), die wiederum mit dem Polymerasekomplex aus drei weiteren Proteinen (PA, PB1 und PB2) assoziieren. Dieser Komplex wird als Ribonukleoprotein-Partikel (RNP) bezeichnet und befindet sich innerhalb eines „Gehäuses", bestehend aus dem Matrix-Protein (M1) und umgeben von einer Lipidmembran. An der Außenseite der Lipidmembran befinden sich zwei sehr wichtige Glycoproteine – Hämagglutinin (HA) und Neuraminidase (NA) zusammen mit einem Transmembranprotein (M2). Zwei nicht-strukturelle Komponenten (NS1 und NS2) mit zum Teil unbekannter Funktion ergänzen die genannte Proteinausstattung. Die Klassifizierung basiert auf den M- und NP-Antigenen und wird benutzt, um den Stamm-Typ zu bestimmen – A, B oder C. Die meisten Ausbrüche sind mit den Typen A und B verbunden.

▪ **Die Virusinfektion und der Eintritt in menschliche Zellen**

Das Virus bindet über das Hämagglutinin an Zelloberflächenrezeptoren, die Sialinsäure enthalten, und wird mittels Endozytose in die menschliche Zelle aufgenommen. Die Fusion der viralen Partikel mit der endosomalen Membran erlaubt die Freisetzung der viralen RNA. Die virale RNA wird in den Zellkern transportiert, dort vervielfältigt und wieder in das Cytoplasma zurücktransportiert, wo dann die viralen Proteine hergestellt und die neuen Viruspartikel zusammengebaut werden. Abschließend werden die neuen Virionen freigesetzt [8]. Der gesamte Zyklus benötigt 6-16 Stunden. Von besonderer Wichtigkeit für den Viruseintritt sind die charakteristischen „Spikes" auf der Oberfläche des Virus, bestehend aus Hämagglutinin und dem zweiten Oberflächenprotein, der Neuraminidase. Diese beiden Proteine sind Angriffspunkte für die Wirkstoffentwicklung zur Bekämpfung der Grippe.

> ▪ Hämagglutinin
> ▪ Zelloberflächenrezeptoren
> ▪ Endozytose
> ▪ virale RNA

▪ Hämagglutinin - Struktur und Funktion

Hämagglutinin wurde aufgrund der Eigenschaft des Virus, rote Blutzellen zu verklumpen, entdeckt und ist an der Virusmembran verankert. Das Oberflächenprotein kann von ihr abgelöst werden, und die Struktur der löslichen Domäne wurde schon 1981, also vor über 30 Jahren aufgeklärt [9]. Es handelt sich um ein zylindrisches Homotrimer mit einer Länge von ca. 135 Å (1.35 · 10^{-8} m), bestehend aus jeweils zwei Untereinheiten (HA1 und HA2), die mit einer Disulfidbrücke verknüpft sind (Abb. 1).

Eine globuläre Kopfdomäne wird von HA1 gebildet, die für die Sialinsäurebindung auf der Wirtszelle verantwortlich ist, gefolgt von einem länglichen Stamm (ca. 76 Å), der hauptsächlich aus HA2 besteht. Auf der distalen Kopfdomäne konnte die Bindungstasche für die Sialinsäure identifiziert werden, insbesondere auch die Aminosäuren, die für die Bindung des Substrates essentiell sind.

Eine fundamentale Entdeckung war die Änderung der dreidimensionalen Struktur aufgrund einer pH-Änderung. Erst bei pH-Werten von 5-6 wird Hämagglutinin funktionell aktiv und entfaltet seine Fähigkeit an Membranen zu binden. Erst strukturelle Studien ermöglichten die Interpretation und Erklärung zu den Mechanismen der Rezeptorbindung und des Prozesses der Membranfusion beim Eintritt in die Wirtszelle.

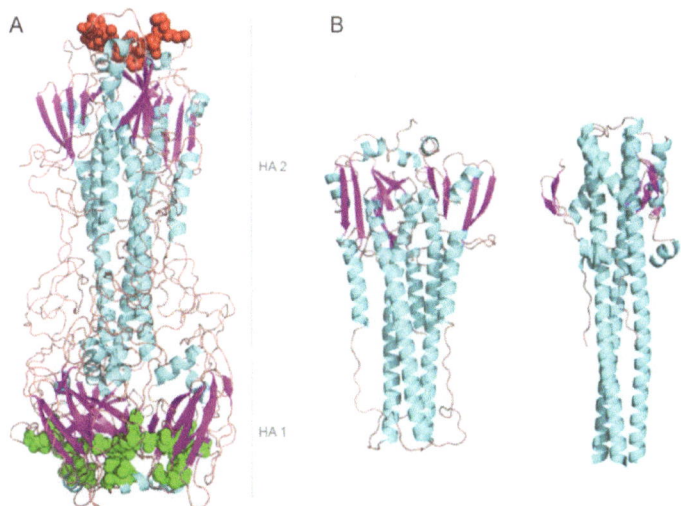

Abb. 1: (A) Hämagglutinin ist ein zylindrisches Homotrimer, bestehend aus den Untereinheiten HA1 und HA2. Am C-terminalen Ende von HA2 ist das Protein mit der Virusmembran verankert (rot markiert). Die an der Sialinsäurebindung beteiligten Aminosäuren sind grün markiert. (B) Struktur des Hämagglutinins (nur die Virusmembran bindende Untereinheit HA2 ist gezeigt) bei neutralem (links) und sauren pH (rechts).

■ **Neuraminidase – Struktur und Funktion**

Die Neuraminidase ist für die Virusproliferation von entscheidender Bedeutung. Dieses Enzym ist eine sogenannte Glycosylhydrolase und spaltet die glycosidische Bindung zwischen N-Acetyl-Neuraminsäure und benachbarten Zuckerresten und zerstört so die Oligosaccharideinheiten, die an den Zelloberflächenrezeptoren vorhanden sind. Die Neuraminidase ermöglicht auf diesem Weg die Ablösung und Freisetzung neuer Viruspartikel von der Zelloberfläche der Wirtszelle und die Neuinfektion von anderen Wirtszellen. Das Protein besteht aus einer hydrophoben Membranbindungsdomäne, die mit einer größeren polaren Domäne verbunden ist. Die polare Domäne konnte von ihrem N-terminalen Membrananker abgespalten werden und

- Glycosyl-
  hydrolase
- Freisetzung
  neuer Vi-
  ruspartikel
  von der
  Zelloberflä-
  che der
  Wirtszelle
- Neuinfek-
  tion anderer
  Wirtszellen

anschließend ihre dreidimensionale Struktur bei atomarer Auflösung aufgeklärt werden [10]. Die Struktur zeigt ein ringförmiges Homotetramer (Abb. 2) aus jeweils sechs topologisch ähnlichen Untereinheiten, angeordnet wie die Rotorschaufeln in einer Turbine. Jede Untereinheit hat eine Größe von ca. 100 Å x 100 Å x 60 Å.

- Zanamivir (Relenza®)
- Oseltamivir (Tamiflu®)
- Peramivir

Ebenfalls konnten anhand der Struktur die an der Sialinsäurebindung beteiligten Aminosäuren identifiziert werden. Anhand weiterer Strukturen mit Inhibitoren, die den Übergangszustand der Reaktion stabilisieren, konnten sehr stark bindende Inhibitoren des Enzyms entwickelt werden. Zwei davon sind heute unter dem Namen Zanamivir (Relenza®) und Oseltamivir (Tamiflu®) bekannt und als Wirkstoffe zur Behandlung der Grippe im Einsatz. Zanamivir wird als trockenes Pulver über einen Inhalator verabreicht, wohingegen Oseltamivir oral in Tablettenform eingenommen wird. Ein dritter Neuraminidase-Hemmer, das Peramivir, befindet sich zurzeit in der klinischen Erprobung und wird im Gegensatz zu den beiden ersten Medikamenten intravenös verabreicht.

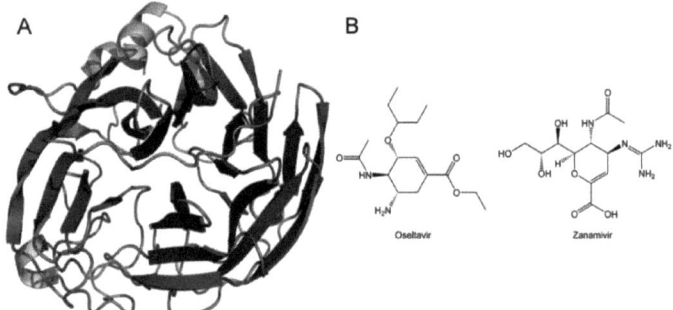

Abb. 2: A, Eine Untereinheit des Enzyms Neuraminidase besteht aus sechs topologisch ähnlichen Einheiten, die jeweils vier β-Faltblattstrukturen aufweisen; **B,** Strukturformeln von zugelassenen Medikamenten. Aufbauend auf Erkenntnissen, die aus den 3D Strukturen gewonnen werden konnten, wurden diese beiden Strukturen entwickelt.

Die Impfung als Strategie zur Bekämpfung von Grippe-Pandemien

Das Virus führt zu einer ausgeprägten Immunreaktion gegen die Oberflächenepitope Hämagglutinin und Neuraminidase. Üblicherweise hat jedes Individuum nach überstandener Erstinfektion eine Immunität gegen das betreffende Virus, aber das Grippevirus verändert sich relativ schnell an entscheidende Positionen an den Oberflächenepitopen und kann so die Immunantwort unterlaufen. Hämagglutinin hat wenigstens fünfzehn verschiedene antigene Subtypen (H1-H15) und die Neuraminidase neun verschiedene (N1-N9). Bei Viren, die Menschen infiziert haben, sind bisher nur die Subtypen H1, H2 und H3 bekannt. Aufgrund der viralen Subtypen werden Ausbrüche entsprechend klassifiziert (z.b. die Spanische Grippe von 1918 als H1N1 Virus).

- Hämagglutinin: Antigene Subtypen (H1-H5)
- Neuraminidase: Antigene Subtypen (N1-N9)

Impfstoffe gegen gereinigtes Hämagglutinin des gerade zirkulierenden Viruses sind schnell unwirksam. Das Virus-Protein ist in der Lage die Sequenz der Aminosäuren um das Epitop, ohne die Funktion des Proteins selbst zu beeinträchtigen, zu ändern. Die veränderten Oberflächeneigenschaften machen die gerade entwickelten Impfstoffe wirkungslos gegen die neue Virusform. Dieser Vorgang wird als „antigenic drift" [11] bezeichnet.

- Impfstoffe gegen gereinigtes Hämagglutinin sind schnell unwirksam
- antigenic drift

Darüber hinaus können Influenza-Viren mit ursprünglich unterschiedlicher Wirtspezifität (z.B. aus dem Huhn und Mensch) miteinander rekombinieren. Dieser Vorgang wird als „antigenic shift" [6] bezeichnet und ist die Grundlage für eine weltweite Pandemie. Auch Resistenzen der Viren gegen die vor wenigen Jahren entwickelten Medikamente (Neuraminidase-Hemmer) treten zunehmend auf [12]. Es ist also nur eine Frage der Zeit, bis ehemals scharfe Waffen im Kampf gegen Viren ihre Wirksamkeit verlieren.

- antigenic shift
- Influenza-Viren z.B. aus dem Huhn und Mensch können miteinander rekombinieren

Schlussfolgerung/Ausblick

In vielen Fällen verstehen wir bereits die molekularen Mechanismen von Wirkstoffen. Die methodischen Fortschritte bei der

modernen Strukturbiologie, insbesondere bei der Proteinkris-
tallographie, erlauben die Aufklärung der dreidimensionalen
Strukturen vieler wichtiger Proteine und ihrer Komplexe. Die
struktur- und computergestützte Entwicklung neuer Wirkstoffe
spielt in der praktischen Forschung eine immer größere Rolle.
Zusammenfassend ist festzustellen, dass sich in den letzten Jahren eine neue Strategie zur planvollen Arzneimittelentwicklung
manifestiert hat, die auf der genauen Kenntnis der dreidimensionalen Strukturen beruht.

Allerdings und hat uns die letzte H1N1 Pandemie im Jahre 2009
(besser bekannt unter dem Namen „Schweinegrippe") schmerz-
haft vor Augen geführt, dass die vorhanden Impfstoffe und Medikamente denn auch tatsächlich angewendet werden sollten,
um eine weitere Ausbreitung, schwere Komplikationen und
unnötige Todesfälle zu vermeiden. Insgesamt sind der Pandemie
etwa 18.400 Menschen zum Opfer gefallen, in Deutschland wurden 252 Todesfälle gemeldet. Die Bundesländer selbst hatten 34
Millionen Impfstoffdosen erworben, allerdings blieben 28,7
Millionen übrig, weil kaum jemand sich impfen lassen wollte.
Ende 2011 mussten diese dann entsorgt werden mussten, weil
die Haltbarkeit abgelaufen war.

Interessanterweise waren die meisten Todesopfer unter Kindern
und Jugendlichen zu beklagen. Erst später konnten Mediziner
herausfinden, warum das Virus überhaupt so gefährlich war.
Ironischerweise hat eine Doppelinfektion einem Bakterium, dem
Methicillin-resistenten *Staphylococcus aureus* (MRSA), das To-
desrisiko um das achtfache erhöht. Einer MRSA Infektion stehen
Mediziner aufgrund der Multiresistenz des Bakteriums gegen
viele Antibiotika meistens machtlos gegenüber. Eine Impfung
gegenüber MRSA ist allerdings bis heute nicht möglich.

Literatur

1. Blundell, T. L.; Jhoti, H. et al. High-throughput crystallography for lead discovery in drug design. Nat Rev Drug Discov, 2002, 1(1): 45-54.

2. Congreve, M. ; Murray, C.W. ; et al. Structural biology and drug discovery. Drug Discov Today, 2005, 10(13): 895-907.

3. Greer, J.; Erickson, J.W. et al. Application of the three-dimensional structures of protein target molecules in structure-based drug design. J Med Chem, 1994, 37(8): 1035-54.

4. Kim, C. U. ; Lew, W. et al. Structure-activity relationship studies of novel carbocyclic influenza neuraminidase inhibitors. J Med Chem, 1998, 41(14): 2451-60.

5. Atwell, S., Adams, J.M.; et al. A novel mode of Gleevec binding is revealed by the structure of spleen tyrosine kinase." J Biol Chem, 2004, 279(53): 55827-32.

6. Rupp, B.; Biomolecular Crystallography. Garland Science, Taylor & Francis Group. LLC. New York. 2010.

7. Margaritondo, G.; Elements of Synchrotron Light. Oxford University Press. Oxford. 2002.

8. Ludwig, S.; Planz, O.; Pleschka, S; Wolff, T. Influenza-virus-induced signaling cascades: targets for antiviral therapy? Trends in Molecular Medicine. 2003, 9(2), 46-52.

9. Wilson, I.A.; Skehel, J.J; Wiley, D.C. Structure of the Haemagglutinin membrane glycoprotein of influenza virus at 3 Å resolution. Nature, 1981, 289, 366-73.

10. Varghese, J.N.; McKimm-Breschkin J.L.; Caldwell J.B.; Kortt, A.A.; Colman, P.M. The structure of the complex between influenza virus neuraminidase and sialic acid, the viral receptor. Proteins, 1992, 14(3), 327-32.

11. Taubenberger, J.K.; Kash, J.C. Influenza virus evolution, host adaptation, and pandemic formation. Cell Host & Microbe. 2010, 7, 440-451.

12. Reece, P.A. Neuraminidase inhibitors resistance in influenza virus. Journal of Medical Virology. 2007, 79, 1577-1586.

8. Prionen und die von ihnen ausgelösten Infektionskrankheiten

Prof. Dr. Dr. Christian Betzel

Abteilung für Biochemie und Molekularbiologie, Universität Hamburg
Laboratorium für Strukturbiologie von Infektion und Entzündung, DESY, Hamburg

Zusammenfassung

Neurodegenerative Krankheiten wie Alzheimer, Parkinson, Huntington und Prionerkrankungen basieren nach heutigem Kenntnisstand auf ähnlichen zellulären und molekularen Mechanismen, deren Hauptmerkmal der fortschreitende Verlust von Nervenzellen ist, welcher anfänglich zu Symptomen wie Demenz, Depressionen und Bewegungsstörungen, letztendlich jedoch immer zum Tod des Individuums führt. Die Prionenerkrankungen beruhen im Wesentlichen auf einer initialen Umfaltung des normalen und ansonsten harmlosen Prionproteins, abgekürzt zu PrP^c. Hierbei steht der Index c für *cellular*, d.h. die normale zelluläre Form. Das Resultat der Umfaltung ist die bösartige und infektiöse Form des gleichen Proteins, diese Variante wird auch zu PrP^{Sc} abgekürzt, wobei der Index Sc das englische Wort *Scrapie* symbolisiert und auf die bei Tieren bereits früh entdeckte und in diesem Artikel später beschriebene Traberkrankheit hindeutet. Auch diese Prionenerkrankung der Schafe ist mit einem systematischen Verlust von Gehirnzellen verbunden und wird bei Tieren zuerst durch unkontrollierte Bewegungsabläufe bemerkt.

Die fehlgefaltete Variante des Prion-Proteins bildet im Gehirn zuerst kleinere und nur schwierig zu erkennende molekulare Aggregate, die langsam aber stetig größere sogenannten β-Faltblattstrukturen ausbilden und zeitgleich auch intakte Nervenzellen zerstören. Durch das Absterben der Nervenzellen verwandelt sich die normale graue Substanz des Großhirns in eine löchrige schwammartige Struktur. Aufgrund dieser Erscheinung wurde die Gesamtheit der übertragbaren, d.h. infektiösen Prionenerkrankungen auch unter dem Sammelbegriff *Transmissible Spongiforme Enzephalopathien* zusammengefasst. Die dabei entstehenden größeren fibrillären Strukturen, die man mikroskopisch analysieren kann, nennt man Amyloide oder auch Plaques. Trotz intensivster Forschung ist die Prionenkrankheit bis heute immer noch ein großes Rätsel der modernen Medizin und pharmakologischen Forschung, zumal die eigentliche Funktion des Prionproteins auch noch nicht eindeutig zugeordnet werden konnte. Bislang sind keine Wirkstoffe bekannt, welche die Umfaltung des Prionproteins *in vivo* d.h. in lebenden Organismen verhindern können oder die pathogene Form des Prions, das PrP^{Sc} auflösen bzw. unschädlich machen können. Einzig besteht in der Wissenschaft Einvernehmen, dass die eine Fehlfaltung des ursprünglichen Proteins vermittelte Aggregation der missgefalteten Prionen der Schlüssel-Schritt in Richtung des infektiösen Prionproteins ist, welches sich folgend auch über einige Artengrenze und hierbei überwiegend über die Nahrungskette verbreiten kann.

Abstract

Fatal neurodegenerative disorders, as the well known Alzheimer, Parkinson, Huntington and the Prion disease, share common features concerning the molecular events of disease initiation and progression. The pathogenesis of these disorders results in neuronal cell loss recognized initially in humans and animals by apraxia and other movememt disorders and in humans particular by progressive dementia as well.

In addition to sporadic and inherited forms the prion diseases can affect humans as well as animals and can be acquired by uptake of an infectious agent, which is a unique feature compared to other fatal neurodegenerative disorders. According to the today widely accepted protein-only hypothesis, the infectious pathogen primarily consists of an abnormal conformational isoform of the prion protein itself, abbreviated to PrP^{Sc}, the index Sc stands for the prion disease named *Scrapie*, detected for sheep. PrP^S derived from the normal cellular prion protein (PrP^C), which is omnipresent mainly on neural cells. Contact of the normal folded prion protein with its abnormal isoform, PrP^{Sc} induces the transformation process towards PrP^{Sc}.

The missfolded prion is causing a deposition of insoluble, partly amyloidic protein aggregates, extending towards fibrils with β-sheet enriched structures. In parallel the smaller misfolded oligomeric prion aggregates exert toxicity and are known to cause apoptosis of neural cells, which altogether is causing fatal effects in the cerebrum. The overall process is recognized by a vacuolation of the brain and a spongiform degeneration of the grey brain matter and deposition of amyloid plaques. Therefore prion diseases are named *transmissble spongiform encephalopathies* (TSE). In spite of intensive research prion diseases have still some mysteries, as for example the biological function of the prion protein still remains unclear. Substantial research efforts are directed to identify therapeutic agents, which inhibit the PrPSc formation, infectivity and the accumulation of the misfolded prion form and can prevent further aggregation and propagation of the disease. Further research is going on to identify enzymes, which can effectively hydrolize PrP^{Sc} aggregates to be used for degradation of contaminated material.

Einleitung

- Chaperone
= Faltungs-
helfer
- Fehl-
faltungen

Proteine, im Volksmund oft auch als Eiweiße bezeichnet, bestehen aus einzelnen Aminosäuren die kettenförmig verbunden sind. Die Abfolge der Aminosäuren in der jeweiligen Polypeptidkette enthält gleichzeitig die Information zu einem exakten räumlichen d.h. dreidimensionalen Bauplan der für jedes Protein einzigartig ist. Die räumliche Struktur bildet sich nach der Verknüpfung der Aminosäuren zu einer Polypeptidkette in der Proteinfabrik, dem sogenannten Ribosom, meistens automatisch aufgrund energetischer thermodynamischer Zusammenhänge in der wässrigen Umgebung der Zellen. In Ausnahmefällen unterstützen zelluläre „Faltungshelfer", sogenannten Chaperone den Faltungsprozess. Die Funktion und Aufgabe welche jedes Protein übernimmt wird eindeutig über die räumliche Struktur, d.h. die „Verdrillung" der Gesamtheit der Aminosäuren festgelegt. Man nennt diesen Zusammenhang auch Struktur-Funktions-Beziehung. Weiterhin weiß man heute, dass für jedes Protein der Vorgang der Faltung über lange Evolutionsprozesse optimiert wurde und grundsätzlich über eine Art energetische Einbahnstrasse erklärt werden kann, welche jede Aminosäurekette passiert und an deren Ende das Protein in seiner stabilen räumlichen Struktur verharrt. Unter normalen Bedingungen lässt sich dieser Faltungsweg nicht revidieren bzw. zurücklaufen. Proteine können auch keinen Abzweig oder Seitenweg nehmen und damit eine andere Form annehmen. Faltungsunfälle, die hin und wieder passieren können, werden von einer speziellen zellulären Qualitätskontrolle erkannt und Fehlfaltungen werden in Folge von speziellen Makromolekülen im Normalfall entsprechend recycelt.

- **Das Prion-Protein und seine beiden Varianten**

Eine der wenigen heute bekannten Ausnahmen bei denen es zu einem nicht reversiblen Faltungsunfall kommen kann, ist das Prionprotein [3]. Dieses Protein ist mit nur 253 Aminosäuren ein relativ kleines Protein. Es zeigt innerhalb unterschiedlicher Säugetierspezies eine Aminosäurehomologie von ca. 85%.

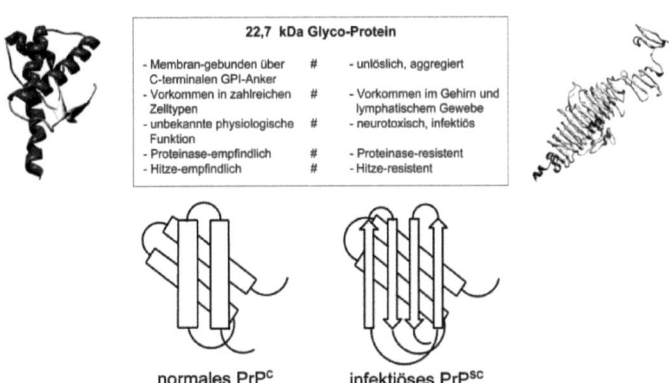

22,7 kDa Glyco-Protein		
- Membran-gebunden über C-terminalen GPI-Anker	#	- unlöslich, aggregiert
- Vorkommen in zahlreichen Zelltypen	#	- Vorkommen im Gehirn und lymphatischem Gewebe
- unbekannte physiologische Funktion	#	- neurotoxisch, infektiös
- Proteinase-empfindlich	#	- Proteinase-resistent
- Hitze-empfindlich	#	- Hitze-resistent

normales PrPᶜ   infektiöses PrPˢᶜ

Abb. 1. Oben: Gegenüberstellung der räumlichen Strukturen und der jeweiligen chemischen Eigenschaften, links die dreidimensionale Struktur eines einzelnen normal gefalteten Prion-Proteins in der sogenannten Cartoondarstellung und rechts ein Modell eines Prion-Oligomers, bestehend aus fehlgefalteten und folglich aggregierten infektiösen Varianten. Sogenannte α-helikale Strukturelemente sind dunkel dargestellt und β-Faltblattstrukturen heller eingefärbt. Unten: Vollständige Veränderung des monomeren Prionproteins in eine andere Strukturvariante.

Das Prion kann tatsächlich zwei Gesichter bzw. Formen annehmen, da es in seiner Polypeptidkette offensichtlich die Baupläne
für zwei unterschiedliche Strukturen trägt, die in der folgenden
Abbildung räumlich dargestellt sind. Dabei hat eine Form leider
noch missliche und ungewöhnliche Eigenschaften:

o diese offensichtlich dann fehlgefaltete Form wird leider nicht von
   den molekularen Verwertungsmaschinen erkannt und abgebaut

o diese Form faltet das korrekt und normale geformte Prion exakt in
   die missgefaltete Form um und leitet damit eine Art Kettenreaktion
   ein, an deren Ende überwiegend fehlgefaltete Prionproteine vorliegen; damit ist diese Form infektiös

o diese Form wirkt zusätzlich toxisch auf bestimmte Nervenzellen und
   tötet diese Zellen ab, so dass es zu einem sukzessiven Verlust von
   Gehirnzellen kommt

o diese pathogene Form wird nicht vom Immunsystem erkannt, und
   es werden keine Antikörper vom Immunsystem produziert, über
   die eine rechtzeitige Erkennung oder ein Nachweis möglich wäre

o diese Form ist auch resistent gegenüber bekannten chemischen
   Reinigungs -und Desinfektionsverfahren; somit lässt sich eine Verbreitung nur sehr schwierig eindämmen bzw. grundsätzlich aus-
   schließen, und es gibt bislang keine Therapiemöglichkeit

Abb. 2. Umfaltungsreaktion eines normalen Prionproteins PrP^C nach Bindung mit einem bereits fehlgefalteten PrP^{Sc} und auf der rechten Seite die Umfaltung eines normalen PrP^C Moleküls über einen molekularen Faktor, der spekulativ Faktor X genannt wurde [5].

Die in Abb. 3A gezeigte Aminosäurepolypeptidkette des zellulären Prionproteins ist entsprechend der Abfolge der sogenannten Sekundärstrukturelemente dargestellt. GPI symbolisiert eine chemische Verbindung, welche es dem Prion ermöglicht sich an Zellmembranen anzudocken. Weiterhin symbolisiert CHO Zuckerverbindungen an der Oberfläche des Prionproteins, welche aber auf eine mögliche Funktion keinen Einfluss haben. Eine Besonderheit des Prions ist die Wiederholungssequenz am N-Terminus des Proteins, welche über geladene Aminosäurenseitenketten Cu^{2+}Ionen spezifisch binden kann. Diese Eigenschaft führt zu der Annahme, dass das Prionprotein über die Bindung mehrerer Cu^{2+}Ionen die Verfügbarkeit dieser Ionen im Gehirn insbesondere im Bereich der Prä- und Postsynapsen mitreguliert. Über diese Eigenschaft kann das Prionprotein diese Zellen vor zweiwertigen Kupfer-Ionen, H$_2$O$_2$ und anderen freien Radikalen bedingt schützen. In diesem Kontext spekuliert man heute, dass das Prion einen Sensor in der zellulären Abwehr von reaktivem Sauerstoff und freien Radikalen darstellt; eine Aktivität die im letzten Abschnitt noch einmal in anderem Kontext diskutiert wird.

- Prion stellt möglicherweise einen Sensor in der zellulären Abwehr von reaktivem Sauerstoff und freien Radikalen dar

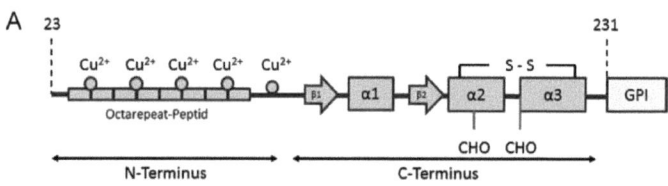

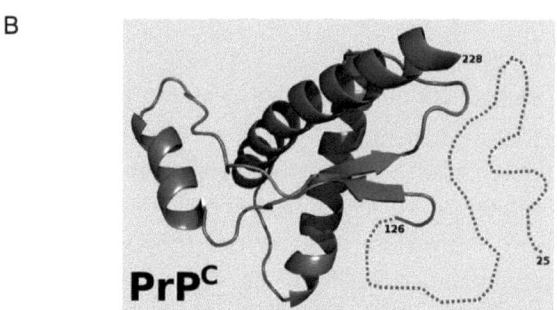

Abb. 3. A, Primär- und Sekundärstruktur des zellulären Prionproteins. **B**, NMR-Struktur des Prionproteins. Der N-terminale Bereich, welcher Cu-Ionen binden kann, ist sehr flexibel und liegt in Lösung in ungeordneter Form vor [7, 10]. Aufgrund der intrinsisch hohen Flexibilität konnte das vollständige Protein bislang nur für eine Spezies über die Methoden der Röntgenkristallstrukturanalyse bestimmt werden.

■ Nicht-infektiöses Prion kann in Kontakt mit einer fehlgefalteten Prion-Variante, die Konforma-tion dieser pathogen Variante an-nehmen

Einvernehmlich wird heute anerkannt, dass das vorab gezeigte normale, nicht infektiöse und gut wasserlösliche PrP^c in Kontakt mit einer fehlgefalteten Prion-Variante, die z.B. über Nahrung aufgenommen wurde, ebenfalls die Konformation der fehlgefalteten, pathogen wirkenden und zusätzlich wasserunlöslichen Variante annimmt [3]. Dies bedeutet auch, dass grundsätzlich ein fehlgefaltetes Prionprotein ausreichend ist, um normale Prionen sukzessive umzuwandeln, und damit eine fatale Kettenreaktion auslösen kann. Diese Reaktionswege lassen sich heute auch mit isolierten Prionen im Labor nachvollziehen und darstellen. Die einzelnen dann zunehmend fehlgefalteten Prionen lagern sich nach und nach zu hochmolekularen wasserunlöslichen Aggregaten zusammen, welche die bereits erwähnte faserartige, amyloide Struktur annehmen. Entlang dieses Reaktionsweges konnten vor einigen Jahren lösliche, kleine oligomere Strukturen beobachtet werden, die aus lediglich 14-28 Prionenmolekülen bestehen.

Diesen kleinen Prionaggregate wird derzeit das größte infektiöse und auch neurotoxische Potential zugeschrieben [8]. Da diese Partikel noch klein, wasserlöslich und damit noch leicht transportierbar sind, wird die Ausbreitung der Prionerkrankung insbesondere über diese Partikel beschleunigt. Hierbei gelten nur Proteineinheiten die aus weniger als fünf Einheiten bestehen noch als harmlos. Diese Feststellung ist leider misslich, da einige Mediziner noch immer die Idee verfolgen Therapien und Wirkstoffe zu entwickeln, welche bereits entstandene Prionaggregate und amyloide Proteinfaser wieder auflösen können. Diese Vorgehensweise könnte damit genau das Gegenteil der ursächlichen Zielsetzung bewirken und die Ausbreitung der Prionenerkrankung sogar beschleunigen.

Die zum Ende der Umfaltungskaskade auftretenden PrP^{Sc} Amyloide sind sehr schlecht wasserlöslich da die wasserunlöslichen Aminosäurenseltenketten Im Vergleich zur normalen Prionform nicht mehr zur Innenseite des Proteins zeigen. Diese Amyloide sind weitestgehend resistent gegenüber vielen Desinfektionsmitteln, ionisierender und UV-Strahlung, hitzestabil, und in normalerweise zur Sterilisation in der Medizin eingesetzten Autoklaven wird PrP^{Sc} erst nach zwei Stunden bei 130°C zerstört, so dass medizinische Instrumente welche im Bereich der Augen- und Gehirnchirurgie eingesetzt werden heute mindestens viermal hintereinander autoklaviert werden müssen. Ebenfalls ist PrP^{Sc} selbst durch sehr effiziente Enzyme die heute in Reinigungs- und Waschmitteln eingesetzt werden nur sehr schwer verdaulich, da Enzyme und Proteasen andere Proteine am besten im entfalteten Zustand verdauen können. Das abnorm gefaltete PrP^{Sc} besteht aber aus stabilen Fasern, so dass selbst sehr aktive Proteasen keinen Zugriff auf potentielle Schnittstellen haben. Damit

- Am Ende der Umfaltungskaskade treten PrP^{Sc} Amyloide auf
- Amyloide: resistent gegenüber Desinfektionsmitteln, ionisierender und UV-Strahlung, hitzestabil

kann PrP^{Sc} selbst unter extremen chemischen Bedingungen oder unter Hitzeeinfluss nicht oder nur sehr langsam vollständig denaturiert und abgebaut werden.

▪ Nachweis von PrPSc

Die im Vergleich zum normalen Prionprotein ungewöhnliche Stabilität des PrP^{Sc} ist eine Ursache der Infektiösität, wird heute aber wiederum auch für schnellen PrP^{Sc} Nachweis genutzt. Der folgend beschriebene Nachweis ist seit 1999 bei der Schlachtung von Rindern ab einem Alter von 24 Monaten verbindlich vorgeschrieben. Ein Test bei jüngeren Tieren macht keinen Sinn, da Vakuolen im Gehirn als auch PrP^{Sc} erst in einem Spätstadium der Erkrankung nachgewiesen werden können. Für diesen Test werden auf Schlachthöfen Gewebeproben aus dem Gehirn entnommen und in zwei Fraktionen aufgeteilt. Bei dem dann durchgeführten sogenannten Westernblot-Schnelltest wird zu einer Fraktion das hoch aktive Enzym Proteinase K zugesetzt, welches das gesunde PrP^c schnell abbaut, das abnormal gefaltete PrP^{Sc} allerdings nicht verdauen kann. Die zweite Fraktion bleibt unbehandelt. Nun werden beide Proben mittels Western Blot, einer Methode zur Bestimmung des Molekulargewichtes von Proteinen, analysiert. Ist das Tier gesund erscheint auf dem Blot keine Bande, da das gesunde Prionprotein vollständig über Proteinase K abgebaut wurde. Hat das Tier jedoch eine Prionenerkrankung und damit PrP^{Sc} im Gehirn, erscheint auf der Protease+ als auch auf Protease- Probe jeweils eine Bande, wodurch das nicht abbaubare PrP^{Sc} eindeutig nachgewiesen ist [3].

Ein Prionennachweis am lebenden Tier war lange Zeit nicht möglich. Erst durch eine Entwicklung und klinische Studie an der Universität Göttingen konnte 2005 ein Verfahren vorgestellt werden mit dem grundsätzlich ein PrP^{Sc} Nachweis an lebenden Tieren durchgeführt werden kann. Dieses Verfahren ist aber bis heute noch nicht zugelassen.

Prionenerkrankungen und ihre Entdeckung

1982 wurde vom Neurologen Stanley Prusiner an der University of California in San Francisco erstmalig die Hypothese publiziert [4], dass der Erreger der nach ihm benannten Prionenerkrankung ausschliesslich auf eine fehlgefaltete Variante eines relativ kleinen Proteins zurückzuführen ist, welches er folgend als Prion (engl. Proteinaceous Infectious Particle, *„proteinartige infektiöse Partikel"*) bezeichnet hat. Die natürlich vorkommende Variante des Prionproteins tritt vor allem in Nervenzellen auf und ist in dieser Form nicht pathogen. Die infektiöse und pathogene Form des Prions unterscheidet sich, wie vorab bereits beschrieben, zur normalen Form lediglich in ihrer Faltung und in Folge aber substanziell in ihren biochemischen und physikalisch-chemischen Eigenschaften.

- Stanley Prusiner, Nobelpreis für Medizin (1997)
- Prion: proteinartige infektiöse Partikel

Die von Prusiner in den 80er Jahren postulierte und damals noch ketzerische Hypothese, dass sich Proteine ohne Nukleinsäuren vermehren und Krankheiten auslösen können wurde damals intensiv und kontrovers diskutiert, da bislang kein infektiöser Erreger bekannt war, der sich ohne Erbgut (DNA und RNA) vermehren konnte. Bei klassischen infektiösen Erregern, wie Viren, Bakterien, Pilze, Protozoen oder Würmern beruht die Infektiosität auf der Tatsache, daß nur Nukleinsäuren sich selbst kopieren und vermehren können. Für seine bahnbrechenden Entdeckungen und Forschungsarbeiten, welche eindeutig belegen, dass die Prionenerkrankung allein auf einem infektiösen Eiweißmolekül (Protein) beruht, erhielt Prusiner 1997 den Nobelpreis für Medizin. Interessanterweise hatten bereits 1960 Wissenschaftler einen ersten Hinweis auf eine nur über Proteine verursachte Infektion. Der Strahlenbiologin Tikvah Alper war 1967 aufgefallen, dass Hirnmasse aus Scrapie infizierten Schafen auch nach Bestrahlung mit kurzwelliger ionisierender Strahlung infektiös bleibt, obwohl Nukleinsäuren, eine solche Behandlung nicht überstehen, und somit die Erbmasse von klassischen Erregern vernichtet werden sollte. Ihr damaliger Kollege John Griffith

- Hirnmasse Scrapie infizierter Schafe bleibt auch nach Bestrahlung mit ionisierender Strahlung infektiös

vermutete damals als erster, dass diese Krankheit nur durch Proteine ausgelöst und verbreitet wird [2]. Beide Forscher stellten damals aber ein zentrales Dogma der Molekularbiologie in Frage, wonach sich nur Nukleinsäuren schnell vermehren können und konnten sich mit dieser These damals überhaupt kein Gehör verschaffen. Eine These die Stanley Prusiner 15 Jahre später wieder aufgriff.

Rückblick zu Prionenerkrankung

Obwohl die Prionenerkrankung bzw. der Erreger dieser infektiösen Erkrankung erst zu Beginn der achtziger Jahre entdeckt wurde und danach intensiv erforscht wurde, begleiten die Menschheit tödlich verlaufende Fehlfaltungen von Proteinen sicherlich schon immer und sind im Fall der Prionenerkrankung heute eindeutig nachweisbar über Prion-Gene auf unterschiedliche Formen des Kannibalismus zurückzuführen.

- Vincent Zigas
- Carleton Gajdusek
- Kuru-Erkrankung
- "Der lachende Tod"
- Papua-Neuguinea
- Stamm der Fore

1957 entdeckten der australische Arzt Vincent Zigas und sein amerikanischer Kollege Carleton Gajdusek im Hochland von Papua-Neuguinea bei dem Stamm der Fore eine bis dahin rätselhafte und tödlich verlaufende Krankheit bzw. Epidemie, die Kuru-Erkrankung, oder auch der lachende Tod genannt wurde. Die Krankheit offenbarte sich durch krankhaftes Gelächter der Betroffenen und betraf merkwürdigerweise überwiegend Kinder und Frauen. Der Übertragungsweg konnte von den beiden Ärzten eindeutig auf die Verspeisung des Gehirns der Verstorbenen zurückgeführt werden. Gajdusek analysierte in den folgenden Jahren systematisch die Übertragbarkeit dieser Krankheit und konnte nachweisen, dass Kuru durch eine relativ lange Inkubationszeit, die in Extremfällen bis zu 30 Jahren betragen kann, gekennzeichnet ist, was für viele erst später entdeckte Prion- bzw. TSE- Erkrankungen von Menschen und Tieren ebenfalls zutrifft. Das Ritual mit welchem die Fore ihre Ahnen ehren wollten wurde dann aber schnell Mitte der fünfziger Jahre von der australischen Regierung verboten, dennoch sterben aufgrund der extrem langen Inkubationszeit dort noch immer Menschen an dieser Krankheit, über ein halbes Jahrhundert nach Ende des Kannibalismus. Nachdem die Übertragbarkeit dieser damals noch mysteriösen Erkrankung zu Ende der sechziger Jahre anerkannt war, ging man zu dieser Zeit aber noch davon aus, dass die Erreger Viren mit sehr langer Inkubationszeit waren und gab dem noch unbekannten Erreger den Namen „Slow Virus". Gajdusek erhielt für seine Kuru-Forschung 1976 den Nobelpreis. Es dauerte dennoch weitere 20 Jahre bis die Zusammenhänge zwischen der 1985 in England ausgebrochenen Rinderseuche BSE und der Kuru Erkrankungen eindeutig entschlüsselt werden konnten und eine Verbindung zwischen diesen verwandten neurodegenerativen Krankheiten hergestellt werden konnte. Die Erkenntnisse von Stanley Prusiner zum Prion lieferten die letzten fehlenden Mosaiksteine zur Entschlüsselung dieser über die Nahrungskette übertragbaren und einzig durch ein fehlgefaltetes Protein verursachbaren neurodegenerativen Krankheiten.

Prionenerkrankungen bei Tieren

Während die Fore ihre Ahnen ehren wollten mussten Europas Kühe aus wirtschaftlichen Gründen ihre Artgenossen über Tiermehlprodukte verspeisen. Die dadurch verursachte Erkrankung BSE (*Bovine Spongiforme Encephalopathie*) wurde am 11. Februar 1985 im südenglischen Sussex erstmalig als damals rätselhafte Krankheit dokumentiert, als dort die Kuh133 der Pitsham Farm durch unkontrollierte Bewegungen auffiel und verendete. Mit

- Tiermehlprodukte
- BSE (Bovine Spongiforme Encephalopathie)
- Rinderwahn
- Scrapie

diesem Ereignis wurde auch der Begriff Rinderwahn geprägt, wie BSE bald im Volksmund genannt wurde. Die BSE Tierseuche nahm in England ein dramatisches Ausmaß an und man registrierte dort ca. 180.000 Rinder als BSE erkrankt. In Deutschland wurden im Zeitraum von 2001-2009 dagegen nur 406 BSE erkrankte Rinder registriert und nur noch 2 in 2009.

• Rotwild: Chronic Wasting Disease (CWD)
• Trans-missible Mink En-cephalo-phathy (TME)

Die bei Schafen und Ziegen auftretende Traberkrankheit wurde bereits 1732 erstmalig beschrieben. Die erkrankten Tiere fielen durch einen unkoordinierten Gang auf und scheuerten sich wegen eines quälenden Juckreizes das Fell ab, daher wird diese TSE-Variante im englischsprachigen Raum auch als *Scrapie* bezeichnet (übersetzt, schaben, kratzen). In der freien Wildbahn findet man heute auch, aber zum Glück nur in Einzelfällen, ähnliche Krankheitsbilder. Beim Rotwild wurde eine Prionenerkrankung festgestellt, welche sich dort über einen chronischen Kräftezerfall bemerkbar macht und daher als *Chronic Wasting Disease* (CWD) bezeichnet wird. Detektiert wurde diese Krankheit auch bei der Käfighaltung von Nerzen in den USA und in Europa. Diese Erkrankung wurde erstmals bereits 1947 dokumentiert. Eine im Nachhinein erstellte Statistik ergab, dass in 50 Jahren in weltweit fünf Farmen ca. 3000 Tiere von insgesamt 800.000 gehaltenen Tieren betroffen waren. Die Symptome und der Verlauf der Erkrankung, welche zu TME für (*Transmissible Mink Encephalophathy*) abgekürzt wurde, sind ähnlich wie bei der CWD, und wurden eindeutig auch auf kontaminiertes Futter zurückgeführt. Die bei Rindern auftretende und als BSE bekannte Prionenerkrankung wurde im vorhergehenden Abschnitt bereits erwähnt. Obwohl bis 2001 im Schweinemischfutter ein erheblicher Anteil an tierischen Proteinen in Form von Tiermehl enthalten war, konnte bis dahin keine natürliche Übertragung der Prionenkrankheit bei Schweinen festgestellt werden, so dass eine natürliche Speziesbarriere vorliegen muss. Ebenso wurde auch bei Vögeln, bis auf den Strauß, bis heute keine Prionenerkrankung festgestellt. Diese Tatsache lässt sich wahrscheinlich auch auf die natürlichen langen Inkubationszeiten im Vergleich zur moderaten Lebenserwartung der meisten Vögel zurückführen. Insgesamt wurde bisher nur bei fünf in Zoohaltung lebenden Straußen eine Prionenerkrankung diagnostiziert, die wahrscheinlich ebenfalls auf PrP^{Sc} kontaminiertes Tiermehl im Futter zurückzuführen ist. Es ist davon auszugehen, dass die hier zusammengefassten Prionenerkrankungen mit auf die Verfütterung von tierischen

Proteinen aus Schlachtabfällen in Form von Fleischknochenmehl (FKM) und darin enthaltenen offensichtlich infektiösen Prionproteinen zurückzuführen ist, kann man davon ausgehen, dass mit dem erstmalig 1988 in England ausgesprochenen Verbot Tiermehle an landwirtschaftlich genutzte Tiere zu verfüttern sowohl die Prionenerkrankungen in diesem Bereich, als auch die daraus folgende mögliche Übertragung auf den Menschen wesentlich eingedämmt wurde, siehe auch folgender Abschnitt.

Eindämmung der Prionenerkrankung

In Deutschland, wie auch in vielen anderen Ländern, sind alle bei Tieren auftretenden spongiformen Enzephalopathien anzeigepflichtig und jeglicher Verdacht muss dem zuständigen Veterinäramt sofort gemeldet werden. Ist in einer Herde ein Tier infiziert, so werden entsprechende Maßnahmen ergriffen um die Möglichkeit einer Übertragung auf andere Herden auszuschließen. Da das Auftreten der Krankheit auf infektiöses Kraftfutter zurückgeführt wird, gibt es heute bei der Herstellung von Tiermehlen diverse Sicherheitsvorschriften, die in einzelnen Nationen aber noch immer unterschiedlich ausgelegt und gehandhabt werden. So ist es in England seit 1988 verboten, verendete oder notgeschlachtete Rinder zu Rinder-Futter zu verarbeiten. Diese Auflage bewirkte in Großbritannien den Rückgang der Epidemie ab 1993. Die Eindämmung und der starke Rückgang der BSE-Epidemie werden auch auf die konsequente Überwachung von Verdachtsfällen zurückgeführt. Die Koordination dieser Aktivitäten liegt in Deutschland in der Verantwortung des Friedrich-Löffler-Instituts, dem Bundesforschungsinstitut für Tiergesundheit. Das Institut hat seinen Hauptsitz auf der Insel Riems.

- Friedrich-
  Löffler-
  Institut

* 2001: EU-Vorschrift
* TSE-Erkrankung

Um die Ausweitung von TSE-Erkrankungen darüber hinaus weiter einzudämmen wurde in Jahr 2001 eine EU-Vorschrift erlassen die besagt, dass bei älteren Tieren Gewebe mit möglicher hoher Erregerkonzentration, wie Hirn, Rückenmark und Milz bereits direkt nach einer Schlachtung entfernt und entsorgt werden müssen. Durch diese Vorschrift wird das Risiko einer Übertragung auf Menschen weiter minimiert.

Prionenerkrankungen bei Menschen

* Creutzfeld Jakob Krankheit (CJK)

Auch als die BSE-Epidemie 1994 ihr volles Ausmaß erreicht hatte, wollten einige Politiker immer noch nicht einsehen, dass Rinderwahn auch vor Menschen nicht Halt macht, bis dann im Mai 1995 erstmalig auch junge Menschen von einer aggressiven Variante der Nervenkrankheit Creutzfeld Jakob (CJK) betroffen waren. In Folge wurden die Vorschriften zur TSE Überprüfung und Nachweispflichten an Schlachthöfen drastisch verschärft.

* neue Variante der Creutzfeld-Jakob-Krankheit (vCJK)

Bis Mitte der 1990er Jahre wurden lediglich bei älteren Menschen TSE Erkrankungen festgestellt, was bislang aufgrund der bisher postulierten langen Inkubationszeit im Kontext mit der langsam beginnenden Prionproteinumfaltung im Einklang stand. Die neue und schnell verlaufende Variante der Krankheit, welche auch relativ schnell zum Tod führt, erhielt folglich den Namen *neue Variante der Creutzfeld-Jakob-Krankheit* (vCJK), [9] Es konnte eindeutig belegt werden, dass diese Krankheit, an der im Zeitraum von 1995-2004 in Großbritannien etwa 160 jüngere Menschen starben, durch BSE infiziertes Rindfleisch verursacht wurde. Weiterhin wurde damit nochmals eindeutig belegt, dass sich TSE Erkrankungen über fehlgefaltete Prionproteine mit fatalen Folgen über Artgrenzen auch auf andere Organismen ausbreiten können. Rätselhaft blieb trotz allem und bis heute warum damals insbesondere jüngere Menschen betroffen waren. Wissenschaftler untersuchten deshalb vergleichend die Rindfleisch-Ernährungsgewohnheiten von jungen und älteren Menschen, konnten jedoch keine außergewöhnlichen Ursachen feststellen warum insbesondere jüngere Menschen von der neuen Variante der Creutzfeld Jakob Krankheit betroffen waren. Forscher postulierten damals, dass eine altersabhängig unterschiedlich aufgebaute Darmwand die Ursache sein könnte, welche von infektiösen Prionen bei jüngeren Menschen leichter durchdrungen werden kann. Aufgrund der vorhergehenden BSE Epidemie in Großbritannien erwartetet man Ende der 1990er Jahre in Folge noch bis zu 50.000 vCJD Fälle. Diese Zahlen haben sich aber erfreulicherweise nicht bestätigt und auch die reduzierte Vorhersage aus dem Jahr 2001, wo noch ca. 7000 vCJD Fälle erwartet wurden, traf nicht ein. Bislang wurden 166 Fälle dokumentiert.

Viel häufiger, mit weltweit jährlich ca. einem Fall pro einer Millionen Menschen, tritt jedoch die klassische Variante der CJK auf, meist zwischen dem 60. und 70. Lebensjahr. Die Creutzfeldt-Jakob-Erkrankung wurde erstmalig 1920 unabhängig von den Neurologen Alfons Maria Jakob und Hans-Gerhard Creutzfeldt als Krankheitsbild mit schwammartigen Auflösungserscheinungen des Großhirns beschrieben (Abb. 4).

- Schwammartige Auflösungserscheinungen des Großhirns

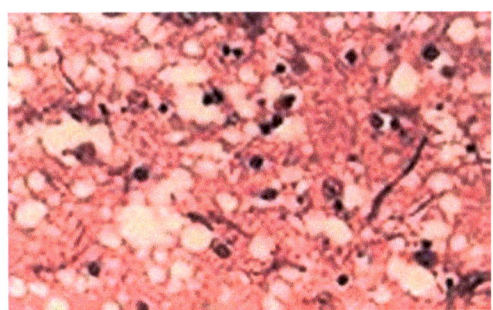

Abb. 4. Schwammartigen Auflösungserscheinungen des Großhirns.

- **Vermutung: nach Oxidation von Methionin 129 erfolgt eine Konforma-tions-änderung**

Man geht heute davon aus, dass sich hier normale Prionen spontan umfalten und den Beginn der Krankheit einleiten, wobei bestimmte genetische Umstände diesen Prozess begünstigen können. Inzwischen konnte durch intensive Forschungen nachgewiesen werden, dass bei CJK Patienten insbesondere eine Variante des Prionproteins häufig auftritt welche an der Amiosäureposition 129 die besonders empfindliche Aminosäure Methionin besitzt, welche nach Oxidation eine Konformationsänderung einleiten kann. Eindeutig weniger betroffen sind Personen die an dieser Position des Prionproteins die Aminosäure Valin haben.

- **Gerstmann-Sträussler-Scheinker-Syndrom**

Eine weitere neurodegenerative Prionenerkrankung ist das nach ihren Entdeckern benannte Gerstmann-Sträussler-Scheinker-Syndrom. Der Neurologe Josef Gerstmann entdeckte 1928 mit seinen Mitarbeitern Ernst Sträussler und Ilya Scheinker die seltene Erbkrankheit die überwiegend im Alter zwischen 35 und 55 Jahren auftritt und sich zuerst über motorische Probleme äußert und im weiteren Verlauf von starker Demenz geprägt ist.

- **tödliche familiäre Schlaflosig-keit (*Fatal Familial Insomnia*)**

Die 1986 von den Wissenschaftlern um Elio Lugaresi an der Universität Bologna erstmals dokumentierte sogenannte tödliche familiäre Schlaflosigkeit (*Fatal Familial Insomnia*) wird ebenfalls der Gruppe der Prionenerkrankungen zugeordnet. Diese Erkrankung tritt überwiegend im Alter zwischen 50 und 60 Jahren auf und beeinflusst dramatisch den Schlaf-Wach-Rhythmus. Bei dieser Erkrankung wird hier das vegetative Nervensystem geschädigt und somit auch die Regulation der Körpertemperatur, der Atmung und des Herzrhythmus gestört. Die Erkrankung führt bereits nach 13-15 Monaten zum Tod.

Abschließend sei erwähnt, dass neben der Aufnahme von infektiösem Prionprotein oder der durch eine genetische Disposition begünstigten sporadischen Umfaltung des Prionproteins in seine pathogene Variante heute auch unterschiedliche Umwelteinflüsse als Auslöser des Umfaltungsprozesses und einer folgenden Erkrankungen wissenschaftlich diskutiert werden. Hierzu zählen insbesondere ungünstige zelluläre Ereignisse wie oxidativer Stress. Oxidativer Stress, d.h. die erhöhte Erzeugung oder Freisetzung von freien Radikalen in lebenden Zellen kann durch externe Einflüsse wie UV Strahlung oder auch durch besondere chemische Reaktionen begünstigt werden. Die Entstehung freier Radikale, wie H_2O_2, kann bei der normalen Prion-Proteinvariante über eine Oxidation empfindlicher Aminosäuren an der Oberfläche des Prions, hierzu zählt insbesondere die Aminosäure Methionin, eine Umfaltungs-Kaskade des Prionproteins in seine pathogene Variante initiieren. In Laborversuchen konnten kürzlich entsprechende molekulare Mechanismen des Prionproteins unter Anwendung biophysikalischer Methoden, hier der Röntgenkleinwinkelbeugung und der dynamischen Laserlichtbeugung, nachgewiesen werden [6]. Hierbei wurde die Prionproteinumfaltung, die Formveränderung des Prions während dieses Prozesses, als auch die Aggregation des Prionproteins zeitaufgelöst verfolgt.

- Umwelteinflüsse als Auslöser des Umfaltungsprozesses und einer folgenden Erkrankung?
- Röntgenkleinwinkelbeugung
- Dynamische Laserlichtbeugung

Therapien

- Prionen-
  erkrank.
  wie die
  Creutzfeldt-
  Jakob-
  Krankheit
  gelten als
  unheilbar

Noch gelten Prionenerkrankungen wie die Creutzfeldt-Jakob-Krankheit als unheilbar. Es gibt bislang leider keine Therapien welche die mit diesen Krankheiten verbundenen Leiden heilen können, nur Möglichkeiten die Symptome zu lindern. Zu Erlangung eines umfassenden Verständnisses über die Struktur und Funktion des Prionproteins wird daher weiter intensiv auf verschiedenen Eben geforscht. Hierbei wird insbesondere priorisiert nach Substanzen gesucht, welche die fatale Umfaltung des Prionproteins verhindern können [1]. Solche Substanzen dürfen keine zellulären oder neuronalen Vorgänge und Abläufe im Gehirn behindern oder beeinflussen und müssen zusätzlich in der Lage sein, die Blut-Hirn-Schranke zu überqueren. Dies vermögen nur wenige Stoffe, da sich das Gehirn vor unerwünschten Eindringlingen effektiv abschottet.

Damit wird die Suche nach entsprechenden Wirkstoffen vor eine fast unlösbare Kombination von Auflagen gestellt, wobei dennoch bereits erste erfolgversprechende Ansätze erkennbar sind. Diese beruhen zum einem auf der Überprüfung von bereits anderweitig bewährten Mitteln und Substanzen, wie z.B. Medikamenten die bei der Bekämpfung der Malaria oder der Schizophrenie eingesetzt werden und offensichtlich auch an das Prionprotein binden und so evtl. auch in vivo eine Umfaltung verhindern können. In diesem Kontext sucht man derzeit systematisch nach geeigneten chemischen Verbindungen.

Tabelle 1: Zusammenfassung zur Nomenklatur und zum Auftreten von Prionenerkrankungen

Vor-kommen	Krankheits-formen	Internationale Be-zeichnung	Kurz-bezeich-nung	Jahr der Entde-ckung
Mensch	Creutzfeldt-Jakob-Krankheit	Creutzfeldt-Jakob-Disease	CJD	1920
	Varianten der CJD*	f: familäre	fCDJ	1921
		s: sporadische	sCJD	
		i: iatrogene	iCDJ	
		v: neue Variante	vCDJ	1996
	Gerstmann-Sträussler-Scheinker Syndrom		GSS	1928
	Kuru	Kuru	Kuru	1957
	Familiare Schlaflosig-keit	Fatal Familial Insom-nia	FFI	1986
Tier	Traber-krankheit	Scrapie	Scrapie	1732
	Übertragbare Hirndegene-ration:	Transmissble spon-gioformic Encephalo-pathy	TSE	
	der Rinder	Bovine spongioformic Encephalopathy	BSE	1987
	der Nerze	Transmissble Mink Encophalopathy	TME	1965
	der Katzen	Feline spongioformic Encephalopathy	FSE	1990
	der Hirsche	Cronic Wasting Dise-ase	CWD	1980
	der Katzen	Feline spongioformic Encephalopathy	FSE	1990

*Subtypen der CJD Erkrankung: f: familiäre Variante, genetisch bedingt; s: spora-disch auftretende Form und in der Familie gehäuft; i: iatrogene Übertragung, verursacht durch PrP^{Sc} verunreinigte Instrumente, v: neue aggressive Variante [3].

| Verwandt- |
| schaft mit |
| der Alzhei- |
| mer- und |
| Parkinson- |
| Krankheit |

Da aus symptomatischer und mechanistischer Sicht Prionenerkrankungen eng mit der Alzheimer- und der Parkinson-Krankheit verwandt sind, welche zwar keinen infektiösen Charakter haben, jedoch dramatisch höhere Fallzahlen aufweisen, wird ein detailliertes Verständnis der Prionenerkrankungen ebenfalls die Suche nach effektiven Wirkstoffen und Therapien gegen eine Reihe anderer neurodegenerativer Erkrankungen unterstützen.

Ausblick

Betrachtet man die prognostizierte Veränderung der Altersstruktur in Europa und insbesondere in Deutschland, so werden neurodegenerative Erkrankungen schon in naher Zukunft eine große Herausforderung für die Gesundheitssysteme, als auch für die Gesellschaftsstrukturen vieler Länder darstellen. Die jetzige und zukünftige Bevölkerung hat aufgrund verbesserter Lebensbedingungen als auch aufgrund gestiegener Qualität in der medizinischen Versorgung insgesamt eine höhere Lebenserwartung. Die durchschnittliche Lebenserwartung ist in Deutschland in den letzten 50 Jahren um ca. 10 Jahre gestiegen. Parallel zu dieser positiven Entwicklung konnten aber bislang noch keine gezielt einsetzbaren Wirkstoffe oder Medikamente entwickelt werden, mit welchen insbesondere die im Alter vermehrt auftretenden neurodegenerativen Krankheiten effizient behandelt werden können. Von neurodegenerativen Demenzerkrankungen sind im Alter über 70 Jahre ca. 6% der Bevölkerung betroffen und im Alter über 80 Jahren mindestens 13%. Eine vollständige Erforschung der Prionenerkrankungen ist daher unabdingbar notwendig um Wirkstoffe zur Behandlung und Therapie neurodegenerativer Erkrankungen bereitzustellen und um ebenfalls die Lebensqualität betroffener Menschen soweit möglich zu verbessern. Weiterhin könnte über die Verfügbarkeit neuer innovativer Wirkstoffe und Medikamente die schon jetzt angespannte Finanzsituation des Gesundheitssystems über eine Reduzierung

der ansonsten weiter ansteigenden Behandlungs- und Betreu-
ungskosten betroffener Patienten entlastet werden.

Literatur

1. Georgieva, D., Schwark D, von Bergen M, Redecke L, Genov N,
    Betzel C.. Interaction of recombinant prions with compounds of
    therapeutical significance. *Biochem Biophys Res Commun* 2004,
    325, 1406-1411.
2. Griffith, J. S. Self-replication and scrapie. *Nature* 1967, 215, 1043-
    1044.
3. Hörnlimann, B.; Riesner, D.; Kretzschmar H. *Prionen und
    Prionenkrankheiten,* de Gruyter, Berlin/New York 2001
4. Prusiner, S. B. Novel proteinaceous infectious particles cause
    scrapie. *Science* 1982, 21, 136-144.
5. Prusiner, S. B. Prions. *Proc. Natl. Acad. Sci. USA* 1998, 95, 13363-
    13383.
6. Redecke, L.; von Bergen, M.; Clos, J.; Konarev, P. V.; Svergun, D. I.;
    Fittschen, U. E. A.; Broekaert, J. A. C.; Bruns, O.; Georgieva, D.;
    Genov, N.; Betzel, C. Structural characterization of beta-sheeted
    oligomers formed by metal-induced oxidation of human prion
    protein. *J. Struct. Biol.* 2007, 157, 308-320.
7. Riek, R., Hornemann, S., Wider, G., Glockshuber, R., & Wüthrich,
    K. NMR characterization of the full-length recombinant murine
    prion protein, mPrP(23–231). *FEBS Lett.* 1997, 413, 282-288.
8. Silveira, J. R.; Raymond, G. J.; Hughson, A. G.; Race, R. E.; Sim, V.
    L.; Hayes, S. F.; Caughey, B. The most infectious prion protein
    particles. *Nature* 2005, 437, 257-261.
9. Will, R. G. *et al.* A new variant of Creutzfeldt-Jakob disease in the
    UK. *Lancet* 1996, 347, 921-925.
10. Zahn, R., Liu A, Lührs T, Riek R, von Schroetter C, López García F,
    Billeter M, Calzolai L, Wider G, Wüthrich K.. NMR solution
    structure of the human prion protein. *Proc Natl Acad Sci USA.*
    2000, 97, 145-150.

9. Antibiotikaresistenz – Werden unsere Waffen stumpf?

Prof. Dr. Peter Heisig

Pharmazeutische Biologie und Mikrobiologie, Institut für Biochemie und Moleku- larbiologie, Universität Hamburg

Zusammenfassung

Antibiotikaresistenz beruht auf drei Grundmechanismen, für die lediglich zwei prinzipielle genetische Ereignisse verantwortlich sind. Diese umfassen die Veränderung vorhandener genetischer Information, meist durch einfache Mutationen sowie die Auf- nahme neuer genetischer Information. Dies kann zu einer Ver- änderung der Zielstruktur für das Antibiotikum, zu einer redu- zierten Konzentration des Antibiotikums an dieser Zielstruktur sowie zur Inaktivierung des Antibiotikums selbst führen.

Die hohe Zellteilungsrate sowie eine große genetische Variabili- tät verschaffen Bakterien eine gute Anpassungsfähigkeit, so dass auch gegen neuartige Wirkstoffe rasche Resistenz gebildet wer- den kann. Um dies zu verhindern oder zumindest zu verzögern, weisen moderne Antibiotika Strukturelemente auf, die mit meh- reren Angriffspunkten wechselwirken können („dual-target" oder „multiple-target"- Strategie), um so eine rasche Resistenz- entwicklung zu verhindern. Als Folge davon müssen Bakterien erst mehrere genetische Veränderungen mit entsprechend ge- ringerer Wahrscheinlichkeit ausbilden.

Der Mensch hat selbst Einfluss auf die Geschwindigkeit, mit der resistente Bakterien entstehen können. So kann der Selektions- druck durch Wahl des geeigneten Antibiotikums für die optimale Anwendungsdauer und die Wirkstoffkonzentration gewählt werden. Oft muss dafür ein Kompromiss unter Beachtung der individuellen Patientencharakteristika gefunden werden. Es sollte also **nicht an** Antibiotika, sondern **mit** Antibiotika gespart werden.

Abstract

Antibiotic resistance is based upon three mechanisms, which are due to two genetic alterations: Alteration of existing genetic information by simple mutation and acquisition of novel genetic information. These result in an alteration of the target structure, a reduced drug concentration at the target site, or inactivation of the drug itself.

The high rate of cell division combined with a broad genetic variability enables bacteria to rapidly adapt to environmental changes resulting in development of resistance to novel therapeutic drugs.

One strategy to slow down the rapid development of resistance is the design of novel drugs interacting with two or more target structures (dual-targeting, multiple-targeting). Thus, multiple genetic changes are required by the bacteria to express drug resistance, thereby reducing the rate of resistance development.

Human behaviour has some impact on the rate of resistance development. The selective pressure can be reduced by choosing the most suitable antibiotic for an optimized period of time in the most appropriate concentration. However, for some patients, indivual parameters require further consideration. Thus, antibiotics should be used prudently to avoid rapid development of resistance.

Einleitung

Infektionskrankheiten begleiten die Menschheit seit Jahrtausenden, verschiedene antike Quellen berichten von z.t. verheerenden Seuchen, gegen die es keine wirksame Behandlungsmöglichkeit gab [1]. Nachdem im 19. Jahrhundert die frühen Mikrobiologen mikroskopisch winzige Bakterien als Ursache für verschiedenste Infektionskrankheiten identifiziert hatten, war die Entwicklung von bakterienspezifischen Wirkstoffen eine logische Konsequenz. Als Pionier auf diesem Gebiet ist hier Paul Ehrlich hervorzuheben, der mit Salvarsan, das er aus bakterienspezifischen Farbstoffen durch chemische Synthese ableitete, den ersten antimikrobiell wirksamen Arzneistoff entwickelte [2] (vgl. Kap. 1). Eine konsequente Fortsetzung dieser Strategie waren in den dreißiger Jahren des vergangenen Jahrhunderts die Arbeiten von Gerhard Domagk, der die ersten Vertreter der antibakteriell wirksamen Chemotherapeutika synthetisch herstellte, sowie die Nutzung der Erkenntnisse von Alexander Fleming, der 1928 erstmalig die antibiotische Wirksamkeit von Penicillin, einem Naturstoff aus Pilzen der Gattung Penicillum, entdeckte.

Heutzutage fasst man unter dem Begriff „Antibiotika" alle antibakteriell wirksamen Stoffe zusammen, unabhängig davon, ob sie natürlichen, rein synthetischen oder semisynthetischen Ursprungs sind, während der Begriff Chemotherapeutika den Tumortherapeutika vorbehalten ist. Antibiotika stellen unter den Arzneimitteln aus folgenden Gründen eine besondere Gruppe von Arzneistoffen dar: Antibiotika „verbrauchen" sich im Laufe der Zeit, da sie an einer Zielstruktur angreifen, die sich zwar im oder am Körper des Menschen befindet, aber nicht dessen Bestandteil ist. Bakterien haben im Laufe Ihrer Evolution Strategien entwickelt, um sich der Wirkung der Antibiotika durch Resistenzentwicklung zu entziehen, wodurch die Behandlung von bakteriellen Infektionserregern einer Therapie mit „beweglichen Zielen" gleicht. Dies ist auch die Ursache dafür, dass auch heutzuta-

- Antibiotika „verbrauchen" sich im Laufe der Zeit
- Infektionskrankheiten zählen zu den häufigsten Todesursachen weltweit

ge noch Infektionskrankheiten zu den häufigsten Todesursachen weltweit zählen (Abb. 1, vgl. http://www.who.int/en/).

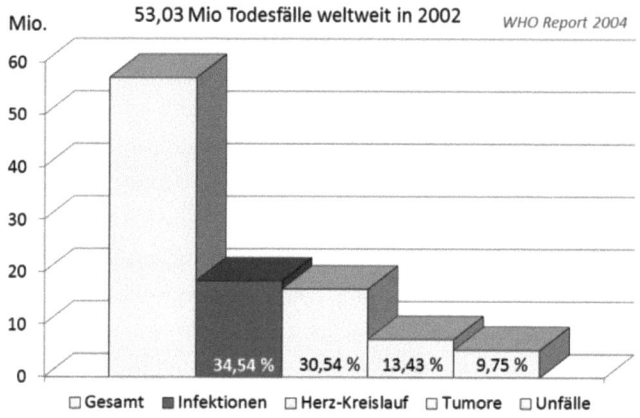

Abb. 1. Todesursachen weltweit

Während in der Vor-Antibiotika-Ära „klassische" bakterielle Infektionskrankheiten, wie Tuberkulose und Scharlach, aber auch Typhus, Cholera oder Ruhr mangels therapeutischer Optionen auch in Industrieländern weit verbreitet waren, dominieren dort heutzutage Infektionen durch multiresistente Vertreter von Bakterienarten, die normalerweise die Haut und Schleimhäute des Menschen besiedeln (vgl. Kap. 4). Eine Übersicht über die wichtigsten Vertreter, die von ihnen ausgelösten Infektionskrankheiten sowie die Antibiotika, gegen die Resistenz besteht, gibt Tab. 1.

Tabelle 1: Die wichtigsten bakteriellen Erreger mit Resistenzproblemen. Die unterstrichenen Organismen kommen als Saprophyten beim Menschen vor.

Erreger	Ausgelöste Krankheit	häufig resistent gegen
Staphylococcus aureus	Wundinfektionen, Sepsis	β-Lactame, Chinolone, Makrolide
Streptococcus pneumoniae	Lungenentzündung, Meningitis	β-Lactame, Makrolide
Enterococcus spp.	Bauchrauminfektionen	β-Lactame, (Glycopeptide)
P. aeruginosa	Wund-, Harnwegsinfektionen	β-Lactame, Chinolone, Aminoglycoside
Enterobacteriaceae	Harnwegsinfektionen, Sepsis	β-Lactame, Chinolone, Aminoglycoside
Acinetobacter spp.	Atemwegsinfektionen	β-Lactame, Chinolone, Aminoglycoside

- **Wie schnell entsteht Resistenz? Historische Betrachtungen**

Bereits 1944 bei der Einführung des β-Lactam-Antibiotikums Penicillin G, als erstem klassischen Antibiotikum überhaupt, in die Therapie waren 5% der Isolate von *Staphylococus aureus* Penicillin G-resistent, fünf Jahre später waren es bereits 50% (vgl. Kap. 1). Über zehn Jahre bis 1960 benötigte damals die Pharmazeutische Industrie, um mit Methicillin einen durch chemische Teilsynthese gewonnenes Penicillinderivat zu entwickeln, das auch gegen die Penicillin G-resistenten Bakterienstämme wirksam war. Es dauerte aber nur ein weiteres Jahr, bis 1961 erstmals ein Methicillin-resistenter Stamm von *S. aureus* (MRSA) isoliert wurde. Solche MRSA-Isolate sind gegen nahezu alle β-Lactam-Antibiotika resistent [3].

- Methicillin-resistente *Staphylococcus aureus* (MRSA)
- β-Lactam-Antibiotika

• Vanco-mycin-resistente *S. aureus* (VRSA)

Als eine sehr wirksame Alternative wurde seit 1990 mit Vancomycin ein Antibiotikum aus einer anderen Substanzklasse (Glycopeptid-Antibiotika) verwendet, um MRSA-Infektionen zu behandeln. Sechs Jahre später gab es den ersten Bericht über schwach Vancomycin-resistente Isolate von *S. aureus*, sechs Jahre später (2002) wurde das erste Vancomycin-resistente *S. aureus* (VRSA) -Isolat in den USA isoliert.

In den beschriebenen Fällen von Resistenz gegen Penicillin G, dem daraus abgeleiteten Methicillin sowie Vancomycin, handelt es sich um Antibiotika, die zu den Wirkstoffgruppen der β-Lactame und Glycopeptide gehören, welche bereits seit Urzeiten in der Natur existieren. Die entsprechenden Resistenzgene konnten identifiziert werden und mit Hilfe genetischer Homologien einer Entstehungszeit vor 240 bis 2.000 Millionen Jahren zugeordnet werden, entsprechend dem Alter der Gene für die Biosynthese dieser Antibiotika. Jedoch befanden sich die Resistenzgene entweder nur in sehr wenigen Vertretern der Bakterienart *Staphylococcus aureus* (Penicillin G-Resistenz) oder in einer anderen Staphylokokken-Art (Methicillin-Resistenz) oder sogar in anderen Bakterienarten (Vancomycin-Resistenz in Enterokokken), von denen sie auf *S. aureus* übertragen wurden.

- **Welche Faktoren begünstigen die Resistenzentwicklung?**

• **Mikrobielle Faktoren**

Einzellige Bakterien mit einfacher Chromosomenausstattung (haploid) besitzen zwei entscheidende Vorteile gegenüber vielzelligen Organismen mit doppelter Chromosomenausstattung (diploid) wie z.B. dem Menschen: Bakterien vermehren sich durch Zweiteilung mit einer Generationszeit von 30 min. und können dadurch innerhalb kurzer Zeit eine riesige Individuenzahl hervorbringen. So stehen derzeit auf der Welt geschätzte 5 x 10^{31} Bakterien lediglich 6 x 10^9 Menschen gegenüber.

> • Bakterien haben eine kurze Generationszeit (ca. 30 min)

> • 5 x 10^{31} Bakterien
> • 6 x 10^9 Menschen

Außerdem wird jede zufällige genetische Veränderung, d.h. Mutation, direkt ausgeprägt. Da solche Mutationen mit einer Wahrscheinlichkeit von etwa 1 zu einer Milliarde (10^{-9}) vorkommen, können sehr rasch sehr viele resistente Mutanten entstehen.

> • Mutationswahrscheinlichkeit 1 zu einer Milliarde (10^{-9})

• **Antibiotika-assoziierte Faktoren**

Eine weitere wichtige Rolle spielt das Antibiotikum selbst. Es fungiert als Selektionsmittel, was bedeutet, dass in Anwesenheit eines Antibiotikums sich nur die resistenten Zellen vermehren können. Die Art des Antibiotikums und die eingesetzte Konzentration haben Einfluss auf die Höhe und die Dauer des Selektionsdrucks und damit die Resistenzentwicklung.

So sind rein synthetisch hergestellte Antibiotika wie z.B. Chinolone im Vergleich zu den natürlich gebildeten β-Lactamen erst seit kurzer Zeit einem Selektionsdruck ausgesetzt, weshalb sich noch keine inaktivierenden Enzyme, wie β-Lactamasen, entwickeln konnten. Dennoch ist ein Trend zu beobachten, dass sich nach der Markteinführung eines neuen Antibiotikums zunehmend resistente Bakterien von Patienten isolieren lassen. Dies

> • Chinolone und Resistenzentwicklung

zeigt sich am Beispiel der synthetisch hergestellten Fluorchinolone (Abb. 2).

■ Erreger des Scharlachs entwickelte bislang keine Resistenz gegen Penicillin

Als Ursache dieser Resistenz finden sich häufig punktuelle Veränderungen an den Strukturen, die natürlicherweise in den betroffenen Bakterienarten vorkommen und an welchen die Antibiotika angreifen. Es gibt allerdings eine Ausnahme: Auch nach 50 Jahren ist der Erreger des Scharlachs, *Streptococcus pyogenes*, empfindlich gegen Penicillin.

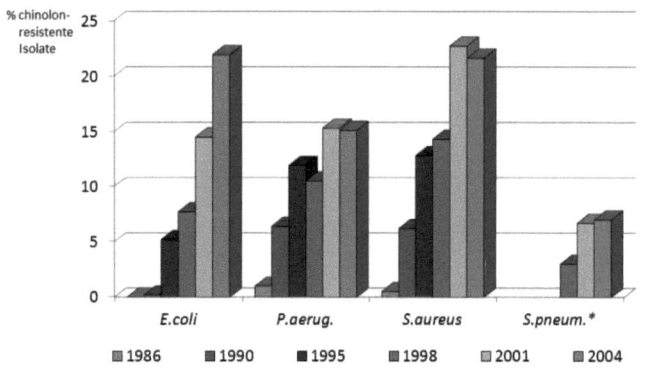

Abb. 2: Prävalenz fluorchinolonresistenter Erreger. Nach Daten der regelmäßig stattfindenden Studien zur Resistenzsituation in Kliniken im deutschsprachigen Raum hat seit Einführung der Fluorchinolone in die Therapie nach anfänglich kurzer Latenzphase die Zahl resistenter Isolate deutlich auf Werte zwischen 15 – 20 % zugenommen. Die Pfeile markieren die Zunahme der Zahl resistenter Bakterienstämme jeweils unmittelbar nach Markteinführung (http://www.p-e-g.org/ag_resistenz/main.htm).

Eine genauere Analyse der Ursachen für problematischen Selektionsdruck zeigt ein Vergleich der Verschreibungsgewohnheiten von Antibiotika für Atemwegsinfektionen durch *Streptococcus pneumoniae* zwischen Deutschland und Frankreich. Die deutlich höheren Resistenzraten gegenüber Penicllin (53%) und Erythromycin (48%) in Frankreich verglichen mit Deutschland (8% gegen Penicillin, 5% gegen Erythromycin) werden auf folgende

Faktoren zurückgeführt: Der Gesamtverbrauch an Antibiotika ist dreifach höher, der Einsatz bei banalen Erkältungen, die oft durch Viren hervorgerufen werden, ist siebenfach höher, das weniger geeignete Antibiotikum wird mit einer zu geringen Dosis verwendet [8].

Das Problem der Resistenzentwicklung wird darüber hinaus durch die abnehmende Zahl von neu zugelassenen Antibiotika verschärft [11].

▪ Resistenz – eine Definition

Grundlage der Definition von Resistenz ist die quantitative Bestimmung der Antibiotikaempfindlichkeit als minimale Hemmkonzentration (MHK). Darunter versteht man die experimentell ermittelte geringste Konzentration eines Antibiotikums, die das Wachstum einer definierten Bakterienzellzahl unter Standardbedingungen innerhalb eines bestimmten Zeitraums hemmt. Anhand des MHK-Wertes für ein Bakterienisolat kann Resistenz gegen ein Antibiotikum auf zweierlei Weise definiert werden: Als biologisch resistent bezeichnet man ein Isolat, dessen MHK-Wert höher liegt als der, welcher für den Hauptanteil einer Population der gleichen Bakterienart bestimmt wurde, die als biologisch empfindlich bezeichnet wird. Von größerem Interesse für die Therapie ist die Frage der klinischen Resistenz. Hierbei wird die MHK für ein Bakterienisolat mit derjenigen Konzentration des Antibiotikums verglichen, die bei normaler Dosierung im Serum von Patienten erreicht werden kann. Liegt die mittlere Serumkonzentration etwa 10fach höher, so ist von einer guten Wirksamkeit auszugehen, vorausgesetzt es handelt sich um eine Infektion durch einen Erregertyp, für den die Therapie mit dem Antibiotikum auch geeignet ist. So ist die MHK von Tetracyclin für Erreger von *Salmonella typhi* zwar sehr niedrig, jedoch lässt sich eine Typhuserkrankung nicht mit Tetracyclin behandeln, da

> ▪ Minimale Hemmkonzentration (MHK)

das Antibiotikum die erforderliche Konzentration wohl im Serum, aber nicht an der Infektionsstelle erreicht.

• MHK-Grenzwerte
• Internet-Portal EU-CAST

Daher wurden in den einzelnen Ländern oft jeweils unterschiedliche, spezifische MHK-Grenzwerte für ein und dasselbe Isolat festgelegt, so dass keine einheitliche Einordnung von Isolaten zu „resistent" oder „empfindlich" existierte. Inzwischen gibt es allerdings für Europa eine gute Richtlinie, die auf dem Internet-Portal von EUCAST zugänglich ist. (http://www.srga.org/ eucastwt/bpsetting.htm)

Mechanismen der Resistenz

• Änderung vorhandener genetischer Information
• Aufnahme neuer DNA
• Transformation
• Konjugation
• Transduktion
• Bakteriophagen

Wie bereits oben ausgeführt beruht die genetische Ursache der Resistenz, entweder auf der Änderung vorhandener genetischer Information oder der Aufnahme neuer DNA. Während für den ersten Fall die natürliche Mutationsrate und eine hohe Zellzahl verantwortlich sind, haben für den zweiten Fall Bakterien effiziente Mechanismen des Austauschs von genetischem Material zwischen einzelnen Zellen entwickelt, die teilweise auch einer anderen Spezies angehören. Dies sind einerseits die Aufnahme von extrazellulärer DNA, wie sie aus abgestorbenen Bakterienzellen freigesetzt wird, durch den Mechanismus der Transformation, andererseits der über einen direkten Zell-Zell-Kontakt erfolgende Transfer von genetischem Material mittels Konjugation oder ein durch Bakteriophagen, d.h. bakterienspezifische Viren, vermittelter Gentransfer, der als Transduktion bezeichnet wird (Abb. 3).

Grundsätzlich ergeben sich aus den genetischen Veränderungen drei Mechanismen, die zur Ausbildung von Resistenz führen:

1. die Bindungsstelle an der Zielstruktur des Antibiotikums wird so verändert, dass der Wirkstoff dort nicht mehr wirken kann

2. die Konzentration des Wirkstoffs an der Bindungsstelle wird so erniedrigt, dass es zu keiner ausreichenden Wirkung kommt, oder

3. der Wirkstoff wird selbst durch enzymatische Modifikation der Struktur inaktiviert.

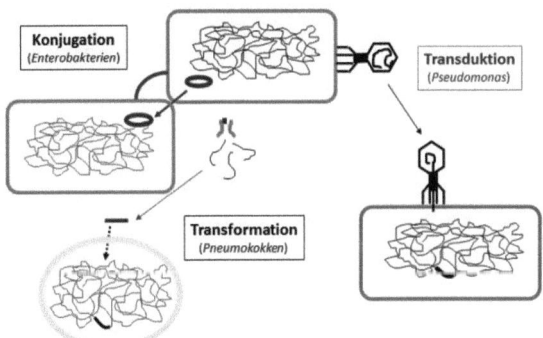

Abb. 3: Wege der horizontalen Ausbreitung von genetischem Material bei Bakterien.

Während zu Beginn der Antibiotika-Ära einzelne Mechanismen ausreichten, um eine Antibiotikawirkung aufzuheben, sind für die modernen Wirkstoffe oft mehrere Veränderungen in Kombination erforderlich. Hatte man ursprünglich geglaubt, dadurch einen Zeitvorteil zu erlangen, bis es zur klinisch relevanten Resistenz kommt, so muss man inzwischen feststellen, dass sich damit nur das Repertoire an verfügbaren Mechanismen erhöht hat, so dass die Bakterien in diesem „Hase-und-Igel"-Spiel immer wieder die Nase vorn haben [6].

▪   Resistenzmechanismen gegen natürliche und halbsynthetische β-Lactamantibiotika

Am Beispiel der ß-Lactamantibiotika, zu denen neben den Penicillinen auch Cephalosporine, Carbapeneme und Monabactame gehören, lassen sich alle drei Resistenzmechanismen verdeutlichen.

▪ ß-Lactamantibiotika inhibieren Transpeptidasen/ Transglycosidasen (auch als Penicillin-Bindeproteine bezeichnet)

Der molekulare Wirkungsmechanismus der ß-Lactamantibiotika beruht auf der Hemmung von Enzymen, die für den Aufbau der bakteriellen Zellwand erforderlich sind. Diese Enzyme, wissenschaftlich als Transpeptidasen/Transglycosidasen oder auch Penicillin-Bindeproteine (PBP) bezeichnet, binden an die allen β-Lactamantibiotika eigene Grundstruktur, die dem natürlichen Bindungspartner sehr ähnelt, bleiben aber fest mit diesem verbunden. Dadurch kommt es zu einer dauerhaften Hemmung dieser Enzyme und die Zellwand wird langfristig zerstört. Dies führt zum Zelltod.

Die ersten, schon bei Markteinführung von Penicillin G im Jahre 1944 gefundenen resistenten *Staphylococcus aureus* Bakterien verfügten über ein Enzym β-Lactamase, das die Zerstörung des Antibiotikums bewirkt. Für eine optimale Wirkung wird dieses Enzym aus der Zelle herausgeschleust und kann somit bereits das Antibiotikum zerstören, bevor es auf die Zielstruktur, die in der Cytoplasmamembran verankerten Transpetidasen / Transglycosidasen trifft. Für einen wirksamen Schutz müssen die Bakterienzellen jedoch kontinuierlich β-Lactamasen bilden, da die Enzyme nach Ausschleusen aus der Zelle von dieser wegdiffundieren.

▪ β-Lactamasen zerstören ß-Lactamantibiotika

Wie man erst viel später herausfand, kommen Verwandte dieses Enzyms auch in einer Reihe anderer Bakterienarten vor. Allerdings sind diese ursprünglichen Enzyme vor allem dazu in der Lage, die älteren, natürlich gebildeten β-Lactamantibiotika zu zerstören. In den letzten Jahrzehnten hat es jedoch eine rasante Evolution von einzelnen Vertretern dieser β-Lactamasen gege-

ben, die dazu geführt hat, dass auch modernste Weiterentwicklungen aus der Gruppe der β-Lactamantibiotika effizient zerstört
werden können. Ursache hierfür ist der Erwerb von einzelnen
Mutationen in den Genen für bestimmte β-Lactamasen vor allem der Gram-negativen Bakterien, wodurch die Bindungsstelle
des Enzyms für das jeweilige Antibiotikum entsprechend angepasst wurde. Dies hat zur Folge, dass dieses vom Enzym besser
gebunden und schneller inaktiviert werden kann [4].

Im Falle von MRSA-Isolaten, die kurz nach Einführung des β-
Lactamase-stabilen Methicillin auftauchten, hatte es jedoch
keine Veränderung der β-Lactamase gegeben, sondern es kam
zur Übertragung eines genetischen Abschnitts mit der Informati-
on (*mecA*-Gen) für ein zusätzliches Penicillin-Bindeprotein
(PBP2a) von einer anderen Staphylokokken-Art. Dieses PBP2a
besitzt eine sehr geringe Empfindlichkeit gegenüber β-
Lactamantibiotika und kann alle Funktionen der gehemmten
PBPs übernehmen, so dass die Zelle auch in Anwesenheit hoher
Antibiotikakonzentration weiterleben kann [5].

> * zusätzliches Penicillin-Bindeprotein (PBP2a) bei MRSA-Isolaten von einer anderen Staphylokokken-Art

Nahm man vor einigen Jahren noch an, dass diese Aufnahme
eines neuen Gens nur sehr selten bei wenigen Stämmen erfolgt
ist, die sich dann von Patient zu Patient als Zellklon, ausgebreitet
hat, so ist man nach neueren Erkenntnissen heute der Auffas-
sung, dass sich das genetische Element mit der Information für
PBP2a auch zwischen Zellen verschiedener Staphylokokken-
Arten rasch ausbreitet [10].

Bei Bakterien des Lungenenzündungserregers *Streptococcus
pneumoniae* hat man eine Sonderform dieses Genübertra-
gungsmechanismus gefunden. Da diese Bakterien die Fähigkeit
besitzen, freies genetisches Material aus ihrer Umgebung in die
Zelle aufzunehmen und, falls es ihrer eigenen DNA ähnlich ist,
sogar stabil in diese einzubauen, sind auf diesem Wege neuartige Kombinationen von Genabschnitten für PBPs als sogenannte
Mosaikgene entstanden (Abb. 4). Diese besitzen Genbereiche,

> * Lungenentzündungserreger *Streptococcus pneumoniae*
> * Mosaikgene

die in den ursprünglichen Bakterienarten bereits eine Unempfindlichkeit für β-Lactamantibiotika aufweisen und diese in die Streptokokken mitbringen [15].

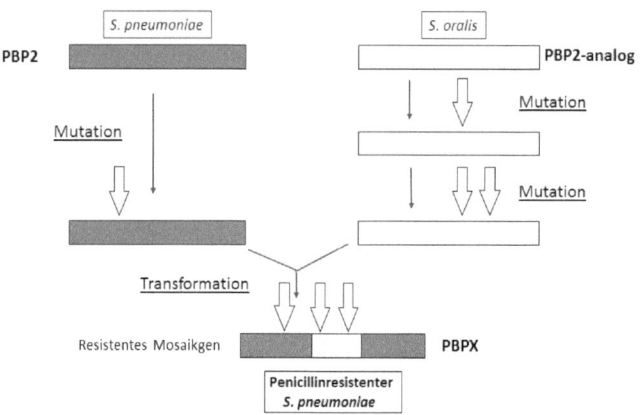

Abb. 4: Die Aufnahme von Resistenzgenfragmenten durch *Streptococcus pneumoniae* führt zu Mosaikgenen. Natürliche Besiedler des Mundraums, wie *Streptococcus oralis* haben bereits Mutationen erworben, durch die eine gewisse Resistenz gegen β-Lactamantibiotika vorhanden ist. Bei Atemwegsinfektionen durch *S. pneumoniae* besiedeln diese gemeinsam den Mundraum. Nach dem Absterben von *S. oralis*-Zellen freigesetztes genetisches Material kann von *S. pneumoniae* aufgenommen und mit homologen eigenen Genen zu sog. Mosaikgenen mit hohem Resistenzpotential kombiniert werden. Das daraus entstandene Protein wird als Penicillin-Bindeprotein X (PBPX) bezeichnet.

- **Resistenzmechanismen gegen synthetische Fluorchinolone**

Während im vorigen Beispiel der β-Lactamantibiotika eine natürliche Grundstruktur (β-Lactamring) deshalb problematisch ist,
weil für deren Inaktivierung bereits über lange Zeiträume geeignete Enzyme durch Evolution in der Natur entstanden sind, war
man Mitte der achtziger Jahre des letzten Jahrhunderts der Auf-
fassung, dass rein chemisch synthetisierte Verbindungen aus der
Gruppe der 4-Chinolone, deren Grundstruktur bislang nicht in
der Natur bekannt war, den Vorteil besäßen, dass sich eine enzymatische Inaktivierung als Resistenzmechanismus nicht so
schnell entwickeln würde. Man wusste außerdem bereits, dass
sich die Übertragung der Gene für resistente Zielstrukturen nicht
als Resistenz im Empfängerorganismus auswirkt. Dennoch stieg
im Laufe der folgenden Jahre die Anzahl resistenter Bakterien
stetig an. Inzwischen wurden sowohl inaktivierende Enzyme als
auch übertragbare Resistenzmechanismen gegen Fluorchinolone
entdeckt.

▪ 4-Chinolone

Bei Versuchen, diese Resistenzentwicklung unter Laborbedingungen nachzuvollziehen, konnte eine wichtige Erkenntnis er-
langt werden: In empfindlichen Zellen gibt nicht nur eine, sondern in den meisten Bakterien zwei Angriffspunkte mit leicht
unterschiedlicher Empfindlichkeit für Fluorchinolone (Abb. 5) [9].

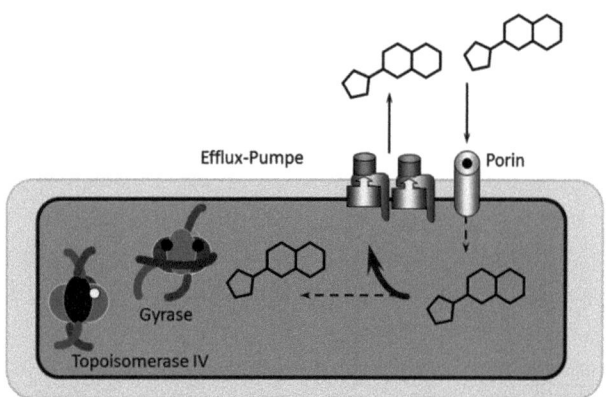

Abb. 5: Klinisch relevante Fluorchinolonresistenz – eine Kombination chromosomal-codierter Mechanismen. Wegen der hohen Aktivität der Fluorchinolone sind mehrere Resistenzmutationen erforderlich: (i) Beide Angriffspunkte, die Topoisomerasen II (Gyrase) und IV, werden an den Bindungsstellen so verändert, dass die Fluorchinolone schlechter hemmen. (ii) Ein globaler Regulator (z.B. MarR) für multiple Antibiotikaresistenz wird zusätzlich inaktiviert. Als Folge davon wird sowohl die wichtigste Effluxpumpe überexprimiert und gleichzeitig die Anzahl der Porine (OmpF) in der äußeren Membran, durch welche die Fluorchinolone in die Zelle gelangen, reduziert. Beide Mechanismen ergeben in der Kombination eine effiziente klinisch relevante Resistenz gegen Fluorchinolone.

> ▪ „dual-target" Antibiotika

Durch Vorliegen zweier Angriffspunkte (dual-target-Situation) wird die Resistenzentwicklung verzögert, da zur Resistenzausbildung beide Strukturen durch Mutationen verändert sein müssen.

> ▪ Neue Mechanismen zur Chinolonresistenz

In den letzten Jahren wurden jedoch noch drei weitere Resistenzmechanismen gegen Fluorchinolone identifiziert, die außerdem noch übertragbar sind [16]. Im Zusammenhang mit den bereits bekannten Resistenzmechanismen durch Änderung der Topoisomerasen kann es zu sehr hoher Resistenz gegen Fluorchinolone kommen. Diese drei neuen Mechanismen umfassen

1. die Bildung von Schutzproteinen (QnrA, B, C, D, und S), die sich mit einer DNA-ähnlichen Struktur selbst an die

Topoisomerasen heften und dadurch die Anbindung von Fluorchinolonantibiotika behindern,

2. die Bildung von Membranproteinen (QepA1, QepA2, OlaAB), die als sogenannte Effluxpumpen über einen effizienten Export der Fluorchinolone aus der Zelle zu einer Verringerung der Fluorchinolonkonzentration in der Zelle führen, und

3. die Bildung einer neuartigen Variante eines schon lange bekannten Enzyms [AAC(6')Ib-cr], das durch Übertragung eines Essigsäurerests auf das bestimmte Vertreter der Fluorchinolone diese unwirksam macht (Abb. 6).

Ursache für die unerwartet rasche Entwicklung neuartiger Mechanismen der Fluorchinolonresistenz ist die Übertragung von bislang unbekannten Resistenzgenen aus Umweltbakterien in humanpathogene Erreger [16].

In dem letztgenannten Fall waren lediglich zwei Mutationen notwendig, durch die es zu einer Umwandlung der ursprünglichen Erkennungsstelle für Kanamycin, einem Antibiotikum aus der Gruppe der Aminoglycoside, in eine Erkennungsstelle für zwei Vertreter aus der Gruppe der Fluorchinolone (Norfloxacin und Ciprofloxacin) gekommen ist.

Die drei Mechanismen führen für sich genommen nicht zu einer hohen Resistenz, sind aber in der Kombiantion mit chromosomalen Mutationen verstärkend wirksam [7] und können zwischen Bakterienzellen übertragen werden. Dadurch haben sie sich rasch weiterverbreiten können, vor allem deshalb, weil sie oft zusammen mit Genen, die eine Resistenz gegen andere Antibiotikaklassen bewirken auf denselben genetischen Einheiten liegen und mit diesen gemeinsam übertragen wurden. Auch wenn oft nur eine der Resistenzeigenschaften erforderlich ist, um den Empfängerzellen ein Überleben in Anwesenheit von Antibiotika zu sichern, werden immer alle gemeinsam übertragen und ste-

- Kanamycin (Aminoglycosid)
- Norfloxacin und Ciprofloxacin (Fluorchinolone)

hen dem Erreger im Falle einer Umstellung der Therapie auf ein anderes Antibiotikum sofort zur Verfügung. Ungeklärt ist allerdings noch die Frage, inwieweit der durch Qnr, Qep oder AAC(6')Ib-cr vermittelte Effekt tatsächlich zu einer klinisch bedeutsamen Resistenz führt. Möglicherweise kommt diesen Mechanismen lediglich eine Schrittmacherfunktion zu, um rascher eine Kombination von Mutationen in den Zielstrukturen anhäufen zu können.

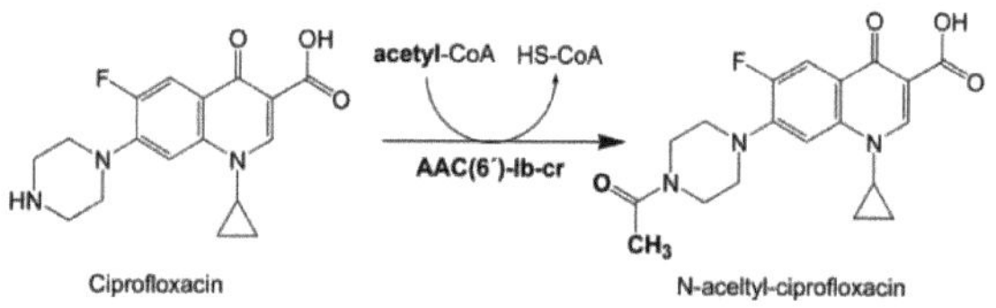

Wirkstoff	Abwesenheit von AAC(6')-Ib-cr	Anwesenheit von AAC(6')-Ib-cr
Niprofloxacin (cipro)	0,02	0,08
N-acetyl-ciprofloxain	0,08	0,08
N-ethyl-cipro (enrofloxacin)	0.02	0,02
Norfloxacin	0,15	0,6
Kanamycin [µg/ml]	4	64

Abb. 6: Enzymatische Inaktivierung von 7-Piperazinyl-fluorchinolonen (Norfloxacin, Ciprofloxacin) durch das Enzym AAC(6´)Ib-cr. Bei diesem Enzym handelt es sich um eine Variante einer Aminoglycosid-Acetyltransferase (AAC(6')-Ib), die durch zwei punktuelle Veränderungen nicht nur Aminoglycosidantibiotika, sondern auch Fluorchinolone durch Acetylierung inaktivieren kann. Wie die MHK-Werte verschiedener Fluorchinolone von *E. coli* Stämmen mit dem Enzym zeigen, ist der Effekt durch die Acetylierung für sich genommen nur gering, aber für das Aminoglycosid Kanamycin immer noch klinisch relevant. Durch eine Ethylgruppe wird die Aktivität nicht beeinträchtigt [13].

■ **Resistenzmechanismen gegen natürliche und halbsynthetische Makrolide und Ketolide**

Makrolidantibiotika, wie das in der Kinderheilkunde vor allem
bei Atemwegsinfektionen häufig eingesetzte Erythromycin, sind
natürlichen Ursprungs. Erythromycin weist aber Nachteile sowohl durch seine Empfindlichkeit für verschiedene Resistenzmechanismen, als auch durch die Instabilität im sauren Magensaft
auf. Diese Nachteile konnten mit halbsynthetischen Weiterentwicklungen wie Clarithromycin teilweise aufgehoben werden.
Die mit relativ geringfügigen chemischen Modifikationen erzielten Verbesserungen sind zwar für die Stabilität im Magensaft
bedeutsam, jedoch für die Resistenzentwicklung nur von geringerer Bedeutung. Eine deutliche Verbesserung ergab sich erst
dadurch, dass zunächst die molekularen Grundlagen von Wirkungs- und Resistenzmechanismen der Makrolide genauer analysiert wurden [17]. Dabei zeigte sich, dass Makrolide vor allem
mit einer bestimmten Region ihrer Zielstruktur, der Domäne V
der großen, als 50S bezeichneten, Untereinheit des Ribosoms in
Wechselwirkung treten und damit die Funktion der Ribosomen
als Proteinsynthesefabriken der Zelle hemmen. Wird diese Bindungsstelle durch eine Mutation oder die enzymatische Übertragung einer Methylgruppe verändert, kann Erythromycin kaum
noch binden. Dieser letztgenannte Mechanismus ist bei Bakterien sehr weit verbreitet und besonders effizient gegen die älteren Makrolidantibiotika. In Kenntnis der strukturellen Besonderheiten der Makrolide und ihrer Zielstruktur sowie der genauen
Kenntnis der Wechselwirkung an der Bindungsstelle wurden
Abkömmlinge der Makrolidantibiotika entwickelt. Diese als Ketolide bezeichneten, halbsynthetisch hergestellten Antibiotika
weisen neben einigen Vorzügen der neueren Makrolide zusätzlich einen neuartigen, großen Seitenarm auf, mit dem sie an
einer zweiten Stelle in einer benachbarten Region der großen
Ribosomenuntereinheit, der Domäne II, in Wechselwirkung treten können (Abb. 7).

> ■ Erythro
> mycin (Mak
> rolid
> antibioti
> kum)
> ■ Clarithro
> mycin
> ■ 50S Un
> tereinheit
> des
> Ribosoms
> ■ Ketolide

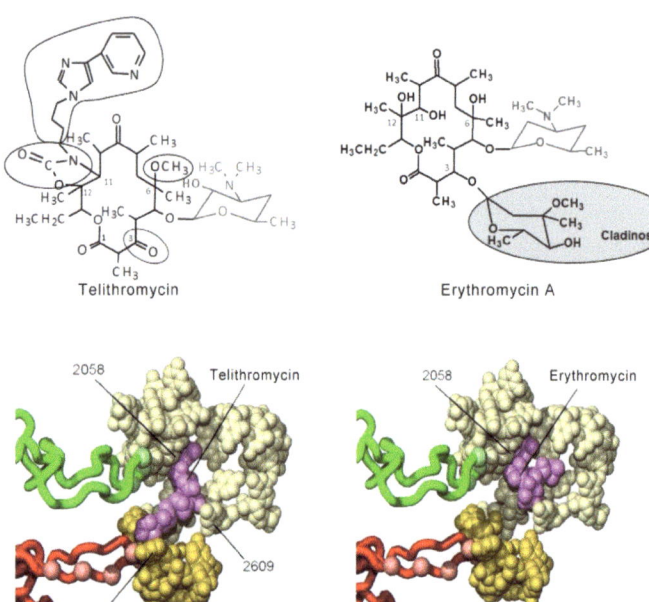

Abb. 7: Oben: Strukturelle Unterschiede zwischen dem Makrolid Erythromycin A und dem Ketolid Telithromycin. Einige chemische Modifikationen am Grundgerüst der Makrolide, wie der Austausch des Cladiose-Zuckers gegen die namensgebende Ketogruppe am Kohlenstoffatom 3 (C3), die Methylierung der OH-Gruppe an C6 und der lange Seitenarm an C11 verleihen dem Ketolid Telithromycin eine Reihe von Wirkungsverbesserungen, wie verringerter Efflux, eine erhöhte Ribosomenbindung und eine verbesserte Pharmakokinetik. Hervorzuheben ist dabei die verbesserte Stabilität gegenüber verschiedenen Makrolid-Resistenzmechanismen. Unten: Modell von Prof. Stephen Douthwaite, Universität von Süddänemark, Odense, DK. Darstellung der Wechselwirkung von Erythromycin bzw. Telithromycin mit dem Ribosom. Die Interaktion der beiden Antibiotikastrukturen mit dem Ribosom erfolgt über Kontakte entweder nur an einer Domäne (V) bzw. zusätzlich an einer zweiten Domäne (II) der 50S ribosomalen Untereinheit (nach Daten von [13] und [14]).

- Telithro-
  mycin

Den Ketoliden, von denen mit Telithromycin der erste Vertreter seit einigen Jahren im Handel ist, haben selbst Erythromycin-resistente Bakterien kaum etwas entgegenzusetzen. Nur wenn ein methylierendes Enzym massiv überproduziert wird, lässt sich eine Resistenz auch gegen Telithromycin feststellen.

Ausblick – was ist noch in der Pipeline?

Aus dem bisher Gesagten ist ersichtlich, dass sich Bakterien bislang immer wieder der Wirkung veränderter Antibiotika - seien es neue natürliche oder aus natürlichen durch partielle Synthese abgeleitete oder rein chemisch gewonnene, neuartige Wirkstoffe - durch Ausbildung von Resistenz entziehen konnten. So wurden neben diesen erwähnten Strategien neue Wege beschritten, um zu neuartigen Wirkstoffen zu kommen. Diese Strategien umfassen z. B. das sogenannte pathway engineering, bei dem die Biosynthesegene für die Bildung natürlicher Antibiotika aus den produzierenden Mikroorganismen isoliert und mit Hilfe gentechnischer Verfahren zu völlig neuen Biosynthesegengruppen kombiniert werden. Auch wenn mit diesen Verfahren noch kein marktreifes Antibiotikum entwickelt worden ist, stellen sie eine interessante zukünftige Alternative dar, um im Wettlauf mit den Bakterien nicht allzu weit ins Hintertreffen zu geraten.

Die derzeitige Palette an neuen Wirkstoffen umfasst überwiegend Wirkstoffe bereits bekannter Gruppen, die jedoch auf der Kenntnis der molekularen Struktur der Angriffspunkte sowie der Resistenzmechanismen basieren, weshalb man sich eine verbesserte Aktivität und Stabilität gegenüber resistenten Mutanten verspricht. Eine Reihe von zukünftigen Antibiotikaentwicklungen umfassen Derivate bekannter Wirkstoffklassen, wie β-Lactame (z.B. die Cephalosporine Ceftobiprolmedocaril, Ceftarolinfosamil, Ceftarolin), Dihydro-folatreduktasehemmer (Iclaprim), Glykopeptide (Dalbavancin, ein semisynthetischer Abkömmling des Teicoplanins sowie Oritavancin und Telavancin, semisynthetische Derivate des Vancomycins) und Chinolone/Fluorchinolone (Sitafloxacin, Delafloxacin, Garenoxacin, Nemonoxacin, Prulifloxacin, Zabofloxacin).

> • Derivate bekannter Wirkstoffklassen

Literatur

1. Sherman, I.W.: The power of plaques.. ASM Press, American Society for Microbiology, Washington DC, USA. 2006
2. Doerr, H.W., Ehrlich färbt am längsten. Chemotherapie-Journal 2005; 14:1-7.
3. Davies, J.Davies, D. Origins and evolution of antibiotic resistance. Microbiol. Mol. Biol. Rev. 2010; 74, 417–433.
4. Ghebremedhin, B.. Extended-spectrum Betalaktamasen (ESBL): gersten ESBL - heute ESBL, Carnbapenemasen und multiresistente Bakterien. Dtsch Med Wochenschr 2012; 137: 2657-62.
5. Deurenberg, R.H. Stobberingh E.E. The molecular evolution of methicillin-resistant *Staphylococcus aureus*. Clin. Microbiol. Infect. 2007; 13: 222-235
6. Arias, C.A., Murray, B.E.. Antibiotic-resistant bugs in the 21st century – a clinical super-challenge. N. Engl. J. Med. 2009; 360: 439-443.
7. Emrich, N.-C., Heisig, A., Stubbings, W., Labischinski, H., Heisig, P.. Antibacterial activity of finafloxacin under different pH conditions against isogenic strains of *Escherichia coli* expressing combinations of defined mechanisms of fluoroquinolone resistance. J. Antimicrob. Chemother. 2010; 65: 2530-2533.
8. Harbarth, S., Albrich, W., Brun-Brisson, C.. Outpatient antibiotic use and prevalence of antibiotic-resistant pneumococci in France and Germany: a sociocultural perspective. Emerg. Infect. Dis.2002; 8: 1460-1467.
9. Heisig, P.. Genetic evidence for a role of *parC* mutations in development of high-level fluoroquinolone resistance in *Escherichia coli*. Antimicrob. Agents Chemother. 1996; 40: 879-885.
10. Lindsay, J.A., Holden, M. F. G.. Understanding the rise of the superbug: investigation of the evolution and genomic variation of *Staphylococcus aureus*. Funct. Integr. Genomics2006; 6: 186-201.
11. Moellering, R.C.jr.. Discovering new antimicrobial agents. Int. J. Antimicrob. Agents 2011; 37: 2-9.
12. Poehlsgaard, J. Douthwaite, S.. The macrolide binding site on the bacterial ribosome. Curr. Drug Targets – Infect. Disorders 2002; 2: 67-78.

13. Robisek, A., Strahilevitz, J., Jacoby, G.A., Macielag, M., Abbanat, D., Park, C. H., Bush, K. Hooper, D.C.. A fluoroquinolone-modifying enzyme: a new adaption of a common aminoglycoside acetyltransferase. Nature Medicine 2006; 12: 83-88.

14. Schluenzen, F., Zarivach, R., Harms, J., Bashan, A., Tocilj, A., Albrecht, R., Yonath, A. Franceschi, F.. Structural basis for the interaction of antibiotics with the peptidyltransferase centre in eubacteria. Nature 2001; 413: 814-821.

15. Sibold, C., Henrlchsen, J., König, A., Martin, C., Chalkley, L., Hakenbeck, R.. Mosaic *pbpX* genes of major clones of penicillin-resistant *Streptococcus pneumoniae* have evolved from *pbpX* genes of a penicillin-sensitive *Streptococcus oralis*.Mol. Microbiol. 1994; 12: 1013-1023.

16. Strahilevitz,J., Jacoby,G.A., Hooper,D.C., Robicsek, A.. Plasmid-mediated quinolone resistance: a multifaceted threat. Clin. Microbiol. Rev. 2009; 22: 664-689.

17. Wilson, D.N.. On the specificity of antibiotics targeting the large ribosomal subunit. Ann. N.Y. Acad. Sci. 2011; 1241: 1-16

10. Traditionelle und innovative Verfahren zur Vermeidung bakterieller Lebensmittelinfektionen

Prof. Dr. Sascha Rohn

HAMBURG SCHOOL OF FOOD SCIENCE, Institut für Lebensmittelchemie, Universität Hamburg

Zusammenfassung

Tierische und pflanzliche Lebensmittel stellen auch für Mikroorganismen wie Bakterien und Viren gute Wachstumsbedingungen dar. Wenn Menschen nach dem Essen bestimmter Lebensmittel plötzlich krank werden, so sind zumeist einige dieser Mikroorganismen daran schuld, da diese in ihrem Stoffwechsel chemische Verbindungen produzieren, die durch Konsum entsprechender Lebensmittel in den menschlichen Organismus gelangen. Dort können diese Toxine Unverträglichkeiten hervorrufen oder sogar toxisch wirken. Um eine Gefährdung so weit wie möglich zurückzudrängen, müssen die Mikroorganismen zerstört oder zumindest ihr Wachstum effektiv gehemmt werden. Aus diesem Grund dient nicht nur die thermische Be- und Verarbeitung unserer Lebensmittel wie Kochen, Braten, Backen zur Verlängerung der Haltbarkeit, sondern es existieren zahlreiche weitere Verfahren, um während der gesamten Wertschöpfungskette – von der Produktion bis zum Verzehr – eine Gefährdung zu minimieren. Ein besonderes Ziel stellt dabei in jüngster Zeit die Entwicklung neuartiger Technologien dar, die, neben der effektiven Zerstörung der Mikroorganismen, schonend gegenüber den wertgebenden Inhaltsstoffen wie z.B. Vitaminen und Antioxidanzien sind und so zu einer weiteren Steigerung der Qualität beitragen.

Abstract

Foods of plant or animal origin are pre-requisite substrates not only for humans but also for microorganisms. However, some of the latter might lead after their consumption with contaminated food to severe diseases, as certain microbial metabolites have toxic potential. To reduce the risk of intoxications and infections, the amount of pathogenic microorganisms has to be kept down to a minimum during the whole food supply chain – from production and food preparation to consumption. For this purpose there are many food technological procedures such as thermal treatments including cooking, frying, deep-frying. As not all products are suitable for the treatment with heating or chemical preservatives, innovative and emerging technologies have been developed during recent years to improve food quality.

Einleitung

Was ist Lebensmittelqualität? Der Begriff Qualität beschreibt den Zustand oder Wert eines Gegenstandes oder Produktes – in diesem Fall eines Lebensmittels. Lebensmittelqualität ist ein Konzept, das einen Kompromiss der Ansichten und Erwartungen aller an diesem Produkt Beteiligten darstellt. Dabei steht im Vordergrund der Verbraucher. Aber auch der Produzent, der Händler, Lebensmittelforscher und Lebensmittelrechtler tragen zur Meinungsbildung über den Begriff Lebensmittelqualität bei. In der Literatur muss man dementsprechend die Sichtweise der einzelnen Beteiligten berücksichtigen, da sie unterschiedliche Erwartungen an das Produkt haben und einzelne Aspekte jeweils im Vordergrund stehen. Solche Aspekte können zum Beispiel sein: Der Marktwert eines Produktes, der Nutzen eines Produktes, der Genusswert, der ökologische Wert sowie der Gesundheits- und Nährwert des Lebensmittels.

Neben dem Geschmack und dem Erscheinungsbild spielen vor allem die gesundheitsbezogenen Aspekte eine sehr große Rolle für den Verbraucher, der ein in jeglicher Hinsicht einwandfreies Produkt erwartet. Doch auch hier liegt eine Kompromisssituation vor, denn die Verbraucherwünsche sind zahlreich. Das Produkt soll hygienisch einwandfrei sein, frei von Rückständen (u.a. Pestizide, Tierarzneimittel) und Kontaminanten (u.a. Schwermetalle, Toxine) sein, eine ernährungsphysiologisch sinnvolle Zusammensetzung und Energiedichte besitzen, sowie eine Vielzahl an erwünschten, gesundheitsbeeinflussenden Stoffen (z.B. Vitamine, Mineralstoffe und Spurenelemente, essentielle Amino- und Fettsäuren) bieten. Darüber hinaus ist der Verbraucher auch immer mehr an der Qualität des Prozesses der Lebensmittelbe- und -verarbeitung interessiert. Kernfragen sind unter anderem, ob es sich um Produkte der konventionellen Landwirtschaft oder des ökologischen Landbaus handelt, oder ob das Produkt schonend oder stark prozessiert wurde. Markt- und Handelskonzepte wie regionale Vermarktung und *Fair Trade* können dabei ebenso polarisierte Meinungen in den Köpfen der Verbraucher auslösen, wie auch die Zugabe von Zusatzstoffen und die Methoden der Konservierung. Eine perfekte Kombination der Aspekte Geschmack, Preis, ökologische Sinnhaftigkeit, technologischer Machbarkeit und Gesundheit ist jedoch nicht in Sicht, so dass Kompromisse eingegangen werden müssen, die die Gesundheit des Verbrauchers nicht gefährden [1].

- **Bakterielle Lebensmittelinfektionen**

Befragt man den Verbraucher nach den Risiken, die seiner Ansicht zu einer Gefährdung seines Wohlbefindens und seiner Gesundheit im Zusammenhang mit dem Verzehr von Lebensmitteln beitragen, so werden oftmals zuerst das Vorkommen von Umweltkontaminationen (Schwermetalle, radioaktive Strahlung usw.) oder eine Gefährdung durch zugesetzte Zusatzstoffe genannt. Auch glaubt der Verbraucher, dass die Lebensmittelprozessierung zu einer Zerstörung von wertvollen Nährstoffen führt und „falsche Ernährung" seine Gesundheit negativ beeinflusst.

Die Angst vor Gefährdungen durch Mikroorganismen spielt zwar im alltäglichen Leben eine gewisse Rolle (z.b. Grippeviren oder HIV), im Zusammenhang mit Lebensmitteln werden diese jedoch anscheinend unterschätzt bzw. nur minder wahrgenommen. Aus wissenschaftlicher Sicht haben diese Aspekte jedoch ein vergleichsweise höheres Gefährdungspotential als vom Verbraucher angenommen. Der Verzehr von Lebensmitteln, die mit pathogenen Mikroorganismen kontaminiert sind, kann zu schweren Krankheitsbildern führen. Dazu gehören unter anderem Fieber, Übelkeit, Erbrechen, Durchfälle Krämpfe, Lähmungen, Halluzinationen und in manchen Fällen kann sogar der Tod die Folge sein. Verantwortlich dafür sind häufig Toxine. Dies sind Verbindungen, die im Stoffwechsel entsprechender Mikroorganismen gebildet, vom Menschen aber nicht vertragen werden [2].

- Gattung Campylobacter ist für rund 20% aller Lebensmittelinfektionen verantwortlich
- *Campylobacter jejuni*
- *Campylobacter coli*

Zu den wichtigsten Bakterien, die Lebensmittelinfektionen auslösen gehört die Gattung Campylobacter. Viele Arten sind für den Menschen krankheitserregend, andere sind dagegen ungefährliche und natürliche Mitbewohner der menschlichen und tierischen Haut- und Gastrointestinalmikrobiota. Die pathogenen Arten sind für rund 20% aller Lebensmittelinfektionen verantwortlich. Es handelt sich um sog. Zoonoseerreger, das heißt um Mikroorganismen, die vom Tier auf den Menschen übertragen werden und dort zu einer Krankheit führen können. Bei Tieren (v.a. Schweinen oder Geflügel) bleibt die Erkrankung häufig unentdeckt, weil die Tiere meistens keine Krankheitssymptome zeigen. Die Stämme *Campylobacter jejuni* und *Campylobacter coli* können beim Menschen eine entzündliche Durchfallerkrankung auslösen und zählen zusammen mit den Salmonellen zu den häufigsten bakteriellen Durchfallerregern [3].

Die Salmonellen sind die wahrscheinlich bekanntesten Erreger und für 15% aller Lebensmittelinfektionen verantwortlich (vgl. Kap. 3). Sie kommen weltweit in kalt- und warmblütigen Tieren, in Menschen und in Habitaten außerhalb von Lebewesen vor. Die ausgelösten Krankheiten gehören ebenfalls zu den Zoonosen, da sich sowohl der Mensch am Tier als auch das Tier am Menschen anstecken kann. Unbehandelte tierische Lebensmittel sind dementsprechend eine zu berücksichtigende Quelle für derartige Infektionen. Neben Fleisch und Fleischprodukten gehören zu den am meisten gefährdeten Lebensmittelwarengruppen Eier bzw. Eierspeisen, Backwaren, Milch und Milchprodukte, sowie Meeresfrüchte (Tab. 1).

- Salmonellen für 15% aller Lebensmittelinfektionen verantwortlich

In Deutschland gehören Salmonellosen zu den sogenannten meldepflichtigen Erkrankungen des Infektionsschutzgesetzes. Die amtlichen Meldungen sind seit 1990 von etwa 200.000 auf rund 55.000 Fälle im Jahr 2005 zurückgegangen (Tabelle 2). Deutschlandweit ist schätzungsweise jeder fünfte Mensch Salmonellenträger, da nach einer überstandenen (oftmals auch nicht-diagnostizierten) Infektion weiterhin Erreger ausgeschieden werden können. Ein Händedruck bzw. ein Berühren von Gegenständen oder Lebensmitteln kann ausreichend sein, die Erreger weiterzugeben. Dementsprechend sind Einrichtungen der Gemeinschaftsverpflegung wie Kantinen/Mensen, Altenheime, Krankenhäuser, Kitas, aber auch Imbissstände häufig betroffen [2, 4].

- Salmonellosen zählen zu den meldepflichtigen Erkrankungen nach Infektionsschutzgesetz

Tabelle 1. Lebensmittel bei denen durch unsachgemäße Behandlung Salmonellen vorkommen können

Lebensmittel
Fleisch (auch Wildfleisch), Hackfleisch und Innereien, sofern diese Lebensmittel roh oder nicht vollständig durcherhitzt sind
Schlachtgeflügel, besonders tiefgefrorenes
Fleischerzeugnisse wie rohe, nur kurz gereifte Würste (z.B. Mett- und Zwiebelwurst)
selbsthergestellte Saucen mit Eiern (z.B. *Sauce Hollandaise*, *Sauce Bernaise*), die nicht unmittelbar verzehrt und ausreichend erhitzt werden
selbsthergestellte Mayonnaise und damit zubereitete Salate wie Kartoffel-, Fleisch-, Nudel- und Geflügelsalat
selbsthergestelltes Speiseeis mit Eiern, wenn die Grundmasse vor dem Einfrieren nicht erhitzt wird
Backwaren mit nicht durcherhitzter Füllung oder Auflage (z.B. Buttercremetorte)
Lebensmittel mit untergehobenem Eischnee, z.B. Pudding, Mousse au chocolat etc.
Griesbrei und legierte Speisen, die mit rohen Eiern verfeinert wurden
Dessertspeisen wie Weinschaum, Orangen- und Zitronencremes, Tiramisu etc.

• Durch Einfrieren werden Salmonellen nicht abgetötet

Salmonellen sind außerhalb des menschlichen bzw. tierischen Körpers wochenlang lebensfähig. UV-Strahlung (auch Sonnenlicht) beschleunigt ihr Absterben. In getrocknetem Kot sind sie über mehrere Jahre lang nachweisbar. Durch Hitzeeinwirkung sterben Salmonellen bei 55 °C nach einer Stunde, bei 60 °C nach einer halben Stunde ab. Um sich vor einer Salmonelleninfektion zu schützen, wird die Erhitzung von Lebensmitteln für mindestens zehn Minuten auf 75 °C (Kerntemperatur) empfohlen. Durch Einfrieren werden die Bakterien nicht abgetötet. In sauren Medien sterben die Salmonellen rasch ab, gebräuchliche Desinfektionsmittel töten sie innerhalb weniger Minuten [2].

Weitere 10% aller Lebensmittelinfektionen werden durch *Staphylococcus aureus* ausgelöst. Diese kommen fast überall in der Natur, auch auf der Haut und in den oberen Atemwegen von 25 bis 30 % aller Menschen vor. Meist lösen sie keine Krankheitssymptome aus. Man spricht in diesem Fall von einer klinisch asymptomatischen Besiedlung oder Kolonisation mit dem pathogenen Bakterium („Kolonisationskeim"). Bekommt das Bakterium durch günstige Bedingungen oder ein schwaches Immunsystem die Gelegenheit, sich auszubreiten, kommt es beim Menschen zu Infektionen. Durch Abgabe der Bakterien sowohl an die Raumluft (besonders durch Husten und Niesen) als auch auf Gegenstände, können sie unter Umständen auch auf Lebensmittel übertragen werden. Voraussetzung für die Entstehung einer Lebensmittel-bedingten Infektion des Menschen ist, dass sich die Erreger im Produkt ausreichend vermehren. Dann werden die Toxine direkt im Lebensmittel gebildet. Die Lebensmittel sind durch Kontamination mit diesen Bakterien und Toxinen nicht wahrnehmbar in Geruch oder Geschmack verändert. Bereits geringe Toxinmengen können aber schon zu einer Erkrankung führen [5].

> • *Staphylococcus aureus*
> • Toxinbildner

Pathogene Erreger der Gattung Clostridium gehören zu den gefährlichsten Organismen, die Infektionen nach dem Konsum von Lebensmitteln auslösen können. Sie sind ebenfalls für etwa 10% aller Fälle verantwortlich. Ihre Gefährlichkeit liegt in der geringen Konzentration mit der ihre Toxine wirken. Darüber hinaus bilden sie umweltresistente Sporen, die jahrzehntelang stabil bleiben können. Erreger der Art *Clostridium perfringens* treten am häufigsten in Fisch, Geflügel und Fleischwaren auf [6].

> • *Clostridium perfringens*

Tabelle 2. Potenziell (durch Lebensmittel übertragbare Erreger) und explizit lebensmittelbedingte Ausbrüche (ohne Norovirus-Ausbrüche), Deutschland, 2010 [4].

Erreger	A	B	C	D	Todes-fälle
bakteriell					
Salmonella spp.	562	2108	214	1182	2
Campylobacter spp.	576	1477	149	423	
Shigella spp.	35	103	5	15	
Escherichia coli (ohne EHEC)	52	143	4	10	
Enterohämorrha-gische *E. coli* (EHEC)	26	63	4	12	
Hämolytisches-uremisches Syn-drom (HUS)	2	5	1	2	
Salmonella typhi	3	9			
Salmonella para-typhi	1	2			
Clostridium botuli-num	1	2			
Listeria monocyto-genes	2	13	1	11	1
viral					
Hepaptitis-A-Virus	46	136	2	4	
Gesamt	**1306**	**4061**	**380**	**1659**	**3**

A Potenziell Lebensmittel-bedingte Ausbrüche; **B** Anzahl zugeordneter Erkrankungen; **C** Explizit Lebensmittel-bedingte Ausbrüche; **D** Anzahl zugeordneter Erkrankungen.

Die Toxine von *Clostridium botulinum* sind Neurotoxine, die auf das Nervensystem des Menschen wirken. Das Botulinumtoxin zählt zu den giftigsten Toxinen, die die Natur hervorbringt und führt beim Menschen zu Lähmungserscheinungen [6].

- *Clostridium botulinum*
- Botulinum-toxin

Clostridien benötigen zum Wachstum und Vermehrung Bedingungen ohne Sauerstoff. Das ist z. B. innerhalb eines Fleischstückes oder in der Tiefe eines gefüllten Topfes gegeben. Da sie im Boden leben, besteht die Möglichkeit, dass die von ihnen gebildeten Sporen auch über Gemüse in Konserven gelangen. Aufgrund der weiten Verbreitung der Bakterien kann eine Vergiftung auch über tierische Lebensmittel erfolgen, sobald diese unter Sauerstoffentzug gelagert werden. So haben sich Fleisch- und Fischkonserven, vakuumverpackte Fische, Schinken, sowie Würste ohne Pökelstoffe und sogar Milch bzw. Milchprodukte als Quellen für Vergiftungen erwiesen. Die Vermehrung der Clostridien verändert den Geschmack des Lebensmittels nur bedingt. Auch mit Gewürzen ist ein Eintrag von Bakteriensporen in die Nahrungskette möglich [2, 6].

- Anaerobes Wachstum der Chlostridien

Listeriose ist eine durch das Bakterium *Listeria monocytogenes* ausgelöste Infektionskrankheit, die vom Tier auf den Menschen übertragbar ist. In der Schwangerschaft und während der Geburt kann der Erreger von der Mutter auf das ungeborene bzw. neugeborene Kind übertragen werden. Mit einigen hundert Erkrankungen pro Jahr wird die Listeriose in Deutschland jedoch vergleichsweise selten gemeldet. Da Listerien ebenfalls nicht zum Verderb von Lebensmitteln führen, kann man ihr Vorkommen weder am Aussehen noch am Geruch der Waren erkennen. Zu den häufiger mit Listerien kontaminierten Lebensmitteln gehören: rohes Fleisch, frische Rohwürste, Rohmilch- und Rohmilchprodukte, Weichkäse wie Romadur, Roquefort, Camembert, Brie, Salat (v.a. vorzerkleinerte Mischsalate), Räucherfisch, Muscheln und andere Meeresfrüchte. Da sich Listerien auch bei reduziertem Sauerstoffgehalt vermehren können, findet man sie

- *Listeria monocyto-genes*

häufiger auch in Vakuum-verpackten Lebensmitteln, insbesondere nach langen Lagerzeiten [2, 7].

- **Lebensmitteltechnologische Verfahren zur Vermeidung bakterieller Lebensmittelinfektionen**

Bei der Be- und Verarbeitung von Lebensmitteln sind die Zurückdrängung pathogener Mikroorganismen und die Vermeidung von weiteren Kontaminationen die wichtigsten Ziele. Vorgehensweisen und Technologien haben sich seit einigen Tausend Jahren an die entsprechenden Gefährdungsquellen angepasst (Tab. 2). Eine vollständige Zerstörung aller pathogenen Mikroorganismen ist bisher jedoch nur in Ausnahmefällen möglich bzw. wird nur bei solchen Lebensmitteln durchgeführt, die zur Ernährung von Risikopopulationen (u.a. Säuglinge und Kleinkinder, ältere Menschen, Menschen mit geschwächtem Immunsystem) verwendet werden. Eine vollständige Zerstörung ist in den meisten Fällen auch gar nicht nötig, da Konzepte zur Risikoabschätzung zeigen, dass Lebensmittelinfektionen je nach Mikroorganismus nur ab bestimmten Toxinkonzentrationen oder einer entsprechenden Anzahl an pathogenen Mikroorganismen (sog. Keimzahl) auftreten. Eine zu starke Prozessierung der Lebensmittel zum Zweck der Abtötung der Mikroorganismen führt darüber hinaus zu Veränderungen der Inhaltsstoffe. Dies hat einen Einfluss auf die Qualität des Lebensmittels (z.B. Genuss- und Geschmackswert, Nährwert). Auch kann dies unter Umständen zu einer Gefährdung führen, wenn im Verlauf der Be- und Verarbeitung Verbindungen gebildet werden, die ebenfalls ein toxisches Potential besitzen (engl. *food-borne toxicants*). Daher gilt es im sorgsamen Umgang mit den Lebensmittelrohstoffen ein Optimum aus den minimal möglichen Erregerkonzentrationen und den möglichen, aus der Herstellung resultierenden Gefährdungen zu erreichen. Im Laufe der letzten Jahrzehnte wurden in Ergänzung zu den traditionellen Technologien, die eine Erregerminimierung durch das Einwirken von Hitze, Kälte oder Chemikalien vorsehen, innovative Methoden entwickelt, die eine Reduktion der Keimzahl unter schonendsten Bedingungen im Hinblick auf die wertgebenden Inhaltsstoffe der Lebensmittel erreichen können (Tabelle 3).

- **Traditionelle Verfahren**

Die Verarbeitung von pflanzlichen Rohstoffen und rohem Fleisch mit dem Ziel des verträglicheren Konsums, der Haltbarmachung und Lagerung von Lebensmitteln ist eine der wichtigsten Entwicklungen der Menschheit. In heutiger Zeit sind die meisten Lebensmittel in irgendeiner Form prozessiert. In vielen Fällen ist eine Prozessierung unbedingt notwendig, um möglicherweise toxische Inhaltsstoffe zu inaktivieren oder Nährstoffe verfügbar zu machen. Darüber hinaus führt die Prozessierung auch häufig zu einer Änderung der sensorischen Eigenschaften eines Lebensmittels durch Bildung von Aroma- und Geschmacksstoffen, die für viele Lebensmittel oftmals ein Charakteristikum darstellen. Neben den genannten Punkten ist der Wichtigste jedoch die Verlängerung der Haltbarkeit als Folge der technologischen Prozesse und die Minimierung der Gefährdung an Lebensmittelinfektionen zu erkranken. Bereits nach der Ernte kann die Besiedlung der Rohstoffe mit Mikroorganismen rasch voranschreiten, da in diesem Zustand die endogene Abwehr gegen die mikrobiellen Eindringlinge nicht mehr gewährleistet ist. Dadurch kann der Verlauf des Lebensmittelverderbs ebenfalls exponentiell zunehmen. Dieser zeigt sich nicht nur durch den Verlust des Aromas, sowie Farb- und Texturveränderungen, sondern auch durch die Bildung von Toxinen durch pathogene Erreger.

Zubereitungsmethoden wie Kochen, Rösten, Backen, Frittieren werden beispielsweise u.a. angewendet um Mikroorganismen abzutöten bzw. deren Wachstum zu inhibieren. Darüber hinaus werden durch Anwendung von höheren Temperaturen auch

> - Kochen,
>   Rösten,
>   Backen,
>   Frittieren

Enzyme inaktiviert, die ebenfalls zu einem Qualitätsverlust führen können [9].

- Einfrieren
- Blanchieren
- D-Wert
  (dezimale
  Reduktions-
  zeit)

Für eine spätere Lagerung unter kalten Bedingungen (Einfrieren) werden die Rohstoffe kurz mit heißem Wasser behandelt (Blanchieren). Auch dieses Vorgehen inaktiviert Enzyme und sorgt für ein Abspülen von Mikroorganismen. Für noch längere Lagerzeiten werden Produkte oftmals in Dosen verpackt. Hier führt eine anschließende Hitzebehandlung (durch Behandeln der Dosen mit heißem Dampf oder Wasser) zu einer nahezu kompletten Abtötung der Mikroorganismen. Dieser als Sterilisation bezeichnete Prozess muss jedoch sehr sorgsam durchgeführt werden, da das Verbleiben von anaerob, d.h. unter bevorzugt sauerstoffarmer Atmosphäre, lebenden Bakterien hier zu einem beschleunigtem Wachstum führen kann. Besonderes Augenmerk genießen hier die oben beschriebenen Clostridien. Diese wachsen unter solchen Bedingungen hervorragend und sind darüber hinaus durch die Bildung starker Toxine besonders gefährlich. Die meisten Sterilisationskonzepte berücksichtigen bei der Behandlung die Tatsache, dass mit einem Temperaturanstieg je 10 °C die Abtötung der Erreger um einen Faktor von 10 steigt. Aus diesem sog. D-Wert (dezimale Reduktionszeit) lässt sich dann der Zeitraum ermitteln, der notwendig ist um ein Zehntel der Erreger abzutöten [9].

Tabelle 3. Traditionelle und innovative Verfahren zur Reduktion bakterieller Kontaminationen bei der Lebensmittelbe- und –verarbeitung

Traditionelle Verfahren	
Salzen	chemisches Verfahren
Trocknen	physikalisch
Kochen, Braten, Backen	physikalisch/chemisch
Fermentieren	chemisch
Pökeln	chemisch
Konservieren	chemisch
Moderne Verfahren I (ab 1900)	
Kühlen	physikalisch
Einfrieren	physikalisch
Pasteurisieren	physikalisch
Sterilisieren	physikalisch
Moderne Verfahren II (ab 1960)	
Infrarot-Trocknen	physikalisch
Gefriertrocknen	physikalisch
Sprühtrocknen	physikalisch
Bestrahlen (γ-Strahlung)	physikalisch
Mikrowellenbestrahlung	physikalisch
Waschen mit chloriertem Wasser	chemisch
Ozonbehandlung	chemisch
Innovative Verfahren und Konzepte	
Ultraschallbehandlung	physikalisch
Verpacken in modifizierter Atmosphäre	physikalisch
Hochdruckbehandlung	physikalisch
Behandlung mit gepulsten elektrischen Feldern	physikalisch
Plasmabehandlung	physikalisch/chemisch

- Trocknen
- Wasser-
  aktivität

Da das Wachstum von Mikroorganismen in wasserarmen Medien stark eingeschränkt ist, Enzyme unter diesen Bedingungen selten aktiv sind und auch chemische Reaktionen oftmals verlangsamt ablaufen, ist das Entfernen von Wasser aus Rohstoffen und entsprechenden Lebensmitteln eine hervorragende Maßnahme zur Verhinderung des Lebensmittelverderbs. Trocknen ist seit jeher eine der traditionellen Methoden zur Reduktion des Wassergehaltes, um daraus resultierend die Lagerfähigkeit von tierischen und pflanzlichen Lebensmitteln zu erhöhen. Die Techniken reichen dabei vom offenen Trocknen unter freiem Himmel (u.a. Trockenfisch aus Skandinavien, Kakaobohnen aus Afrika und Südamerika), über optimierte Bedingungen zur Reduktion hoher Wasseranteile aus sehr flüssigen Produkten (u.a. Proteinpulver aus Molke) durch Anwendung von heißen Oberflächen (Walzentrocknung) oder dem Versprühen der Flüssigkeiten als heißer Dampf (Sprühtrocknung) bis hin zu Techniken wie der Gefriertrocknung. Hierbei wird durch eine Kombination aus Einfrieren und anschließenden Verdampfen unter Vakuum ein besonders schonendes, aber auch kostenintensives Verfahren angewendet. Verglichen mit den Produkten, die in Dosen abgefüllt und sterilisiert wurden, eignen sich trockene Produkte oftmals zur längeren Lagerung unter vergleichsweise höheren Temperaturen. Die Wasseraktivität bestimmt dabei die Reaktivität bzw. Stabilität des Produktes und wird als aw-Wert angegeben. Je tiefer dieser Wert, desto länger die Haltbarkeit. Destilliertes Wasser dient dabei als Bezugspunkt und hat den Wert 1. Im Vergleich dazu hat die Milch den Wert 0,97, Honig 0,75 und Trockenfrüchte 0,72 [9].

- Salzen
- Pökeln

Um die Wasseraktivität eines Lebensmittels zu senken, kann auch die seit Jahrhunderten angewendete, aber mittlerweile an Bedeutung verlierende Methode des (Ein)Salzens verwendet werden. Hierbei werden vor allem Fisch und Fleisch mit großen Mengen Salz eingerieben oder in Salzlake eingelegt. Das Salz entzieht dabei den Produkten das zum Wachstum der Mikroorganismen notwendige Wasser. Wichtige Beispiele für dieses Verfahren sind u.a. Matjesheringe und Schinken. Vor allem letztere werden je nach Sorte mehrere Tage bis zu einigen Monaten mit Salz behandelt und dann zur weiteren Reduzierung des Wassers in besonderen Räumen (z.B. Kellergewölbe, z.T. auch Höhlen) gelagert. Oftmals wird bei Fleischprodukten eine Kombination des Salzens und der gleichzeitigen Behandlung mit Nitriten oder Nitraten angewendet. Dieses Verfahren wird als Pökeln bezeichnet. Die aus den Nitraten und Nitriten gebildete salpetrige Säure wirkt besonders gegen die oben beschriebenen Clostridien. Darüber hinaus führt die Bindung der salpetrigen Säure an bestimmte Strukturen der Fleischproteine zur Bildung und der Stabilisierung der leuchtend roten Fleischfarbe [9].

Die genannten Methoden bleiben jedoch auf Produkte, die mit dem verbleibenden leichten Salzgeschmack harmonieren, beschränkt. Für viele Produkte ist eine Behandlung unter erhöhten Temperaturen, Salzen, Pökeln o.ä. jedoch nicht geeignet. Darunter fallen zum Beispiel frische Lebensmittel wie Obst und Salate. Aber auch eine sog. minimale Prozessierung kann nach der Ernte den Verlust der Qualität der Lebensmittel hinauszögern. Für solche Produkte können als Techniken das Behandeln mit Chemikalien wie Ozon oder Chlor, oder ein schnelles Abkühlen oder Einfrieren sein [9].

Die Kontrolle der Temperatur ist einer der wichtigsten Schritte zur Erhaltung der gesundheitlichen Unbedenklichkeit eines Lebensmittels. Schnelles Herunterkühlen reduziert nicht nur das Weichwerden und Farbveränderungen, sondern auch die Aktivität von Enzymen. Unerwünschte metabolische Umsetzungen durch Enzyme können auch leichte (ungewollte) Temperaturanstiege und daraus resultierend eine verringerte Umgebungsluftfeuchtigkeit verursachen, die zu einem rascheren Welken bei pflanzlichen Lebensmitteln führt. Diese relative Feuchtigkeit ist im Produkt unbedingt in einem Optimum zu halten. Wie bereits beschrieben, führen höhere Wassergehalte zu einem besseren

Wachstum von Mikroorganismen. Dementsprechend ist es schwieriger die genannten Bedingungen zur Erhaltung der Qualität in tropischen Regionen mit hoher Luftfeuchtigkeit zu gewährleisten als in gemäßigten Klimazonen [9].

- Halomethan
- Chlorphenol
- N-Chloroderivate
- Ozonierung

Der schnellste und einfachste Weg für das Herunterkühlen von frischen pflanzlichen Produkten ist das Kühlen in Kombination mit den ersten Waschschritten. Früchte werden hierbei direkt in kaltes Wasser geworfen und somit gleichzeitig Mikroorganismen von der Oberfläche gespült. Darüber hinaus kann das Wasser zusätzlich mit Desinfektionsmitteln versetzt werden, um pathogene Erreger schon in diesem Prozessschritt weitgehend abzutöten. Das für diese Zwecke gebräuchlichste Desinfektionsmittel ist Chlor bzw. Hypochlorit, das dem Wasser einfach zugesetzt werden kann. Jedoch unterliegt die Anwendung dieser Chlorierung für Lebensmittel nach wie vor kontroversen Diskussionen, da unter Umständen Reaktionsprodukte des Chlors krebserzeugend wirken können. Daneben kann es zu Reaktionen zwischen diesen Reaktionsprodukten (u.a. Halomethane, Chlorphenole) und den Inhaltsstoffen der Lebensmittel kommen (z.B. N-Chloroderivate mit Proteinen). Alternativen sind daher notwendig. Die Ozonierung des Wassers kann als weitere Vorgehensweise zur sog. Hygienisierung verwendet werden. Ozon hat ein hohes Redoxpotential und kann organische Substanzen sowie Mikroorganismen auf den Oberflächen von Früchten oxidieren und dadurch inaktivieren. Es kann auch als Gas direkt eingesetzt werden. Eine internationale Expertenkommission hat Ozon als sicher bewertet. Dennoch sind die Auswirkungen durch leichte Bildung von Radikalen aus dem Ozon und den Auswirkungen auf die Lebensmittelinhaltsstoffe noch nicht hinreichend untersucht. Eine der wenigen Untersuchungen hat beispielsweise gezeigt, dass die für das Erdbeeraroma verantwortlichen Substanzen nach dem Waschen mit ozonhaltigem Wasser deutlich reduziert waren [10–12].

- **Innovative Konzepte und Verfahren**

Beim Blick in den Warenkorb der vom Menschen verzehrten Lebensmittel wird deutlich, dass es auch eine Vielzahl von Lebensmittel gibt, die roh bzw. nur wenig prozessiert verzehrt werden. Bei diesen minimal prozessierten Lebensmitteln (z.B. Beeren und Früchte, Salate) ist eine Gefährdung durch Kontamination mit pathogenen Mikroorganismen durchaus denkbar. Selbst bei diesen Produkten findet eine Prozessierung, wenn auch minimal statt. Solche Produkte werden in der Regel nämlich geschält und/oder klein geschnitten und für den Handel gewaschen und verpackt. Im Hinblick auf ihre Lagerstabilität sind diese Produkte als sensibel zu betrachten, da das pflanzliche Gewebe „immer noch lebt", d.h. dass Enzyme, die zu einem Abbau, bei einem längeren Zeitraum auch zu einem Verderb führen können aktiv bleiben. Darüber hinaus sind sie auch für mikrobiellen Verderb, im schlimmsten Fall durch pathogene, Toxin-bildenden Bakterien geeignete Substrate. In diesem Fall können Verpackungen jeglicher Art für eine Verhinderung jeder weiteren Kontamination entgegenwirken. Neben den traditionellen Verpackungen, die durch die Prävention mechanischer Einflüsse das Produkt vor Verletzungen schützen und so das Eindringen bzw. eine Förderung des Wachstums von unerwünschten Mikroorganismen verhindern, treten immer mehr innovative Verpackungskonzepte in den Vordergrund. Hier werden Bedingungen geschaffen, die eine zusätzliche Prävention des Verderbs des Lebensmittels bzw. der Kontamination mit pathogenen Erregern vorsehen.

Verwendung von Schutzgasen

- Schutzgase in der Verpackung
- modified atmosphere packaging; MAP

Durch die Verwendung von Schutzgasen in der Verpackung wird der Anteil an Sauerstoff und Kohlendioxid in der Atmosphäre um das Produkt optimiert (*modified atmosphere packaging*; MAP), um die Wachstumsbedingungen für Mikroorganismen möglichst suboptimal zu gestalten. Dabei ist jedoch zu beachten, dass einige Mikroorganismen, wie bereits beschrieben, besonders gut unter sauerstoffarmen Bedingungen wachsen und dass auch unerwünschte Fermentationen auftreten können. Die Veränderung der Atmosphäre kann z.b. durch die Kombination geeigneter Schutzgase erfolgen, sowie durch das Verwenden von Verpackungsmaterial, das nur für bestimmte Gase durchlässig ist. Darüber hinaus können auch adsorbierende Verbindungen eingesetzt werden, die den Sauerstoff bzw. das Kohlendioxid binden. MAP wird vor allem bei hochwertigen, minimal prozessierten Produkten durchgeführt (u.a. Beeren und Früchte, Brokkoliröschen, Spargelspitzen) [13].

Verwendung ionisierender Strahlung

- ionisierende Strahlung
- rechtliche Zulassung nur für wenige zu behandelnde Lebensmittel

Zu den innovativen Methoden zur Verlängerung der Haltbarkeit von Lebensmitteln gehört auch die Behandlung mit verschiedenen Strahlungsarten. Dabei werden die Lebensmittel oder deren einzelne Zutaten ionisierender Strahlung ausgesetzt. Dies können alpha-, beta- oder gamma-Strahlen sein. Diese Strahlen penetrieren in das Gewebe und reagieren dort mit vielen Inhaltsstoffen. Ziele sind chemische Reaktionen mit Enzymen, die zum Verderb des Lebensmittels führen können (u.a. Fettabbauende Enyzme, oxidierende Enzyme) und die Zerstörung von pathogenen Mikroorganismen. Mit diesen Methoden können auch effektiv Parasiten und Insekten abgetötet werden. Allerdings sind besonders gamma-Strahlen schwer zu handhaben und die rechtliche Zulassung gilt nur für wenige zu behandelnde Lebensmittel (u.a. Gewürze) [14].

Anwendung von UV-Strahlung

Neben der kontrovers diskutierten gamma-Strahlung rückt die UV-Strahlung immer mehr in den Vordergrund. Auch mit diesen Strahlen kann die Mindesthaltbarkeit und die Qualität von Lebensmitteln verlängert bzw. erhalten werden. Darüber hinaus kann die Behandlung mit UV-Strahlung die Biosynthese von sekundären Pflanzenstoffen induzieren und so für einen Konzentrationsanstieg an gesundheitsfördernden Stoffen führen [14].

> ▪ UV-
> Strahlung

Behandlung mit hohen Drücken, gepulsten elektrischen Feldern und Niedertemperaturplasmen

Die Anwendung herkömmlicher thermischer Verfahren zur Lebensmittelsterilisation ist aufgrund der Empfindlichkeit der Lebensmittel starken Einschränkungen unterworfen. Unter der Einwirkung von Temperaturen über 100 °C werden nicht nur unerwünschte Mikroorganismen, sondern auch wertvolle Nährstoffe verändert. Darüber hinaus gibt es aufgrund der ansteigenden Verwendung von hitzeempfindlichen Verpackungsmaterialien einen Bedarf an Sterilisationsverfahren, die bei niedrigen Temperaturen arbeiten. Aufgrund des Wunsches des Erhalts wertgebender Inhaltsstoffe, neben der effektiven Zurückdrängung von Lebensmittelinfektionen wurden in den letzten Jahren weitere innovative Methoden für eine schonende Lebensmittelprozessierung entwickelt. Durch die Vermeidung von Wärme liegt eine schonendere Behandlung vor und viele Inhaltsstoffe bleiben in ihrer ursprünglichen Form erhalten (u.a. Vitamine), die bei thermischer Behandlung unter Umständen verloren gehen könnten. Auch unerwünschte Reaktionsprodukte können auf diese Weise vermieden werden (z.B. Acrylamid) [9, 13 - 15].

> ▪ Lebensmittelsterilisation
> ▪ Prozesskontaminanten
> ▪ Acrylamid

Drei Beispiele dieser innovativen Konzepte und Technologien sind die Behandlung mit hohen Drücken (*High pressure processing*, HPP), die Behandlung mit gepulsten elektrischen Feldern (*Pulsed electric fields*, PEF), sowie die Behandlung mit Niedertemperaturplasmen.

- High pressure processing, HPP

Die Hochdruckprozessierung ist eine Methode bei der das Lebensmittel bzw. einzelne Rohstoffe, hohen Drücken (100-1000 MPa) ausgesetzt werden. Dabei sorgt der hohe Druck für eine Veränderung der Proteinstrukturen von Enyzmen und Mikroorganismen, die dadurch inaktiviert bzw. zerstört werden. In Tomaten führt die Behandlung mit hohem Druck bei Zimmertemperatur zur Inaktivierung des zellwandabbauenden Enzyms Polygalacturonase und somit für eine länger anhaltende Festigkeit der äußeren Schale. Dies bedeutet gleichzeitig eine verlängerte Haltbarkeit, da Hefen, Schimmelpilze oder Bakterien sehr viel schwerer in das Fruchtfleisch eindringen können. Parallel wird aber auch die Konzentration der genannten Mikroorganismen durch die Behandlung vermindert [9, 14, 15].

- 300 und 600 MPa: Hefen, Schimmelpilze und die meisten Bakterien inaktivieren

Drücke zwischen 300 und 600 MPa können Hefen, Schimmelpilze und die meisten Bakterien inaktivieren, davon auch viele, die zu Lebensmittelinfektionen führen. Sporenbildner, wie Clostridien, können nur mit wiederholten Druckbehandlungen zerstört werden, da sie erst bei geringeren Drücken zur Keimung angeregt werden müssen, bevor sie dann in einem zweiten Schritt mit höheren Drücken oder Hitze komplett zerstört werden können. Die Anwendung der Hochdruckbehandlung hat sich in Europa noch nicht ganz durchgesetzt. Die lebensmittelrechtlichen Anforderungen an solche neue Verfahren sind sehr komplex; zahlreiche Nachweise über die Wirksamkeit und die Unbedenklichkeit müssen nach toxikologischen Gesichtspunkten belegt werden. Dies ist im Falle des Hochdrucks vor allem auch aus dem Grund wichtig, da diese Behandlung auch zu einer Veränderung der physikochemischen und technofunktionellen Eigenschaften der Proteine führt, was unter anderem eine veränderte Konsistenz oder Textur entsprechender Lebensmittel mit sich bringen kann (z.B. bei Wurstwaren). Diese sog. neuartigen Lebensmittel (engl. *Novel Food*) unterliegen sehr strengen lebensmittelrechtlichen Regularien [9, 14, 15].

Die Anwendung gepulster elektrischer Felder (PEF) ist ebenfalls eine neue Technologie, die zu einer Zerstörung von pathogenen Mikroorganismen verwendet werden kann. Im Verlauf der Behandlung werden schnelle sich wiederholende Entladungen von Kondensatoren, ähnlich wie Blitze, über Elektroden auf das Lebensmittel übertragen. Die Anordnung und Geometrie der Elektroden bestimmt dabei den Verlauf der Strömungslinien und die homogene Einwirkung des elektrischen Feldes. Mit dieser Technologie können vor allem Flüssigkeiten gut behandelt werden. Ähnlich wie bei der Hochdruckbehandlung kann eine Vielzahl von pathogenen Erregern zerstört werden; Sporen sind jedoch auch hier meist resistent. Der Wirkmechanismus liegt dabei in der Induktion von unregelmäßigen Poren in der Zellwand der Mikroorganismen, die aufgrund des dadurch gestörten Stoffaustausches mit der Umwelt nicht überleben können. Auch wird durch die elektrischen Entladungen die Struktur von Proteinen/Enzymen beeinflusst [9, 14, 15].

> - Pulsed electric fields, PEF
> - Sporen sind meist resistent

Eine weitere vielversprechende Alternative zu herkömmlichen thermischen Sterilisationsverfahren sind Niedertemperaturplasmen. Hier findet eine effektive Inaktivierung von Mikroorganismen bei gleichzeitig moderaten Temperaturen statt. Plasma ist ein gasförmiges Gemisch, das aus Elektronen, Atomen, Molekülen und Ionen besteht. Es handelt sich also um ein ionisiertes Gas. Der Plasmazustand der Materie wird daher auch als vierter Aggregatzustand (neben fest, flüssig und gasförmig) bezeichnet. In gewisser Weise ähnelt ein solches „Gebilde" – so die wörtliche Übersetzung des griechischen Wortes Plasma – einem Gas. Plasmen enthalten elektrisch geladene und ungeladene Teilchen, sind aber als Ganzes elektrisch neutral. Ein Niedertemperaturplasma ist ein nichtthermisches Plasma, bei dem nur die leichten

> - Niedertemperaturplasmen
> - Plasma ist ein gasförmiges Gemisch, das aus Elektronen, Atomen, Molekülen und Ionen besteht

Elektronen hohe Temperaturen aufweisen; Ionen und Neutral-
teilchen haben hingegen annähernd Zimmertemperatur. Die
Ionen und Atome besitzen im Vergleich zu Elektronen eine sehr
große Masse, so dass nur geringe Temperaturanstiege zu verzeichnen sind. Plasmen entstehen, indem in ein Quellgas eine
Leistung eingekoppelt wird, zum Beispiel durch Anlegen von
elektrischen Feldern. Das Gas wird durch Kollision mit den Elektronen ionisiert. Dies führt dazu, dass sich aktive Moleküle wie
Sauerstoff, Ozon und freie Radikale (z.B. Hydroxyl-, Superoxid-
und Stickstoffradikale) bilden. Diese sog. reaktiven Spezies zeigen antimikrobielle Eigenschaften durch Interaktion mit den
Zellwandbestandteilen der Mikroorganismen, können mit diesen
reagieren und sie zerstören. Die Inaktivierung von Mikroorganismen infolge einer Plasmabehandlung ist dabei auch abhängig
von der Art des Mikroorganismus, der Behandlungsdauer, der
Umgebung, auf der sich die Mikroorganismen befinden, der
Gaszusammensetzung, und der Temperatur [15, 16].

Schlussfolgerung

Seit jeher unterliegt der Mensch der Gefahr, infolge des Konsums von verdorbenen oder kontaminierten Lebensmitteln an
gefährlichen Infektionen zu erkranken. Die dafür verantwortlichen Mikroorganismen bzw. deren ausgeschiedene Toxine müssen effektiv zerstört werden. Über die Jahrtausende wurden
Verfahren und Technologien entwickelt, die die Haltbarkeit und
Unbedenklichkeit von entsprechenden Lebensmitteln möglich
machen. Diese Verfahren basieren auf der Reduktion des Wassergehaltes, der für das Wachstum der Mikroorganismen nötig
ist, oder der thermischen Zerstörung pathogener Bakterien
durch Kochen, Braten, Backen usw. Trotz dieser weltweit genutzten Verfahren ist die Gefahr an Lebensmittelinfektionen zu erkranken in vielen Regionen der Erde nach wie vor sehr hoch. In
unseren Breiten sind die Erkrankungszahlen und Todesfälle jedoch deutlich rückläufig, doch auch hier existiert nach wie vor

eine Reihe von pathogenen Mikroorganismen, die unsere Lebensmittel befallen können. Darüber hinaus wird heutzutage auch ein erhöhtes Augenmerk auf die Gesamtqualität der Lebensmittel gelegt. Viele der traditionellen lebensmitteltechnologischen Verfahren können aufgrund der thermischen Belastung wertvolle Inhaltsstoffe der Lebensmittel signifikant verändern. Daraus resultiert die Notwendigkeit der Entwicklung von schonenden Verfahren, die jedoch effektiv das Wachstum und die Bildung bakterieller Toxine verhindern. Diese innovativen nichtthermischen Technologien werden ständig weiterentwickelt, um neben der effektiven Zerstörung von pathogenen Mikroorganismen auch eine schonende Behandlung der Lebensmittel gewährleisten zu können. Dadurch bleiben die Produkte reich an wertvollen, z.T. essentiellen Nährstoffen wie Vitaminen oder bioaktiven sekundären Pflanzenstoffen.

Bei der Verwendung von neuen innovativen Technologien während der Lebensmittelprozessierung spielt die Lebensmittelsicherheit nicht nur aus der Sicht der Lebensmittelinfektionen eine Rolle, sondern es muss auch das Auftreten neuer Gefahren komplett ausgeschlossen sein. In Europa fallen solche Technologien und daraus entstehende Lebensmittelprodukte unter die EU-Richtlinie EC 258/97, die den Umgang mit neuartigen Technologien und Lebensmitteln regelt. Dabei handelt es sich per Definition bei neuartigen Lebensmitteln um Lebensmittel und Lebensmittelzutaten, die durch Verfahren gewonnen, hergestellt oder behandelt wurden, die nicht traditionell üblich sind und zu signifikanten Veränderungen der Zusammensetzung, der Struktur, des Nährwertes oder des Gehaltes an unerwünschten Inhaltsstoffen führen können. Die Unbedenklichkeit dieser Veränderungen muss wissenschaftlich hinreichend gesichert sein. Im Falle der Hochdruckbehandlung liegt mittlerweile eine Experteneinschätzung vor, die dieser Technologie eine mikrobielle, toxikologische und allergene Unbedenklichkeit bescheinigt. Für die Behandlung mit gepulsten elektrischen Feldern oder Niedertemperaturplasmen liegen dagegen noch nicht ausreichend Untersuchungsergebnisse vor.

Literatur

1. von Koerber, K., Männle T., Leitzmann C. Vollwert-Ernährung - Konzeption einer zeitgemäßen Ernährungsweise. Haug Verlag, Heidelberg, ISBN: 3-8304-0573-8, 1999.

2. Brandis, H., Pulverer, G. Lehrbuch der Medizinischen Mikrobiologie (6. Auflage); Gustav-Fischer-Verlag: Stuttgart, Deutschland, 1988.

3. Bundesinstitut für Risikobewertung (BfR), Berlin: Verbrauchertipps: Schutz vor lebensmittelbedingten Infektionen mit Campylobacter (Information des BfR vom 03.04.2012)

4. Infektionsepidemiologisches Jahrbuch meldepflichtiger Krankheiten für 2010, Robert Koch-Institut, Berlin, ISBN 978-3-89606-118-6, 2011.

5. Bundesinstitut für Risikobewertung (BfR), Berlin: MRSA in Lebensmitteln? (Stellungnahme 015/2009 des BfR vom 26. März 2008)

6. Bundesinstitut für Risikobewertung (BfR), Berlin: Hinweise für Verbraucher zum Botulismus durch Lebensmittel (Aktualisierte Fassung, 2005)

7. Bundesinstitut für Risikobewertung (BfR), Berlin: Grundlagenstudie zur Erhebung der Prävalenz von Listeria monocytogenes in bestimmten verzehrsfertigen Lebensmitteln, (Aktualisierte Stellungnahme Nr. 011/2013 des BfR vom 03.06.2013)

8. Heiss, R., Eichner, K. Haltbarmachen von Lebensmitteln – Chemische, physikalische und mikrobiologische Grundlagen der Qualitätserhaltung. Springer-Verlag: Berlin, Deutschland, ISBN: 9783540431374, 2002.

9. Schuchmann, H.P., Schuchmann, H. Lebensmittelverfahrenstechnik: Rohstoffe, Prozesse, Produkte. Wiley-VCH-Verlag: Stuttgart, Deutschland, ISBN: 978-3527312306 2005.

10. Suslow, T. Postharvest Handling of Organic Crops. Oakland: University of California. ANR Publication 7254, ISBN: 978-1-60107-045-6, 2000.

11. Fukayama, M.Y., Tan H., Wheeler W.B., Wei, C. Reactions of aqueous chlorine and chlorine dioxide with model food compounds. Environmental Health Perspectives 1986, 69, 267-274.

12. Hassenberg, K., Idler, C., Molloy, E., Geyer, M., Plöchl, M., Barnes, J. Use of ozone in a lettuce washing process - an industrial trial. Journal of the Science of Food and Agriculture 2007, 87, 914-919.

13. Ohlsson, T., Bengtsson, N., Minimal processing technologies in the food industries. Woodhead Publishing, ISBN: 978-1-85573-547-7, 2002

14. Dehne, L.I., Pfister, M., Bögl, K.W. Neuere physikalische Verfahren zur Haltbarmachung von Lebensmitteln – Prinzip und Anwendungen. Bundesgesundheitsbl. 2000, 43, 33-40.

15. Knorr, D., Fröhling, A., Jäger, H., Reineke, K., Schlüter, O., Schössler, K. Emerging technologies in food processing. Annual Review of Food Science and Technology. 2011, 2, 203-235.

16. Reineke, K., Weber, G., Ehlbeck, J., Schlüter, O. Schonende Dekontamination von Gewürzen. DLG Lebensmittel. 2013, 8, 20-21.

Epilog: Infektionsmedizin 2013 - quo vadis?

Die Infektionsforschung und die Entwicklung von Methoden zur Vermeidung und zur Therapie von Infektionen hat eine eindrucksvolle Hundert-Jahres-Bilanz vorzuweisen. In Ländern mit hohem Lebensstandard hat der dramatische Rückgang der Infektions-bedingten Mortalität wesentlich beigetragen zur Verlängerung der Lebenserwartung, die sich im Lauf des 20. Jahrhunderts nahezu verdoppelt hat. Mit Beginn in den 50er Jahren konnten bisher lebensbedrohliche oder tödliche Erkrankungen nunmehr in wenigen Tagen durch orale oder parenterale Antibiotika-Behandlung geheilt werden. Die Massenerkrankung Tuberkulose musste zwar wegen der besonderen Eigenschaften des Erregers über viele Monate mit Tuberkulostatika behandelt werden, aber die Mortalität und die Verbreitung der Erkrankung gingen dramatisch zurück.

Man kann vermuten, dass die weitreichenden, geradezu dramatischen Erfolge der Antibiotika-Ära der 50er und 60er Jahre Schrittmacher für die Gesamt-Entwicklung der Pharma-Branche waren. Alle bedeutenden Pharmaunternehmen unterhielten damals groß angelegte Programme für die Entdeckung und klinische Prüfung neuer Antibiotika. Die außerordentlichen Erfolge der Antibiotika waren für jedermann sichtbar, und auch in wirtschaftlicher Hinsicht waren Antibiotika die Zugpferde der großen Pharma-Firmen. Die Entwicklungsarbeiten für die großtechnische Produktion von Antibiotika mittels fortlaufend weiter verbesserter Fermentationsmethoden (im Maßstab von hunderten Kubikmetern) wird man außerdem gleichsetzen dürfen mit der Geburt der modernen Biotechnologie.

> - Antibiotika-Ära der 50er und 60er Jahre
> - Biotechnologie

■ in der
zweiten
Hälfte des
20. Jahr-
hunderts
Rückgang
im Bereich
Anti-
infektiva-
forschung

Die Durchbrüche etwa in der medikamentösen Behandlung von Herz-Kreislauf-Krankheiten, Stoffwechselkrankheiten, malignen Tumoren und entzündlichen Prozessen im Rahmen von Autoimmunkrankheiten ereigneten sich im Wesentlichen erst, als die klassische Ära der Antibiotikaforschung bereits ihren Höhepunkt erreicht oder sogar überschritten hatte. Dann aber kam es in der zweiten Hälfte des 20. Jahrhunderts zu einer weitreichenden Verschiebung der Gewichte in Forschung und Entwicklung, weg von den Antiinfektiva und hin zu den chronischen Erkrankungen (Herz-Kreislauf, Onkologie, Autoimmunkrankheiten, Neuro-Psycho-Pharmakologie). Zum Teil war diese Entwicklung bedingt durch die damals verbreitete Ansicht, das Kapitel der bakteriellen Infektionen sei i. W. erfolgreich abgeschlossen, zumindest auf der wissenschaftlich-technologischen Seite (wenn diese Erkrankungen in großen geographischen Bereichen noch immer beherrschende Todesursachen waren, so konnte man das leicht aus mangelhafter Logistik erklären; lag es doch aus damaliger Sicht nicht am Fehlen von Wirkstoffen, sondern nur an ungenügender Verteilung und Verfügbarmachung). So war es einerseits der vorherrschende Eindruck der erreichten Konsolidierung (bis zur Saturiertheit) im Bereich der Infektions-Medizin und andererseits die Faszination durch das wissenschaftliche Neuland im Bereich der chronischen Krankheiten (Herz-Kreislauf, Tumoren, Allergie, Entzündung), der zu einem Abbröckeln der Forschungs-Aktivitäten im Antiinfektiva-Bereich führten.

■ Warnsignale
durch Ab-
nahme der
Wirkungs-
stärke beim
Penicillin

An Warnsignalen in Bezug auf die verfrühten Siegeserklärungen im Antibiotikabereich hat es nicht gefehlt. Die Wirkungsstärke des Penicillins begann abzunehmen ab dem Zeitpunkt, wo ausreichendes Material für die Behandlung zahlreicher Patienten verfügbar war. Dieses Phänomen der abnehmenden Erträge wiederholte sich Schritt für Schritt bei allen folgenden Neueinführungen. Dabei konnte zwar der zeitliche Ablauf des Wirkungsverlusts von Substanz zu Substanz variieren zwischen wenigen Monaten und etlichen Jahren. Insgesamt ist aber der Wir-

kungsverlust eine unausweichliche Folge der (medizinisch regel-
rechten) therapeutischen Anwendung eines beliebigen, antiin-
fektiven Wirkstoffs bei einer hinreichend großen Zahl von Patienten.

Die Ursachen für den Wirkverlust konnten umfassend aufgeklärt
werden. Er ist regelmäßig bedingt durch die Selektion genetischer Veränderungen bei den Erregern. Es gibt eine Vielzahl von
Möglichkeiten: enzymatische Derivatisierung oder enzymati-
scher Abbau des Antibiotikums, direkte Target-Resistenz, feh-
lende Aufnahme, beschleunigte Ausscheidung. Es gibt sogar den
Fall, dass die Bakterien gewissermaßen süchtig werden auf ein
Antibiotikum, in der Art dass sie für ihre effiziente Vermehrung
auf die Anwesenheit eines Antibiotikums in ihrem Milieu angewiesen sind; damit eröffnen sich den Pathogenen ganz neuartige, wenn auch schmale ökologische Nischen bei hospitalisierten
Patienten.

> - Wirkverlust durch Anpassung der Erreger

Prinzipiell wäre zu erwarten, dass die Resistenzentwicklung sei-
tens der Bakterien mit einem Verlust an biologischer Fitness
bezahlt werden muss. So gesehen sollte die Resistenz abklingen,
wenn ein Antibiotikum für eine lange Zeit aus dem Verkehr gezogen wird. Auf Grund dieser Überlegung wäre es dann denkbar,
individuelle Antibiotika periodisch einzusetzen (im Rahmen
weltweiter Vereinbarungen) wobei in den Pausen das Abklingen
der Resistenz erfolgen sollte. Leider weiß man aber inzwischen,
dass die Pathogene die Hypothek, die sie durch die Resistenzmutationen aufzunehmen gezwungen sind, in kleiner Münze abbe-
zahlen können, und zwar durch sekundäre Mutationen an anderen Gen-Orten, die den Fitness-Verlust kompensieren.

> - Resistenz-entwicklung

Der fortschreitenden Resistenzentwicklung konnte man begeg-
nen durch die Entwicklung neuer Wirkstoffe, häufig im Sinne
einer strukturellen Abwandlung bereits vorhandener Präparate.
Die semisynthetischen Penicilline sind Paradebeispiele für dieses
Vorgehen. Aber auch diese wurden Schritt für Schritt durch die

> - Semisyn-thetische Wirkstoffe

Resistenzentwicklung eingeholt. Und der Vorsprung der Antiinfektiva-Therapie und -Entwicklung gegenüber den Erregern nimmt effektiv laufend ab.

- Prinzip: Versuch und Irrtum
- Molekulare Wirkmechanismen

Die Erfolgslawine der Antibiotikaentwicklung im 20. Jahrhundert beruhte weitgehend auf dem empirischen Prinzip von Versuch und Irrtum. Vor allem lieferte damals die systematische Isolierung von Antibiotika-produzierenden Mikroorganismen (Bakterien und Pilzen) einen anscheinend unerschöpflichen Strom von neuen Wirkstoffen. Erst viel später wurde es durch die Fortschritte von Biochemie und Genetik möglich, auch die molekularen Wirkmechanismen zu verstehen. Heute ist bekannt, dass Infektionserreger etwa 800 – 6000 Gene besitzen, welche die Synthese einer entsprechenden Zahl von Proteinen ermöglichen. Überraschenderweise wurden nur eine relativ kleine Anzahl dieser Proteine (weniger als 100) als Zielorte der Antiinfektiva-Wirkung identifiziert. Weshalb diese Zahl so klein ist, verstehen wir nur ungenügend.

- 90er Jahre: Suche von Wirkstoffen gegen ein individuelles Pathogenprotein

Im 20. Jahrhundert vergingen oftmals viele Jahre bis zur Aufklärung des Wirkmechanismus und Identifizierung des molekularen Zielorts eines Wirkstoffs. Mit den heutigen Methoden kann man auch den umgekehrten Weg beschreiten, nämlich die gezielte Suche von Wirkstoffen gegen ein individuelles Pathogenprotein. Die Voraussetzungen sind exzellent: da wir inzwischen die kompletten Genome aller bedeutsamen Pathogene kennen, haben wir vergleichsweise einfachen Zugang zur rekombinanten Produktion der Pathogen-Proteine, ohne das Pathogen selbst auch nur im Labor haben zu müssen. Die Euphorie für die Wirkstofffindung ausgehend vom rekombinanten Bakterienprotein hatte ihren Höhepunkt in den späten 90er Jahren. Inzwischen hat sie aber einer ausgesprochen skeptischen Einschätzung der Erfolgsaussichten Platz gemacht. Die Gründe für diese Desillusionierung verstehen wir erst partiell. Ob das daran liegt, dass die Zielorte der ersten Wahl bereits durch die Wirkstoffe aus dem vorigen Jahrhundert abgedeckt werden, ist nicht bekannt.

Um der drohenden Resistenzprobleme Herr zu werden, bräuchte es einen ungebremsten Zustrom neuer Wirkstoffe als Ersatz für diejenigen, die der Resistenzentwicklung zum Opfer gefallen sind oder sich zumindest auf dem Weg dahin befinden. Dieser Zustrom findet aber auch nicht annähernd im erforderlichen Umfang statt. Aber selbst im günstigsten Fall müssen wir mit der Möglichkeit rechnen, dass die Zahl der prinzipiell vorhandenen Möglichkeiten endlich und erschöpfbar sein könnte. Nur ein recht kleiner Anteil der bakteriellen Proteine ermöglicht anscheinend einen erfolgreichen therapeutischen Angriff, und unsere Möglichkeiten zu Herstellung immer neuer Wirkstoffe gegen eine relativ kleine Anzahl möglicher Zielproteine erscheint derzeit relativ eng begrenzt.

Bei der Suche nach Auswegen kommen Wege zur Infektionsvermeidung und zur Immunisierung in Betracht. Die Vermeidung von Infektionen, z.b. durch sauberes Trinkwasser, Pathogen-freie Nahrungsmittel und sterile medizinische Geräte hat neben der Chemotherapie entscheidend beigetragen zum Rückgang der Morbidität und Mortalität durch Infektionen. Die Bedeutung dieser Methoden zur „Abwehr bereits im Vorfeld" kann gar nicht hoch genug eingeschätzt werden, gerade in der jetzigen Phase wo die Chemotherapie von Infektionen nahmen auf zunehmende Schwierigkeiten stößt. In der Bundesrepublik fällt übrigens die hygienische und bakteriologische Überwachung der Nahrungsmittel, Getränke und Gebrauchsgegenstände in den Bereich der Lebensmittelchemie, die hier einen besonders wichtigen gesundheitspolitischen Auftrag hat. Dies ist gleichzeitig der Bereich, in dem gesetzliche Maßnahmen einen wichtigen Beitrag zur Vermeidung von Infektionskrankheiten leisten. Dass wir normalerweise ohne Sorge vor mikrobiellen Erregern alles essen und trinken können, was in den Supermärkten ins Regal und im Restaurant und in der Imbissbude auf den Tisch kommt, wird den meisten erst dann bewusst wenn es zu seltenen Ausnahmen kommt, wie im Jahr 2011 durch einen *Escherichia coli* Stamm mit

> • Infektions-
> vermeidung

mehreren tausend Erkrankungen durch enterhämorrhagische Colitis (EHEC).

**· Immuni-
sierung**

Ein zweiter Weg zur „Vermeidung" von Infektionen beruht auf der präventiven Immunisierung. Verhindert wird dabei einerseits die Übertragung, da geimpfte Personen im Allgemeinen nicht als Überträger in Frage kommen, vor allem aber wird das Angehen der Infektion nach Pathogeninfektion verhindert oder stark abgeschwächt. Erfunden hat dieses Prinzip ein englischer Landarzt um 1790 (aufbauend auf Erfahrungen chinesischer und europäischer Ärzte über einen Zeitraum von mehreren Jahrhunderten). Und diese „vorsintflutliche" Methode war mächtig genug, um in einem weltweiten Anlauf über einen Zeitraum von fast 2 Jahrhunderten die Pocken auszurotten.

Mit Impfmethoden aus der Mitte des 20. Jahrhunderts (die im Vergleich mit der Pockenimpfung bereits hochtechnisiert sind), wird zurzeit der Kampf um die weltweite Ausrottung der Polioviren (Erreger der spinalen Kinderlähmung) geführt. Diese Ausrottungsstrategien waren bzw. sind allerdings nur deshalb überhaupt möglich, weil Pocken- und Polio-Viren ausschließlich den Menschen befallen; für die weit überwiegende Mehrzahl der humanpathogenen Organismen trifft das nicht zu. Für Erreger, die auch Tiere befallen können, sind Eradikationsstrategien schwer realisierbar.

**· Masern,
Mumps,
Diphterie,
Röteln, Me-
ningo-
kokken-
Enzephalitis**

Hier ist auch zu erwähnen, dass eine Reihe von Kinderkrankheiten wie Masern, Mumps, Diphterie, Röteln und Meningokokken-Enzephalitis zuverlässig vermieden werden können durch Impfmethoden die schon viele Jahrzehnte alt sind. Wenigen ist überhaupt noch bekannt dass diese Erkrankungen Tod oder schwere, lebenslange Gesundheitsschäden zur Folge haben können.

Prinzipiell erscheint die präventive Impfung als die beste Alternative zur Chemotherapie. Zwar gibt es auch bei Impfungen Parallelen zur Resistenzentwicklung gegen Antibiotika, z.B. im Sinne des Antigenwandels von Grippeviren, aber insgesamt sind

Impfungen in geringerem Maße den „Abnutzungserscheinun-gen" durch Resistenzentwicklung ausgesetzt, und zusätzlich kann man bei der Impfstoffherstellung relativ kurzfristig auf eingetretene Antigenverschiebungen reagieren. Ein genereller Ersatz der Chemotherapie durch Impf-Prophylaxe ist aber derzeit nicht denkbar, weil für viele Erreger einfach noch keine anwendbaren Immunisierungsstrategien zur Verfügung stehen. Besonders schmerzlich ist hier, dass die großen Anstrengungen zur Entwicklung von Impfstoffen gegen die Erreger von AIDS und Malaria bisher keinen Durchbruch erreicht haben.

Bestimmte Impfungen können nicht nur gegen klassische Infektionskrankheiten schützen, sondern sogar bestimmte Krebsformen verhüten. Das Cervix-Carcinom (Gebärmutterhalskrebs) wird verursacht durch Infektion mit bestimmten Polyomaviren, die gelegentlich auch Tumoren in anderen Organsystemen auslösen können. Der jetzt verfügbare Polyomaimpfstoff hat das Potenzial zu einer weitgehenden Verringerung von Erkrankung und Tod durch diese Carcinome. Schon wesentlich länger verfügbar ist der Impfstoff gegen Hepatitis B, eine chronische Virusinfektion der Leber die eine Hauptursache für primäre Lebercarcinome darstellt.

> ▪ Verhütung des Cervix-Carcinoms durch Impfung

Die biochemischen und molekularbiologischen Fortschritte der vergangenen Jahrzehnte eröffnen prinzipiell für die Entwicklung neuer Impfstoffe ganz neue und weitreichende Möglichkeiten, insbesondere im Hinblick auf die Nutzbarmachung der enormen Fortschritte im Bereich der Gentechnik, aber zum Beispiel auch der präparativen Kohlenhydratchemie. Tabelle 1 zeigt Erkrankungen, die durch bereits vorhandene Impfstoffe verhütet werden können. Bei mehreren wichtigen Massenerkrankungen wie Malaria, Tuberkulose und AIDS gibt es zumindest gewisse methodische Fortschritte, allerdings ist hier noch keine Erfolgsprognose möglich.

Tabelle 1. Erreger bzw. Infektionskrankheiten vor denen man sich durch Impfung schützen kann.

Erreger/Krankheiten	
Anthrax	Meningokokken-Meningitis
Cervix-Carcinom	Mumps
Cholera	Pneumokokken-Infektionen
Diphtherie	Pocken
Gelbfieber	Poliomyelitis
Grippe	Rotavirus-Infektionen
Hämophilus influenzae B	Röteln
Hepatitis A	Tollwut
Hepatitis B	Tuberkulose
Herpes	Typhus
Japanese encephalitis	Windpocken
Keuchhusten	Wundstarrkrampf
Masern	

▪ Impfbereit-schaft

Die Entwicklung neuer Impfungen hat aber nicht nur eine medizinisch-naturwissenschaftliche Dimension, sondern muss auch juristische und gesellschaftliche Aspekte berücksichtigen. Insbesondere ist die Impfbereitschaft in Industrieländern insgesamt im Rückgang. Gerade der Umstand, dass eine Reihe von Kinderkrankheiten, auf Grund einer relativ weitreichenden Durchimpfung selten geworden sind, lässt die Gefahr durch die Erkrankung gering erscheinen – wozu also sollte man sich und sein eigenes Kind impfen lassen (wenn es ja ausreicht dass die Kinder anderer Leute geimpft werden, weil dann für das eigene Kind keine Ansteckungsgefahr besteht).

▪ Wirtschaftl. Risiko durch Impfungen

Belastend für die Impfstoffentwicklung war auch das sehr schwer im Voraus abschätzbare wirtschaftliche Risiko auf Grund von tatsächlichen oder auch nur mutmaßlichen Schäden durch Impfungen. Dabei wird im Allgemeinen übersehen, dass die Gefahr von Nebenwirkungen ohne jede Einschränkung bei allen medizinischen Maßnahmen besteht, wobei die Risiken bei vielen Impfungen im Vergleich mit anderen Therapieverfahren statistisch gesehen sehr klein sind. Negative Auswirkungen auf das Impfverhalten haben und hatten vor allem die mit quasireligiösem Eifer verbreitete Behauptung eines (durch keine Fakten belegten) Zusammenhangs zwischen Impfungen im Kindesalter und Autismus. Und es gab eine Kampagne, bei der das Auftreten von AIDS als Folge der Polioimpfung dargestellt wurde, auch hier wieder ohne jeden Beleg.

Erschwerend für den Fortschritt der Impfstoffentwicklung sind auch die sehr bescheidenen Gewinnmargen für Impfstoffe, die aber gekoppelt waren mit enormen Kosten für die Entwicklung und vor allem für den Leistungsnachweis und die Zulassung neuer Impfstoffe. Und während Mittel für chronische Erkrankungen, z. B. die sehr weit verbreiteten Herz-Kreislaufleiden und Diabetes, von den Patienten für die Dauer ihrer verbleibenden Lebenszeit benötigt werden, genügen bei den meisten Impfungen wenige (z. B. drei) Anwendungen, um einen sehr lang wirksamen oder sogar lebenslangen Schutz zu erzielen (weshalb die Virus-Grippe eine jährliche Nachimpfung erfordert, kann hier nicht ausgeführt werden). Ein Problem mit der ausgesprochen günstigen Kosten-Nutzen-Relation von Impfungen mag sogar sein, dass in den Augen vieler Konsumenten nichts wert ist, was nichts kostet. Bei der sog. Schweinegrippe-Epidemie von 2009 liefen die öffentlichen Bemühungen für einen breiten Impf-Schutz der Bevölkerung weitgehend ins Leere - die Impfung wurde nur geringfügig in Anspruch genommen, nicht zuletzt auf Grund von hochgespielten Meldungen über angebliche/vorgebliche schlimme Nebenwirkungen.

> - Impfstoffe werfen wenig Gewinn ab

Eine Ausnahme in Bezug auf den wirtschaftlichen Erfolg bildet übrigens die seit wenigen Jahren verfügbare Pneumokokken-Impfung, die mit einem Jahresumsatz von mehreren Milliarden EUR den Status eines sog. Blockbusters erreicht hat, den üblicherweise nur Medikamente gegen chronische Krankheiten

> - Pneumokokken-Impfung
> - Blockbuster

erlangen. Wenn man die Wirkungen der verheerenden Erkrankung kennt, muss man logischerweise sagen, es ist weit besser, Geld auszugeben für die Verhütung als für die Behandlung der bereits eingetretenen Primärerkrankung und ihrer Folgen. Diese simple Logik ist aber nicht leicht zu vermitteln.

Die wissenschaftlichen Möglichkeiten zur Bekämpfung der Infektionskrankheiten sind so gut wie nie zuvor. Wichtig wäre, dass die bereits vorhandenen Impfungen flächendeckend eingesetzt werden, damit nicht durch Impflücken bereits zurückgedrängte Erkrankungsarten wiederkehren. Die Entwicklung von Impfstoffen erscheint aussichtsreich für eine Reihe von Erkrankungen, die bisher allein durch Chemotherapie behandelt werden können, wie für Malaria und AIDS bereits erwähnt. Die Zeit bis zur Verfügbarkeit neuer Impfstoffe müsste überbrückt werden durch neu zu entwickelnde Wirkstoffe gegen Viren, Bakterien, Pilze, Protozoen und Parasiten.

Natürlich muss auch hinterfragt werden, ob denn die Gefahren wirklich so groß sind wie hier geschildert. Obwohl die Resistenzentwicklung der Erreger bereits seit Jahrzehnten im Gang ist, ist der denkbare Absturz in die Katastrophe bisher nicht eingetreten. Vielmehr konnte doch noch, wenn auch vielleicht im letzten Moment, (fast) immer ein Ausweg gefunden werden. Beispielsweise gibt es für multiresistente Staphylococcen das Vancomycin und mehrere Nachfolgepräparate, die multiresistente Tuberkulose ist (meist) beherrschbar durch besondere Medikamentenkombinationen, für resistente Malaria erweist sich gelegentlich Chinin aus der Rinde des Chinabaums als Notlösung.

> **• Resistenzentwicklung der Pathogene geht ungebremst weiter**

Zuverlässige Voraussagen sind in der Tat nicht möglich. Als sicher kann aber angenommen werden, dass die Resistenzentwicklung der Pathogene ungebrochen weitergeht. Es ist nicht anzunehmen, dass ein derzeit verwendetes oder künftiges Antiinfektivum gegen die Resistenzentwicklung gefeit ist, denn der medizinische Einsatz eines wirksamen Antiinfektivums erzeugt Selektionsdruck, der mit hoher Zwangsläufigkeit die Selektion resistenter Pathogen-Varianten erzwingt. Auf der anderen Seite besteht kein Zweifel, dass im Ernstfall neue Antiinfektiva nicht von „jetzt auf nachher" herbeigeschafft werden können. Generell benötigt die Entwicklung eines Medikaments etwa ein Jahrzehnt und kostet ca. 1 Mrd. EUR.

Es gibt viele Gründe für die relativ geringe Innovationstätigkeit im Bereich der Antiinfektiva, auf die hier im Einzelnen nicht eingegangen werden kann. Ein zentraler Punkt mag sein, dass in der Öffentlichkeit kein „Leidensdruck" besteht, weil der progrediente Wirkungsverlust der vorhandenen Medikamente für die Patienten verborgen bleibt, zumindest solange nicht katastrophale Entwicklungen eintreten, die wir glücklicherweise zumindest bisher nicht haben. Wichtig erscheint zum jetzigen Zeitpunkt, die Antiinfektiva-Forschung im Hochschulbereich zu stärken, unter anderem damit zumindest in ausreichender Zahl qualifizierte Forscher verfügbar sind, falls sich die Befürchtungen in Bezug auf die zu drohenden Rückschläge in Bezug auf die Behandelbarkeit von Infektionskrankheiten als zutreffend herausstellen sollten. Wichtig erscheint weiterhin, das Verständnis für die Problematik in der Öffentlichkeit zu vertiefen. Dies ist ein wesentliches Motiv für dieses Buch und für die zugrundeliegende akademische Vortragsreihe.

> - Mäßige Innovationstätigkeit im Bereich der Antiinfektiva

Prof. Dr. Markus Fischer
Hamburg, September 2013